聚羧酸系减水剂的合成与性能

吴凤龙　著

北　京
冶　金　工　业　出　版　社
2023

内 容 提 要

本书介绍了减水剂的分类和分散减水作用机理，聚羧酸系减水剂的研究进展和作用机理，聚酯型聚羧酸系减水剂的合成及性能，聚醚型聚羧酸系减水剂的合成及性能，酯醚复配型、固体抗泥型、醚类抗泥型、复配抗泥型、高阻抗混凝土用减水剂等聚羧酸系减水剂的合成及性能等内容，体现了聚羧酸系减水剂的设计与合成思路。

本书可作为材料学、化学化工类、建筑学等相关专业研究生、科研及工程技术人员的参考用书。

图书在版编目(CIP)数据

聚羧酸系减水剂的合成与性能/吴凤龙著.—北京：冶金工业出版社，2023.8

ISBN 978-7-5024-9636-4

Ⅰ.①聚… Ⅱ.①吴… Ⅲ.①减水剂 Ⅳ.①TQ172.4

中国国家版本馆 CIP 数据核字(2023)第 192098 号

聚羧酸系减水剂的合成与性能

出版发行	冶金工业出版社	**电　　话**	(010)64027926
地　　址	北京市东城区嵩祝院北巷 39 号	**邮　　编**	100009
网　　址	www.mip1953.com	**电子信箱**	service@mip1953.com

责任编辑 王悦青 张熙莹 美术编辑 彭子赫 版式设计 郑小利

责任校对 范天娇 责任印制 禹 蕊

三河市双峰印刷装订有限公司印刷

2023 年 8 月第 1 版，2023 年 8 月第 1 次印刷

710mm×1000mm 1/16；15 印张；302 千字；228 页

定价 96.00 元

投稿电话 (010)64027932 投稿信箱 tougao@cnmip.com.cn

营销中心电话 (010)64044283

冶金工业出版社天猫旗舰店 yjgycbs.tmall.com

(本书如有印装质量问题，本社营销中心负责退换)

前　言

随着建筑业的快速发展，人们对混凝土的性能也提出了更高的要求，而应用减水剂是实现混凝土技术进步的重要技术手段。特别是在传统能源相对紧缺的背景下，高性能、无污染的绿色聚羧酸系减水剂成为主要的研发方向。一方面，推广使用绿色建材聚羧酸系减水剂可以节约大量工程用水和水泥，不但可以减少水泥生产过程中所需能源消耗，缓解二氧化碳温室效应，促进工业副产品如粉煤灰、矿渣粉、硅粉等掺料的应用，而且对控水、节水、提高水环境的利用率具有一定的实际意义。另一方面，聚羧酸减水剂的合成过程无“三废”排放，不会污染环境。基于上述两方面的原因，聚羧酸系减水剂的推广使用将助力碳达峰、碳中和目标的实现。

由于聚羧酸系减水剂合成方法多，分子结构具有可控性和可设计性，采用自由基聚合原理在减水剂分子中引入阳离子、两性离子、极性基团或大体积刚性分子等功能性基团，定向控制和设计主链结构、侧链长度和官能团种类可提高减水剂的性能。这对具有特定结构的聚羧酸系减水剂的制备及性能考查等具有理论指导意义，符合外加剂绿色化发展方向。

本书共5章，第1章主要介绍了减水剂在建筑业的重要性、分类、作用机理及聚酯型、聚醚型、功能型聚羧酸系减水剂的合成条件和方法，同时阐述了聚羧酸减水剂的作用机理，包括水化机理、抗泥机理、早强提高的原因等内容；第2章对聚酯型聚羧酸系减水剂进行了总体论述，详细介绍了以甲基丙烯酸聚乙二醇单甲醚酯（MPEGMAA）为活性单体，烯丙基磺酸钠（SAS）、马来酸酐（MAH）、2-丙烯酰胺-2-甲基丙磺酸（AMPS）、甲基丙烯酸羟乙酯（HEMA）、γ-甲基丙烯酰氧基丙基三甲氧基硅烷（G-570）、马来酸二乙酯（DEM）等为功能单体的系列聚羧酸减水剂的制备过程，主要包括 MPEGMAA、MPEGMAA-SAS-MAH-AMPS、MPEGMAA/G-570/DEM/AMPS、MPEGMAA-AMPS-HEMA 的合成条件、表征、分散性能及水化机理探究等；第 3 章对聚醚型聚羧酸系减水剂进行了总体论述，详细论述了以烯丙基聚氧乙烯醚（APEG）为活性单体，马来酸壬基酚聚氧乙烯醚双酯（RCS）、MAH、AMPS 等为功能单体的系列聚羧酸减水剂的制备过程，主要包括 APEG-MAH-SAS、APEG-RCS-AMPS 的合成条件、表征、分散性能及水化机理探究等；第 4 章对功能型聚羧酸系减水剂进行了总体论述，详细阐述了酯醚复配型、固体抗泥型、醚类抗泥型、复配抗泥型、高阻抗混凝土用剂等聚羧酸减水剂的制备过程，主要包括复配聚酯 MPEGMAA-AMPS 与聚醚 APEG-AMPS-MAH、固体抗泥 APEG-MAH-AMPS-HEMA、醚类抗泥异丁烯聚氧乙烯醚（TPEG）-AMPS-HEMA-MMA、复配抗泥聚酯 MPEGMAA-AMPS-HEMA 与聚醚 APEG-AMPS-MAH-HEMA、高阻抗混凝土用 MPEGMAA-丙烯酸琥珀酰亚胺酯（NAS）聚羧酸系减水剂的合成条件、表征、分散性能及抗泥机理、水化机理、提高水泥石电阻率的原因探究等；第 5 章对聚羧酸系减水剂的合成及性能进行了总体评价，主要涉及聚酯型聚羧酸系减水剂、聚醚型聚羧酸系减水剂、功能型聚羧酸系减水剂的合成及性能等。

本书以作者的实验内容及结论为纲，用系统的、简练的语言对聚酯型、聚醚型、功能型聚羧酸系减水剂的设计、合成及性能等均做了较全面的论述。实验方法和表征分析可以强化材料化学理论知识，拓宽读者的视野。本书可作为材料学、化学化工类、建筑学等相关专业研究生、科研及工程技术人员的参考用书。

在本书的编写过程中，得到了众多同行的支持和帮助，特别是河套学院宋瑾教授所给予的许多非常有益的建议和帮助，还得到了内蒙古自治区自然科学基金（2022MS05012）、内蒙古自治区高等学校科学研究项目（NGJY22244）、内蒙古自治区高等学校青年科技英才支持计划（NGYT23033）等的资助，在此一并表示衷心的感谢。

由于作者水平有限，书中若存在不足之处，希望读者批评指正。

吴凤龙

2023年6月

目　　录

1 绪　　论

1.1 减水剂概述

混凝土的历史可追溯到公元前3世纪中的古罗马砂浆，那时候古罗马是用自然砂石加石灰石砂浆作为砖石黏结的材料，慢慢发展到后来的19世纪初，第一幢混凝土框架结构建筑建成，其优点是强度高、抗震、抗冲击性能好、耐久和耐火性好、原材料来源容易、成本低等。发展至今，混凝土由于其强度高、耐久性好、原料来源广泛、工艺简单、可塑性强及适用广泛等特点，成为迄今为止世界上用量最大的建筑功能材料。随着社会的进步与发展，国家对基础设施建设和住宅建设力度逐年加大，对建筑材料的需求也在不断提升，混凝土成为现代建筑行业的首选材料，广泛应用在公路、铁路、水利、桥梁等方面。据中国混凝土网的不完全统计，随着我国城市化进程进入中期加速阶段，2014—2021年，我国商品混凝土产量由15.54亿立方米增长到30.60亿立方米，增长97.04%（见图1-1）[1]。随着混凝土技术的进步，混凝土正朝着高性能、轻质、耐久、高阻抗、易施工、绿色环保的方向发展。在高性能混凝土的应用中，外加剂已成为现代混凝土不可缺少的组分，掺加外加剂已成为改善混凝土性能的主要措施和提高混凝土性能的一条必经的技术途径。吴中伟[2]认为高性能水泥是一种新型的高技术水泥，是在大幅度提高水泥性能的基础上，采用现代水泥技术、选用优质原材料、在严格的质量管理条件下制成的；除了水泥、水、集料以外，必须掺加足够数量的细掺料与高效外加剂。目前，常见的外加剂包括：（1）减水剂、引气剂、泵送剂，这类外加剂主要改善混凝土拌合物的流变性能，减少用水量，改善和易性等；（2）缓凝剂、早强剂、速凝剂，这类外加剂主要调整混凝土凝结时间，提高早期强度，防止低温状态混凝土冻结等；（3）引气剂、防水剂、阻锈剂，这类外加剂主要调节混凝土气体含量，改善耐久性，降低吸水性或在静水压下的透水性，对钢筋具有钝化阻锈和保护作用等；（4）防冻剂、加气剂、膨胀剂、着色剂，这类外加剂主要增加混凝土抗冻性、抗渗性，减轻容重，形成颜色效果等。在所有的外加剂中，减水剂的应用最为广泛。正如冯乃谦[3]指出：高性能水泥发展的物质基础是现在有了高效减水剂。而矿物掺合料用量的提高对减水剂的性能也提出了更高的要求，需要有足够大的减水率，释放水泥颗粒中包含的多余水分。足见高性能型减水剂对混凝土行业及混凝土技术发展方向有着重要应用意义。

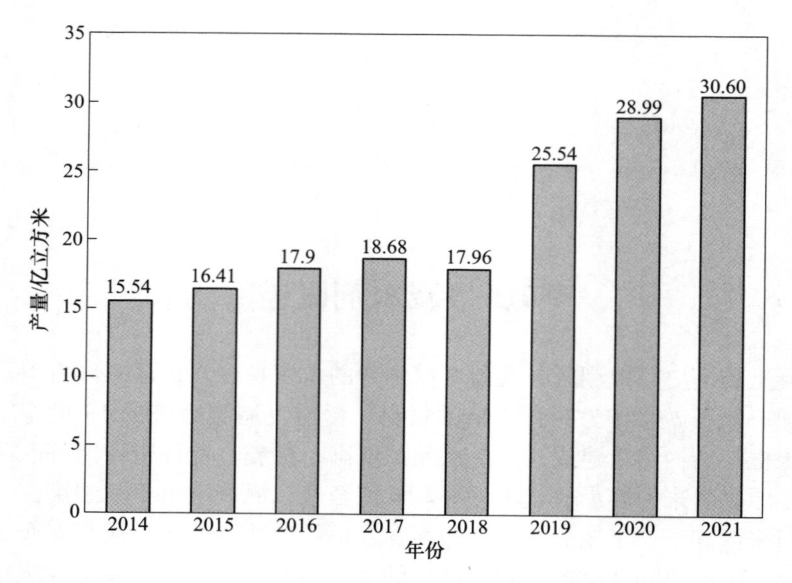

图 1-1　2014—2021 年我国商品混凝土产量增长情况

1.2　减水剂分类

减水剂是混凝土外加剂之一，能增加水泥浆流动性而不显著影响含气量；在水灰比保持不变的情况下，能提高和易性下；或是同样的和易性下，可减少混凝土拌合用水量，维持混凝土坍落度保持基本不变，同时可以明显降低混凝土中的水灰比，提高混凝土强度[4]。按其减水分散性能分为普通减水剂（减水率不低于 8%）、高效减水剂（减水率不低于 14%）和高性能减水剂（减水率不低于 25%）。普通减水剂是指在水泥坍落度基本相同的条件下减少用水量的外加剂，又称塑化剂、水泥分散剂，包括木质素磺酸盐类减水剂、羟基羧酸盐类减水剂、多元醇类减水剂、聚氧乙烯烷基醚类减水剂、糖钙减水剂、腐植酸类减水剂等。高效减水剂是指在混凝土坍落度基本相同的条件下能大幅减少拌合水量的外加剂，又称超塑化剂，包括萘系减水剂、密胺系减水剂、氨基磺酸盐系减水剂、脂肪族系减水剂等。高性能减水剂是指性能更好、更能满足实际需要的高效减水剂，更好地解决混凝土的引气、缓凝、泌水等问题，主要指聚羧酸盐类减水剂。根据其主要化学成分大致可分为萘系、三聚氰胺系、氨基磺酸系、聚羧酸系四个系列。其中以萘系和三聚氰胺系为代表的为第一代减水剂，以氨基磺酸系为代表的为第二代减水剂，以聚羧酸系为代表的为第三代减水剂。

1.2.1 第一代减水剂

第一代减水剂主要包括萘系和三聚氰胺系减水剂。萘系减水剂是芳香族萘或萘的同系物磺酸盐与甲醛的缩合物，结构如图 1-2 所示。该类减水剂主要合成原料为萘、浓硫酸、甲醛和氢氧化钠等，通过磺化反应、水解反应、缩合反应、中和反应等基本化学反应完成，制备工艺流程如图 1-3 所示。第一步，将固体萘在 130~140℃之间加热熔化，然后边滴加浓硫酸边搅拌的情况下在 160~165℃之间进行磺化反应，2h 后生成 α-萘磺酸和 β-萘磺酸。第二步，将反应物降温至 120℃，然后加水将萘磺酸中不利于缩合反应的 α-萘磺酸水解 30min。第三步，水解产物降温至 80~90℃之间，加入浓度为 36%的甲醛溶液，升温至 105℃后恒温 3~4h，甲醛与 β-萘磺酸进行缩合反应生成萘系磺化甲醛缩合物。第四步，采用氢氧化钠中和法或氢氧化钙-碳酸钠中和法将缩合产物中剩余的硫酸进行中和，转化为 pH 值为 7~9 的钠盐，即萘磺化钠甲醛缩合物。第五步，将萘磺化钠甲醛缩合物进行过滤干燥后得到萘系减水剂。该类减水剂的减水率最大可达 25%，引气量小于 2%。

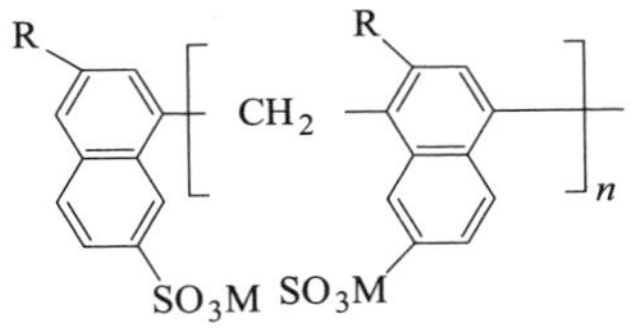

图 1-2 萘系减水剂分子式

R—H，CH_3；M—Na^+，K^+，NH_4^+；n—整数

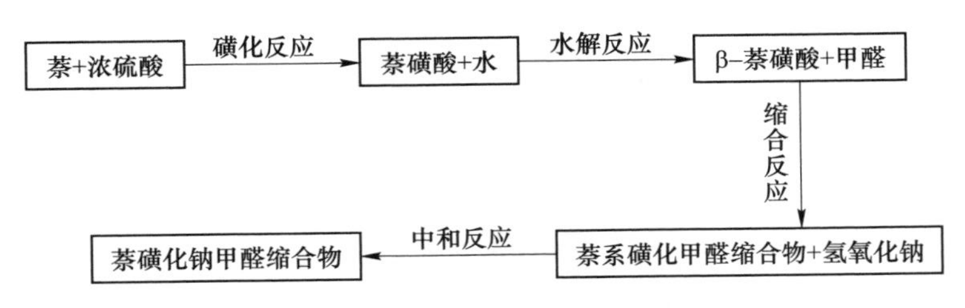

图 1-3 萘系减水剂制备工艺流程图

李平辉等人[5]以工业萘、硫酸与甲醛等为原料制备萘系减水剂，萘的纯度不低于 95%、硫酸含量不低于 98%、磺化温度为 160~165℃、磺化时间为 2h、磺化酸度为 32%，硫酸采用滴加方式，水解温度为 110℃，水解时间为 0.5h，缩合时控制酸度为 26%，缩合温度为 105~110℃，缩合时间为 2.5~3.0h，采用石灰乳中和至 pH 值为 7~9 时合成出萘系高效减水剂。当掺量为 1%时，与添加武汉、

长沙某外加剂厂生产的其他同类产品相比，初始净浆流动度为240mm、减水率为20.5%、坍落度为85mm、泌水率为6.9%、28天抗压强度为60MPa。赵平等人[6]通过把氧化醚化淀粉与萘系减水剂复配，得到的改性萘系减水剂与传统萘系减水剂相比，保坍性提高，水泥浆体塑化时间和水化诱导期均延长。刘尚莲[7]用萘酚代替部分萘合成减水剂，当萘与萘酚的摩尔比为95∶5，总萘与硫酸的摩尔比为1∶1.3、磺化时间为2h、萘与甲醛的摩尔比为1∶1、用水量为10mL、常压缩合时间为5h时，得到固含量约为40%的羟基改性萘系减水剂，其初始净浆流动度为211mm。目前，萘系减水剂通过改善合成工艺、与其他产品复配、化学改性等正朝着低成本、高效环保、高性能的方向发展。

三聚氰胺系减水剂主要成分是磺化三聚氰胺甲醛缩合物，其结构特点是以亚甲基连接的含N或含O的六元或五元杂环为憎水性的主链且带—SO_3H等官能团的取代支链，结构如图1-4所示。该类减水剂主要合成原料为三聚氰胺、浓硫酸、甲醛和亚硫酸钠等，通过羟甲基化反应、磺化反应、缩合反应、稳定反应等基本化学反应完成，制备工艺流程如图1-5所示。第一步，将三聚氰胺、甲醛、水在中性或碱性条件下，于60~75℃之间反应1h，得到羟甲基三聚氰胺。第二步，羟甲基化反应结束后加入亚硫酸钠，于85~95℃之间反应1~2h，调节pH≥10，得到羟甲基三聚氰胺磺酸盐。第三步，加入硫酸使羟甲基三聚氰胺磺酸盐使pH≤6，于50~65℃之间缩合1~2h，得到羟甲基三聚氰胺磺酸盐缩聚物。第四步，将羟甲基三聚氰胺磺酸盐缩聚物加碱中和，于75~90℃之间稳定1~2h，调节pH值为7~9后得到三聚氰胺系减水剂[8]。该类减水剂的减水率可达25%以上。此外，在上述反应过程中，还可加入对氨基苯磺酸、对羟基苯甲酸、邻羟基苯甲酸、尿素等为共缩聚单体参与反应，或者以氨基磺酸、焦亚硫酸钠、亚硫酸氢钠为磺化剂，提高三聚氰胺系减水剂的保坍性[9-11]。

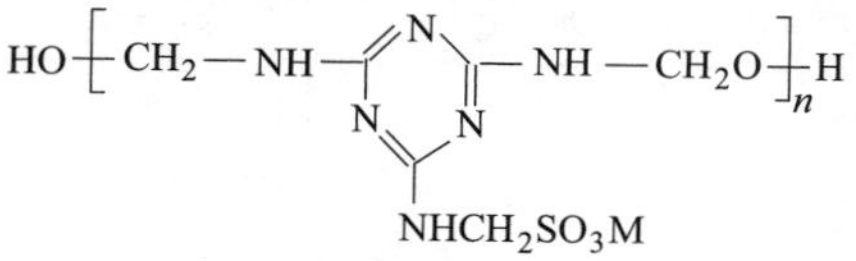

HO—[—CH_2—NH—(三嗪环，N)—NH—CH_2O—]$_n$—H

$NHCH_2SO_3M$

图1-4 三聚氰胺系减水剂分子式

M—Na^+，K^+，NH_4^+；n—整数

任先艳等人[12]以对氨基苯磺酸、对羟基苯甲酸、水杨酸为共缩聚单体制得3种改性三聚氰胺减水剂PAS-SMF、PHA-SMF和SA-SMF。3种减水剂结构中分别引入了—OH(或—COOH)、—NH_2、—SO_3H等基团，使其掺加后水泥水化物颗粒表面的Zeta电位具有更高的负值。与传统三聚氰胺减水剂相比，性能均有所提高。当掺量为0.6%时，减水率分别为19.8%、21.5%和21.0%，初始净浆流动度分别为300mm、282mm、292mm，初始坍落度分别为218mm、231mm、

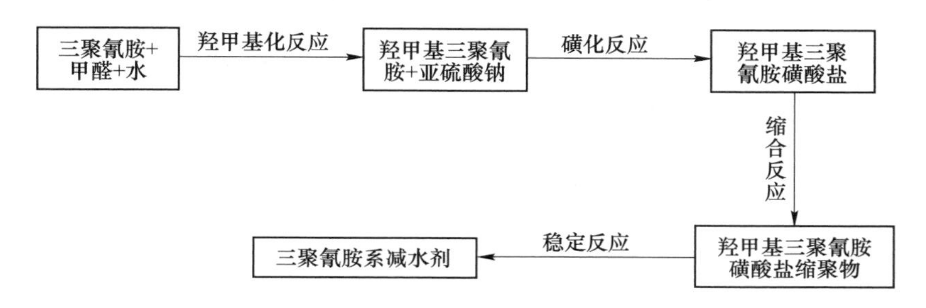

图 1-5 三聚氰胺系减水剂制备工艺流程图

217mm，初始扩展度分别为 598mm、622mm、580mm，28 天抗压强度分别为 42.6MPa、41.1MPa、41.8MPa。王虎群等人[13]以三聚甲醛、三聚氰胺及磺化葡萄糖为单体合成了新型三聚氰胺高效减水剂，其分散性及保塑性均优于萘系减水剂及传统的密胺系减水剂。当掺量为 0.4%时，初始净浆流动度约为 280mm，60min 后约为 250mm，这是由于减水剂分子结构中引入了羟基和磺酸基。沈晓雷等人[14]以三聚氰胺和甲醛为原料，氨基磺酸为磺化剂合成了三聚氰胺系高效减水剂。当掺量为 0.5%时，初始净浆流动度为 245mm，具有良好的分散性能；当掺量为 0.6%时，减水率为 13.8%，初始坍落度为 80mm、4h 后为 70mm，初始扩展度分别为 180mm、4h 后为 145mm，具有较高的坍落度保持率。曾小君等人[15]在合成三聚氰胺-水杨酸-甲醛树脂减水剂的基础上，以亚硫酸氢钠为磺化剂，采用四步合成法制备了磺化三聚氰胺-水杨酸-甲醛树脂高效减水剂，该改性减水剂是一种早强、阴离子型、非引气型磺化三聚氰胺系高效减水剂。当掺量为 1.0%时，混凝土体系具有较好的分散性能，初始净浆流动度为 249mm。最佳合成条件为：$n_{三聚氰胺}:n_{水杨酸}:n_{甲醛}:n_{亚硫酸氢钠}=1:0.1:3.9:1.3$，羟甲基化反应温度为 70℃、反应时间为 1h、pH 值等于 8.5，磺化反应温度为 85℃、反应时间为 3h、pH 值等于 12，缩聚反应温度为 60℃、反应时间为 1h、pH 值等于 4，稳定反应温度为 85℃、反应时间为 1h、pH 值等于 8.5。虽然三聚氰胺系减水剂具有显著减水、无引气性、对水泥品种适应性好、和其他外加剂相容性好、可以提高混凝土早期强度等优点，但是三聚氰胺价格昂贵、生产工艺复杂、碱含量较高等缺点也需要通过化学改性、优化合成工艺条件等方式改进。

1.2.2 第二代减水剂

第二代减水剂主要包括氨基磺酸系减水剂，是继萘系、三聚氰胺系之后研发出的高效减水剂。氨基磺酸盐高效减水剂是对氨基苯磺酸盐-苯酚-甲醛的缩合物，结构如图 1-6 所示。该类减水剂主要合成原料为单环芳烃苯酚类化合物，氨基磺酸、对氨基苯磺酸、4-氨基萘-1-磺酸等含磺酸基的化合物或其盐和甲醛等，通过羟甲基化反应、缩合反应、重排反应等基本化学反应完成，制备工艺流程如

图 1-7 所示。首先，将苯酚类化合物、甲醛、含磺酸基的化合物、水在一定 pH 值条件下和温度下发生反应，生成多种羟甲基衍生物，如一羟甲基苯酚、二羟甲基苯酚、一羟甲基对氨基苯磺酸等。然后，多种羟甲基衍生物在一定的酸碱度、反应温度和温度下缩合，得到氨基磺酸系减水剂。该减水剂减水率高，而且可以有效地控制坍落度经时损失[16]。

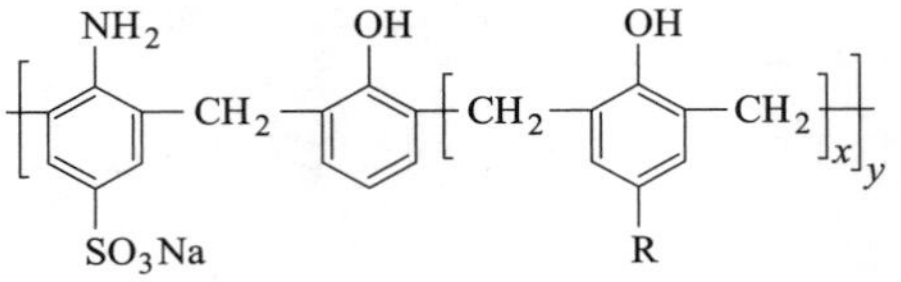

图 1-6　氨基磺酸系减水剂分子式

R—H，CH_2OH，$CH_2NHC_6H_4SO_3$，$CH_2C_6H_4OH$

图 1-7　氨基磺酸系减水剂制备工艺流程图

颜世涛等人[17]以对氨基苯磺酸、苯酚、尿素、甲醛为共缩聚单体制得氨基磺酸系减水剂，与萘系减水剂复合得到 AN1 和 AN2。AN1 减水剂对山东东岳、山东万华和山东山水 3 种P·O42.5水泥的初始净浆流动度分别为 285mm、280mm、265mm，120min 后为 278mm、273mm、258mm；AN2 减水剂对山东东岳、山东万华和山东山水 3 种P·O42.5水泥的初始净浆流动度分别为 265mm、258mm、245mm，120min 后为 259mm、243mm、245mm。说明氨基磺酸系减水剂对不同型号的水泥均有很好的适应性，且初始净浆流动度均较大，2h 的经时损失较小。随后将该减水剂与缓凝剂葡萄糖酸钠复配，当缓凝剂的掺量为 6%时，5~120min 的时间内水泥净浆流动度范围为 270~272mm；当与柠檬酸复配时，5~120min 的时间内水泥净浆流动度范围为 270~278mm。说明氨基磺酸系减水剂与其他外加剂有较好的适应性。赵群等人[18]发现当 $n_{对氨基苯磺酸}:n_{苯酚}:n_{甲醛}=1:1.1:1.25$、反应温度为 85~95℃、pH 值为 9~10 时，所制得的氨基磺酸系减水剂分散性能较好，初始净浆流动度约为 255mm；当用尿素部分取代苯酚后，制备的改性氨基磺酸系减水剂分散性能提高，初始净浆流动度约为 268mm。这是因为尿素在一定程度上加长了减水剂分子链段，增大了相对分子质量的同时使分子结构空间增大，从而增大了水泥颗粒之间的空间位阻作用。刘冠男等人[19]以苯酚（P）、甲醛（F）、对氨基苯磺酸钠（S）为原料合成了氨基磺酸盐高效减水剂。当 $n_P:n_S=2:1$、$n_F:n_{P+S}=1.4:1$ 时，液碱浓度为 1.5%，在 36%的聚合浓度下保温

5h，得到的氨基磺酸盐高效减水剂与市售同类型产品相比，展现了良好的分散性能，同掺量下净浆流动度均优于市售产品，相差幅度为40~55mm。冉千平等人[20]优化了氨基磺酸盐高效减水剂的合成配方，制得的减水剂固含量为37.5%，含气量为1.4%。当掺量0.3%时，初始坍落度为205mm、30min后为111mm；初始扩展度为565mm、30min后无扩展，与市售产品相比，30min保坍性显著提高。同时，在减水剂结构上增加吸附单元，选用4-羟基苯磺酸钠或丙酮部分取代苯酚，N-甲基氨基苯磺酸部分取代对氨基苯磺酸，设计合成了3种改性氨基磺酸盐高效减水剂。发现4-羟基苯磺酸钠部分取代苯酚合成的改性氨基磺酸盐减水剂，水泥初始净浆流动度仅为170mm，说明4-羟基苯磺酸钠活性不足，不能参与共聚；丙酮对苯酚的取代率低于10%时，改性氨基磺酸盐减水剂与市售氨基磺酸盐减水剂分散性能相当，水泥初始净浆流动度为185mm（市售为183mm），说明丙酮可以部分取代苯酚作为单体使用，达到削减生产成本的目的；N-甲基氨基苯磺酸部分取代对氨基苯磺酸合成的改性氨基磺酸盐减水剂，水泥初始净浆流动度为218mm，分散性能优于以对氨基苯磺酸合成的氨基磺酸盐减水剂（207mm），说明N-甲基氨基苯磺酸对氨基磺酸盐减水剂的改性是有利的。

1.2.3 第三代减水剂

第三代减水剂主要包括聚羧酸系减水剂，它是通过自由基共聚原理合成的具有梳型结构的高分子表面活性剂，具有分散性能高、流动性性能好和无环境污染等优点，结构如图1-8所示。

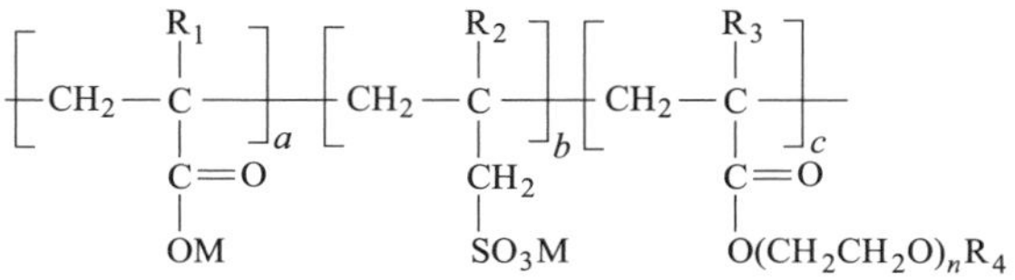

$$\left[-CH_2-\underset{\underset{OM}{|}}{\underset{C=O}{\underset{|}{\overset{\overset{R_1}{|}}{C}}}}-\right]_a\left[-CH_2-\underset{\underset{SO_3M}{|}}{\underset{CH_2}{\underset{|}{\overset{\overset{R_2}{|}}{C}}}}-\right]_b\left[-CH_2-\underset{\underset{O(CH_2CH_2O)_nR_4}{|}}{\underset{C=O}{\underset{|}{\overset{\overset{R_3}{|}}{C}}}}-\right]_c$$

图1-8 聚羧酸系减水剂分子式

R_1，R_2，R_3，R_4—H，CH_3；n，a，b，c—大于1的整数

该类减水剂的制备方法如下[21]：

（1）聚合单体直接共聚。这种合成方式前提要制备中间大分子大单体，然后将其作为聚合原料，采用合适的聚合方法制得减水剂。但中间分离纯化过程比较烦琐，成本较高，聚合物相对分子质量难以控制，大单体的酯化率和双键损失率直接影响最终减水剂产品的性能。

（2）聚合后功能化。该方法是将一种或几种羧酸类单体在溶液中共聚成高聚物。该合成方法工艺简单，操作简便，成本较低，但市场化的聚羧酸产品较少。并且聚羧酸和聚醚的相容性欠佳，有小分子水生成，影响产率。

(3) 原位接枝与共聚。聚合过程与酯化过程合二为一，简化工艺，提高了聚醚聚酯两类减水剂的相容性，但接枝度不高。

由于聚羧酸系减水剂具有独特的梳型分子结构和强极性基团，探究结构与性能的关系对聚羧酸系减水剂的合成有重要的理论意义。其研究方向主要涉及减水剂原材料选择、分子结构设计、作用机理、合成生产工艺、改善性能等方面，机理研究是指研究减水剂作用机理，工艺研究是指研究合成方法，性能研究是指对建筑材料进行性能试验。构效关系如下：

(1) 相对分子质量对性能的影响。聚羧酸系减水剂为水溶性大分子，其相对分子质量对水泥净浆分散性能有非常重要的影响，应该控制在某一区间为宜。聚合单体的种类直接影响聚合物的相对分子质量，从而影响减水剂的应用性能[22]。常见聚合单体、聚合物的相对分子质量范围与应用性能三者之间的关系见表 1-1。

表 1-1 聚合单体、聚合物相对分子质量与应用性能的关系

聚合单体	聚合物相对分子质量范围	应用性能
聚氧乙烯、单烯丙基单烷基醚、苯乙烯、马来酸酐	5000~80000	分散性能最优
聚乙二醇与丙烯酸酯化物、丙烯酸酯类、(甲基) 丙烯酸	25000~70000	分散性能最优
	<5000 或>100000	分散性能最差
甲氧基聚乙二醇丙烯酸酯	0~7000	分散性能最优
	>7000	分散性能最差
聚乙二醇	5000~10000	分散性能最优

同时，聚合单体本身的相对分子质量也影响聚合物的相对分子质量和应用性能[23-24]。

(2) 侧链长度对性能的影响。高减水率和分散保持力是水泥颗粒空间位阻效应的宏观体现。因此，聚羧酸减水剂侧链的长短及密度等因素对分散性能有重要的影响。目前，大部分学者认为不同的大单体体系和不同的主链体系最佳的侧链长度应该不同，过长则相互缠绕，过短空间位阻很小，所以侧链长度适中的复合减水剂比侧链长度过大或过小的减水剂更容易产生吸附作用，应用性能也更显著。当聚合单体为 APEG、MPEG 和 TPEG 时，其相对分子质量为 1000~2000 或者侧链聚合度为 10~20，有很好的分散性和分散保持性[25-26]。

(3) 功能性基团对性能的影响。聚羧酸高效减水剂的分子是由离子型主链和非离子型侧链构成，所以其应用性能的优劣与主链阴离子含量也有很大的关系[12-13]。—NH_3、—SO_3H、—COOH、—OH、—$CONH_2$和—$O(CH_2O)_nR$是常见的功能性基团，其对复合聚羧酸系减水剂的应用性能影响见表1-2。

表1-2 功能性基团对应用性能的影响指标

功能性基团种类	对应用性能的影响指标
—NH_3	混凝土强度、耐久性、坍落度损失
—COOH、—OH	混凝土抗裂性能、抗拉性能
—SO_3H	水泥初期水化热
—$O(CH_2O)_nR$	掺量、减水率、混凝土抗压强度

聚羧酸类减水剂的专利研究成果丰富。周斌等人[27]以烯丙基磺酸盐和水为底料，水浴加热至55~80℃，同时滴加事先配好一定浓度的聚氧烷烯不饱和酸酯单体、不饱和酸或其衍生物单体溶液、单体混合溶液和引发剂溶液，在1~2h内滴完，加入硫醇链转移剂或者不加，升温至80~90℃保温3~6h，自然冷却到室温，用稀碱液中和至pH值为6~9。该方法合成的聚酯类聚羧酸系减水剂固含量为29.7%。马保国等人[28]在75~80℃的水中，一边滴加甲基丙烯酸聚乙二醇单甲醚酯，一边滴加引发剂水溶液，在6~7h内滴完反应物，70~80℃保温2~3h，自然冷却到室温，用稀碱液中和至pH值为6.5~7.5。该方法合成的聚酯类聚羧酸系减水剂固含量为29%。反应工艺设备简单，反应过程无污染，对水泥的流动性和流动保持性好。由于部分原料价格昂贵且合成出的聚酯类聚羧酸类减水剂的固含量过低，近几年来国内的学者以马来酸酐作为原料合成聚醚类聚羧酸类减水剂，成本降低的同时性能也得到改善。傅雁等人[29]以稀醚硫酸盐和马来酸酐为料，水浴加热至50℃，同时滴加甲氧基聚乙二醇单甲醚甲基丙烯酸酯、甲氧基聚乙二醇单甲醚丙烯酸酯或者烯丙基聚乙二醇醚单体、甲基丙烯酸单体混合溶液和引发剂溶液，5h滴完，再恒温1h。自然冷却到室温，用50%碱液中和至pH=8。该方法合成的聚羧酸系减水剂固含量为44.9%。郑柏存等人[30-31]采用氧化还原引发剂引发聚合，同时滴加马来酸酐单体、不同单体的混合溶液和还原性引发剂吊白块（甲醛合次硫酸氢钠）溶液，在1~1.5h内滴完，保温30min，自然冷却到室温，用稀碱液中和至pH=6.2~6.5。该方法合成的聚醚类聚羧酸系减水剂固含量为42%左右。李记恒等人[32]以甲基烯丙基聚氧乙烯基醚或异戊烯醇聚氧乙烯醚等不饱和聚氧乙烯醚大单体、丙烯酸或甲基丙烯酸等不饱和羧酸为聚合单体，过氧化氢-维生素C、次亚磷酸钠、硫代硫酸钠为氧化还原引发剂，巯基乙酸或3-巯基丙酸为链转移剂，合成聚羧酸类减水剂。合成工艺稳定，合成过程无须加热，无有害物排放，无氢氧化钠溶液中和的步骤，改善了产品的综合性能。

常见减水剂的受检混凝土性能指标和匀质性指标见表1-3和表1-4[33]。

表 1-3 受检混凝土性能指标

项目		外加剂品种												
		高性能减水剂 HPWR			高效减水剂 HWR		普通减水剂 WR			引气减水剂 AEWR	泵送剂 PA	早强剂 Ac	缓凝剂 Re	引气剂 AE
		早强型 HPWR-A	标准型 HPWR-S	缓凝型 HPWR-R	标准型 HWR-S	缓凝型 HWR-R	早强型 WR-A	标准型 WR-S	缓凝型 WR-R					
减水率/%		≥25	≥25	≥25	≥14	≥14	≥8	≥8	≥8	≥10	≥12	—	—	≥6
泌水率比/%		≤50	≤60	≤70	≤90	≤100	≤95	≤100	≤100	≤70	≤70	≤100	≤100	≤70
含气量/%		≤6.0	≤6.0	≤6.0	≤3.0	≤4.5	≤4.0	≤4.0	≤5.5	≥3.0	≤5.5	—	—	≥3.0
凝结时间之差/min	初凝	−90~+90	−90~+120	>+90	−90~+120	>+90	−90~+90	−90~+120	>+90	−90~+120	—	−90~+90	>+90	−90~+120
	终凝			—		—			—			—	—	
1h 经时变化量	坍落度/mm	—	≤80	≤60	—	—	—	—	—	—	≤80	—	—	—
	含气量/%	—	—	—						−1.5~+1.5	—			−1.5~+1.5
抗压强度比/%，不小于	1 天	180	170	—	140	—	135	—	—	—	—	135	—	—
	3 天	170	160	—	130	—	130	115	—	115	—	130	—	95
	7 天	145	150	140	125	125	110	115	110	110	115	110	100	95
	28 天	130	140	130	120	120	100	110	110	100	110	100	100	90
收缩率比/%，不大于	28 天	110	110	110	135	135	135	135	135	135	135	135	135	135
相对耐久性（200 次）/%		—	—	—	—	—	—	—	—	≥80	—	—	—	≥80

注：1. 表中抗压强度比、收缩率比、相对耐久性为强制性指标，其余为推荐性指标；2. 除含气量和相对耐久性外，表中所列数据为掺外加剂混凝土与基准混凝土的差值或比值；3. 凝结时间之差性能指标中的“-”号表示提前，“+”号表示延缓；4. 相对耐久性（200 次）性能指标中的“W80”表示将 28 天龄期的受检混凝土试件快速冻融循环 200 次后，动弹性模量保留值不低于 80%；5. 1h 含气量经时变化量指标中的“-”号表示含气量增加，“+”号表示含气量减少；6. 其他品种的外加剂是否需要测定相对耐久性指标，由供、需双方协商确定；7. 当用户对泵送剂等产品有特殊要求时，需要进行的补充试验项目、试验方法及指标，由供需双方协商决定。

表 1-4 受检混凝土匀质性指标

项目	指标	项目	指标
氯离子含量/%	不超过生产厂控制值	密度/$g\cdot cm^{-3}$	D>1.1 时，应控制在 D±0.03； D≤1.1 时，应控制在 D±0.02
总碱量/%	不超过生产厂控制值	细度	应在生产厂控制范围内
含固量/%	S>25%时，应控制在 0.95S~1.05S； S≤25%时，应控制在 0.90S~1.10S	pH 值	应在生产厂控制范围内
含水率/%	W>5%时，应控制在 0.90W~1.10W； W≤5%时，应控制在 0.80W~1.20W	硫酸钠含量/%	不超过生产厂控制值

注：1. 生产厂应在相关的技术资料中明示产品匀质性指标的控制值；2. 对相同和不同批次之间的匀质性和等效性的其他要求，可由供需双方商定；3. 表中的 S、W 和 D 分别为含固量、含水率和密度的生产厂控制值。

1.3 减水剂的作用机理

减水剂掺入新拌水泥中，能够破坏水泥颗粒的絮凝结构，起到分散水泥颗粒及水泥水化颗粒的作用，从而释放絮凝结构中的自由水，增大水泥拌合物的流动性。减水剂分散减水机理基本上包括以下几个方面[34]：

（1）静电斥力作用。对于水泥-水体系，水泥颗粒及水泥水化颗粒表面为极性表面，具有较强的亲水性。微细的水泥颗粒具有很大的比表面能，故水泥颗粒具有自发凝聚成团趋势。水泥颗粒絮凝结构如图 1-9 所示。

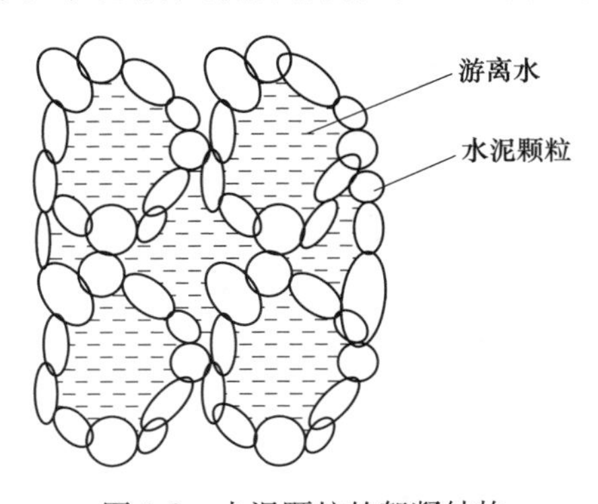

图 1-9 水泥颗粒的絮凝结构

由于亲水基团的电离作用，使得水泥颗粒表面带上电荷，并且电荷量随着减水剂浓度的增大而增大，破坏水泥絮凝的结构，使颗粒相互分散并且释放出包裹于絮团结构中的自由水，增大水泥的净浆流动度，静电斥力由大到小的顺序为：磺酸基>羧基>羟基>醚基。减水剂对水泥颗粒的静电斥力机理如图 1-10 所示。

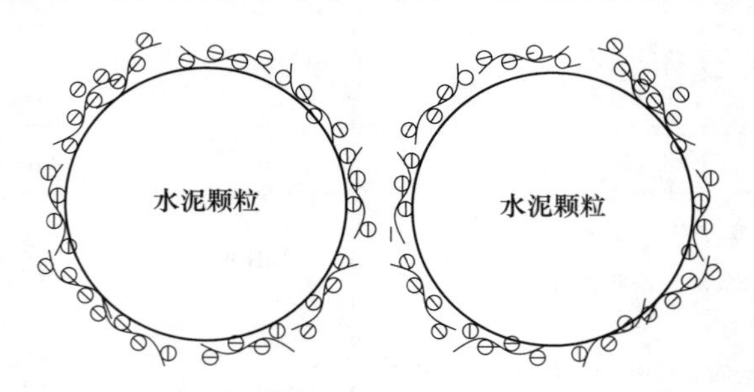

图 1-10 水泥颗粒静电斥力机理示意图

（2）空间位阻作用。聚合物减水剂吸附在水泥颗粒表面使得水泥颗粒表面形成有一定厚度的分子吸附层。当水泥颗粒靠近时，吸附层开始重叠，产生的阻止水泥颗粒接近的机械分离作用力，称为空间位阻斥力。减水剂分子主链上连有支链，一部分锚固在水泥颗粒表面，另一部分伸展在水溶液中。因此具有较大的空间位阻斥力作用[35]。以空间位阻作用为主的典型接枝梳状共聚物对水泥颗粒的空间位阻机理如图 1-11 所示。

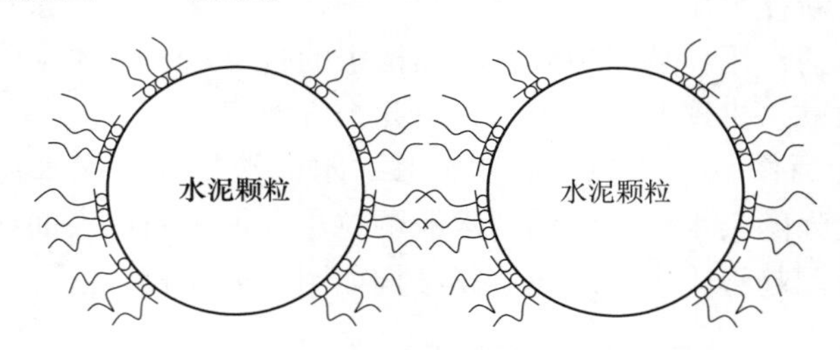

图 1-11 水泥颗粒空间位阻机理示意图

（3）水化膜润滑作用。减水剂大分子中含有大量的亲水基团，例如羟基、羧基、醚基都可以与水形成氢键。当减水剂吸附在水泥粒子表面时，水泥颗粒表面形成溶剂化水膜，使得水泥粒子分散[36]。减水剂对水泥颗粒的水化膜润滑作用机理如图 1-12 所示。

（4）引气隔离“滚珠”作用。减水剂渗入水泥中，可以吸附在固-液及液-气的界面上，使水泥易于形成微小的气泡，阻止水泥颗粒絮凝。因此，减水剂所具有的引气隔离“滚珠”作用可以改善水泥的和易性[37]。减水剂对水泥隔离“滚珠”作用的机理如图 1-13 所示。

张洪雁[38]认为聚羧酸系高效减水剂分子结构中含有羟基、羧基、磺酸基、聚乙氧基等官能团，一方面主链吸附在水泥颗粒表面阻止颗粒与水接触，同时羧

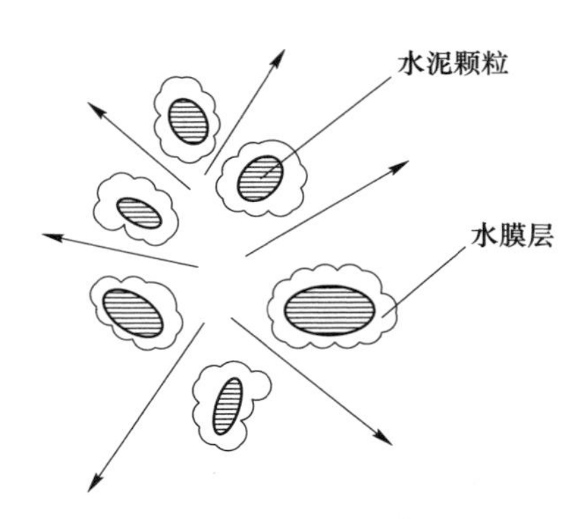

图 1-12 水泥颗粒水化膜润滑作用机理示意图

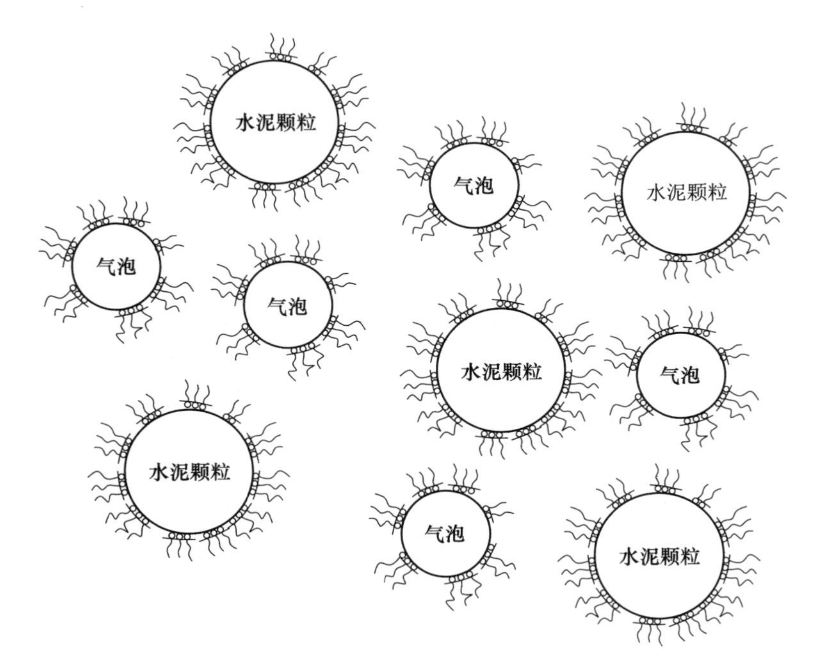

图 1-13 水泥颗粒引气隔离“滚珠”作用机理示意图

基、磺酸基与钙结合，形成富钙保护层；另一方面聚乙氧基侧链、羟基与水形成氢键，产生水膜立体保护和空间位阻效应，增加了水化层的厚度。作用机理如图 1-14 所示。

王淑波[39]认为减水剂对水泥水化速度的影响是减慢了水泥早期及中后期水化强度和水泥水化物由胶凝体向结晶体的转变过程；使水泥土的毛细孔孔径变小。熊大玉等人[40]提出了作用机理模型，如图 1-15 所示。黄凤远[41]认为一方面

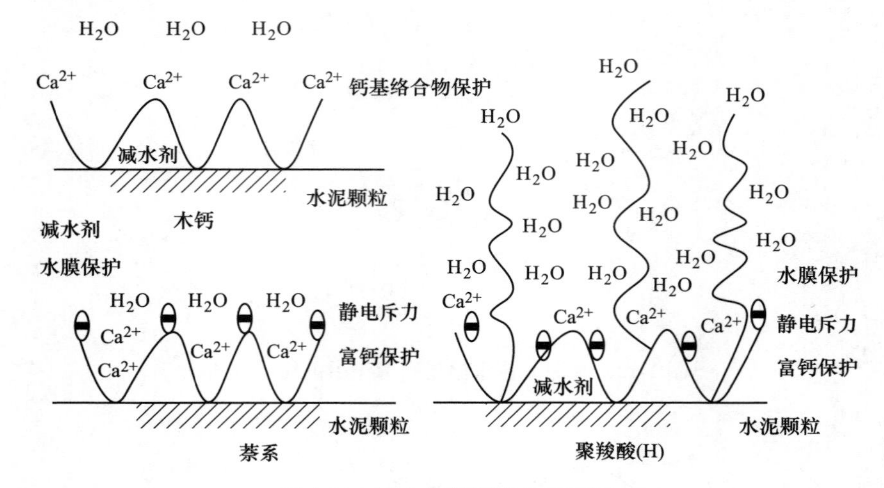

图 1-14　减水剂作用机理模型图

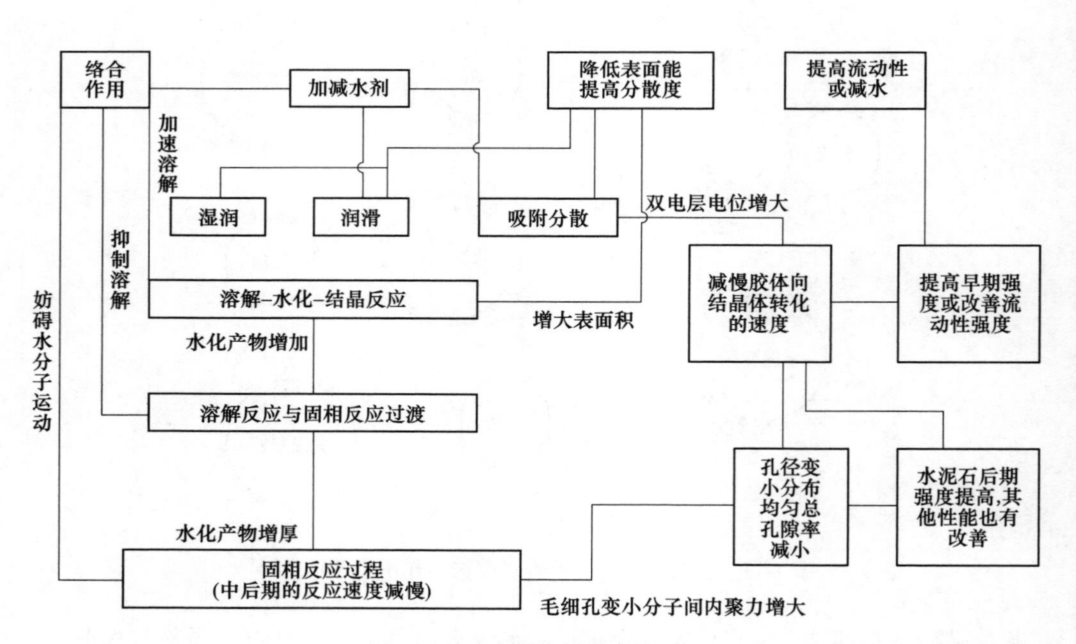

图 1-15　减水剂作用机理模型图

减水剂可以使水泥颗粒表面带有相同电荷，产生的斥力远大于水泥颗粒间的分子引力，使水泥的絮凝结构被分散，释放出包裹水，减少用水量的同时增加水泥拌合物的流动性；另一方面减水剂在水泥表面形成溶剂化水膜，起到润滑作用，也增加了水泥拌合物的流动性。作用及分散机理如图 1-16 所示。李国忠等人[42]认为减水剂主要通过吸附改变固-液界面的结构和性质，改善了固体颗粒在液相中的分散性能和孔结构，提高了硬化体的密实性和强度，如图 1-17 所示。

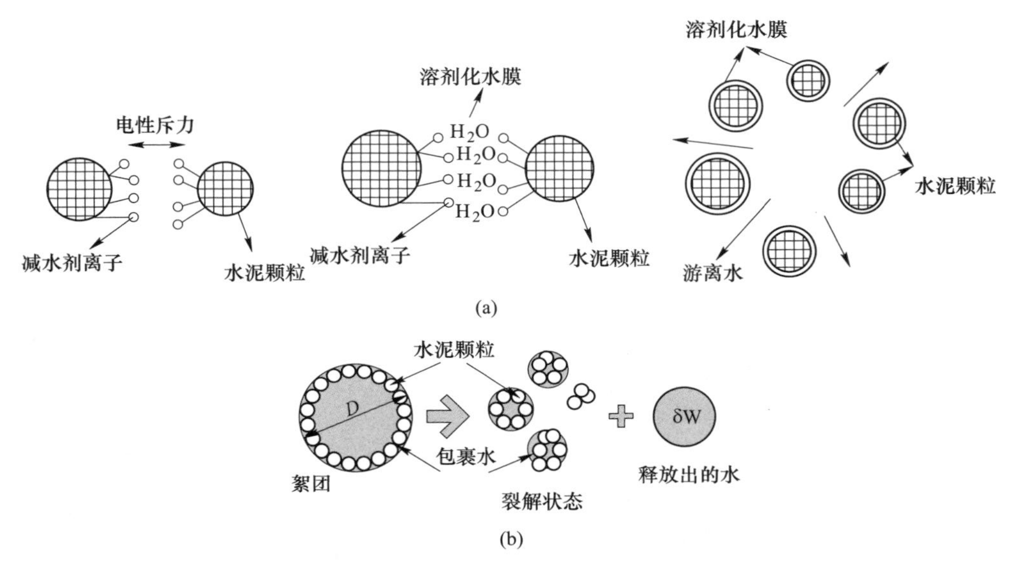

图 1-16 减水剂作用及分散机理模型图
(a) 作用机理；(b) 分散机理

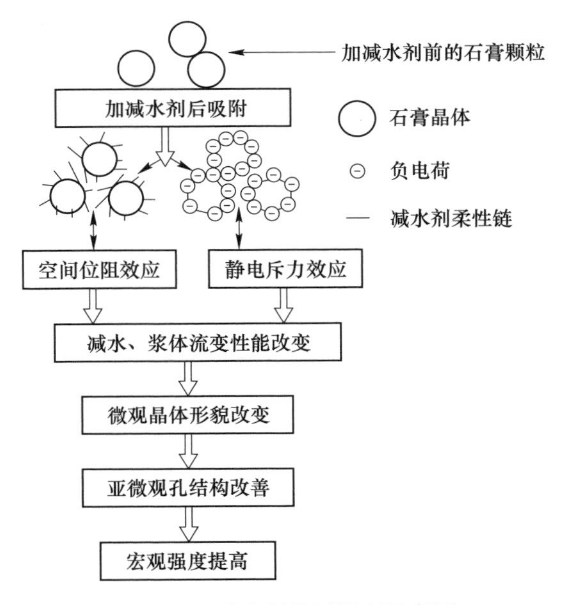

图 1-17 减水剂作用机理示意图

张畅[43]认为的具有梳型结构的超塑化剂（减水剂）是通过阻碍活性位提供分散能力的。减水剂分子的一部分侧链会被水泥颗粒吸附；另一部分在浆体中阻止水泥颗粒到达范德瓦尔斯引力的作用范围，作用机理如图 1-18 所示。

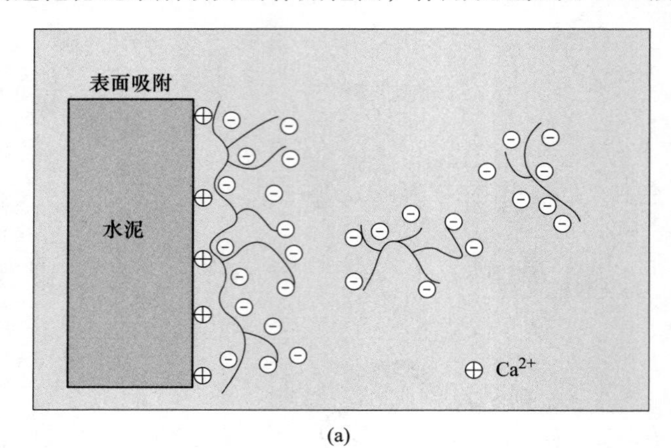

(a)

静电排斥

(b)

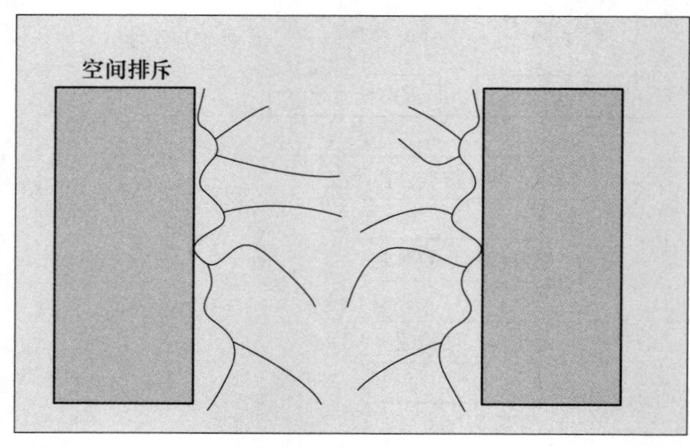

(c)

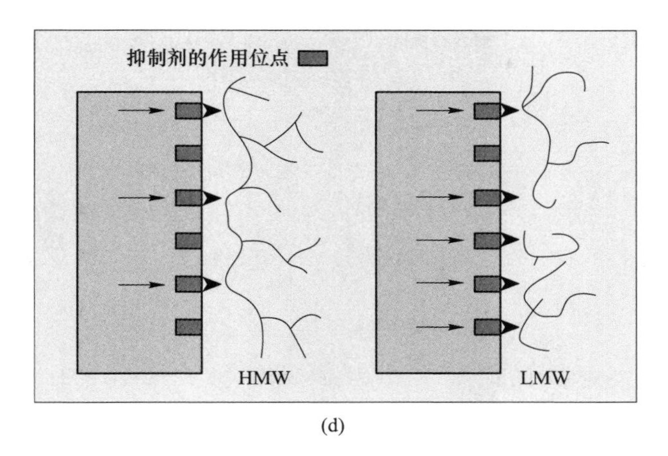

(d)

图 1-18　减水剂作用机理示意图

刘翔宇、曹恩祥、张坤等人[44-46]均通过系列试验认为周围带有电荷的水泥颗粒因为静电吸引作用发生团聚现象形成絮凝结构，并且絮凝结构中裹挟的一部分絮凝水导致水泥颗粒不能自由流动。梳型结构的聚羧酸系减水剂主链带有负电荷，静电吸附在水泥颗粒表面形成吸附层，导致吸附层之间产生静电斥力，形成空间位阻作用。而且减水剂所带的极性基团指向液相，也会产生静电斥力，作用机理如图 1-19 所示。该理论支撑也是基于早期 Yoshioka 和 Uchikawa 等人对水泥颗粒间范德华力和静电作用力的计算结果[47-48]。

Shui 等人[49]认为水泥颗粒是由两种或多种矿物相组成，形成许多团聚体结构，水泥团聚体结构中截留了大量的水。若在水泥浆料中使用塑化剂（减水剂），可以破坏水泥团聚结构并释放截留的水，改善了水泥浆料的流动性，可以通过空间位阻和空间斥力作用解释（见图 1-20）。

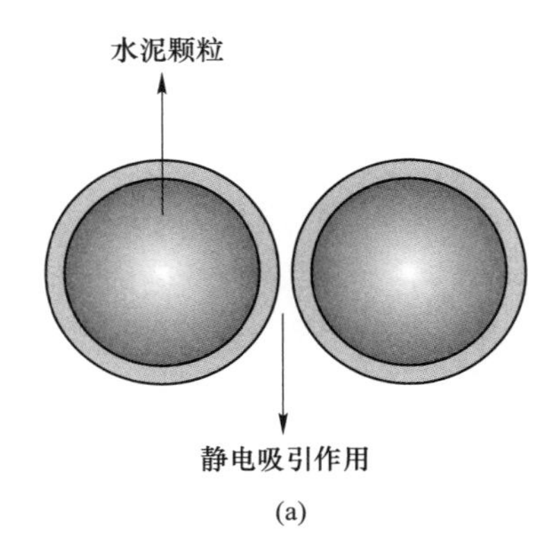

(a)

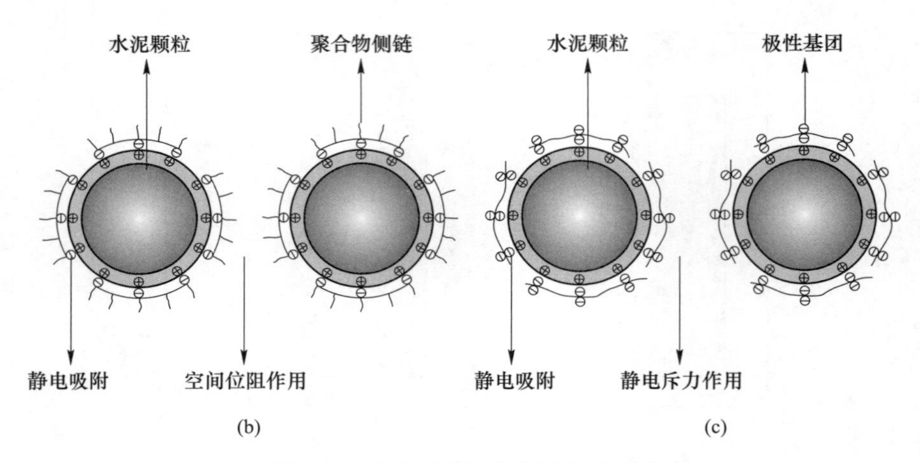

图 1-19　减水剂分子分散原理示意图

（a）团聚的水泥颗粒；（b）空间位阻作用；（c）静电斥力作用

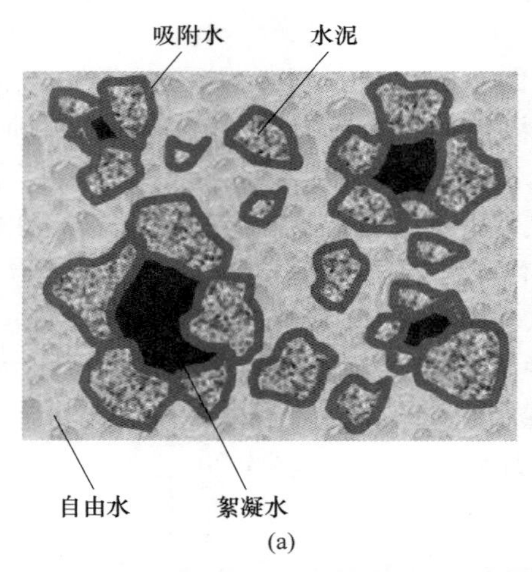

(a)

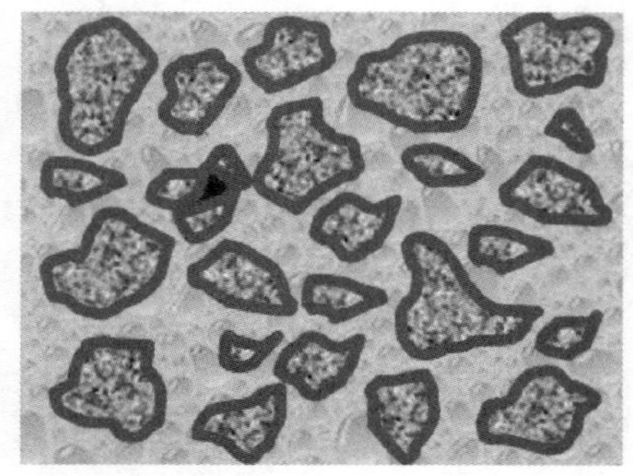

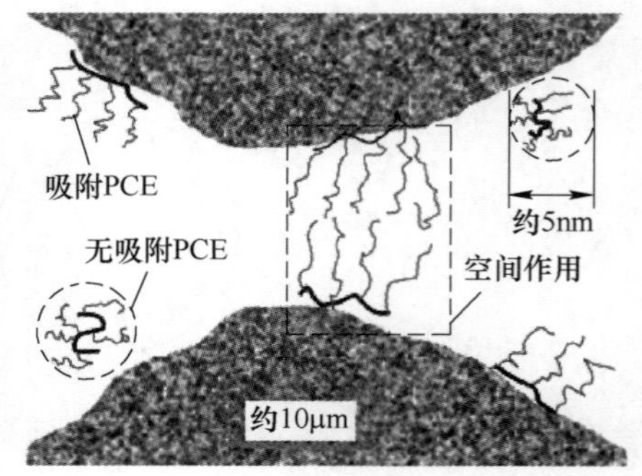

(b)

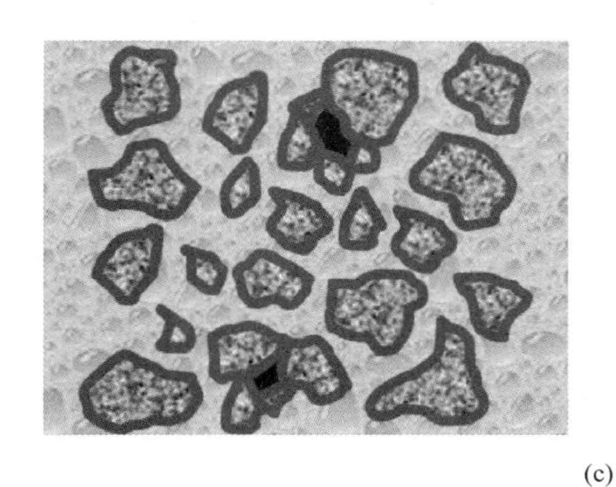
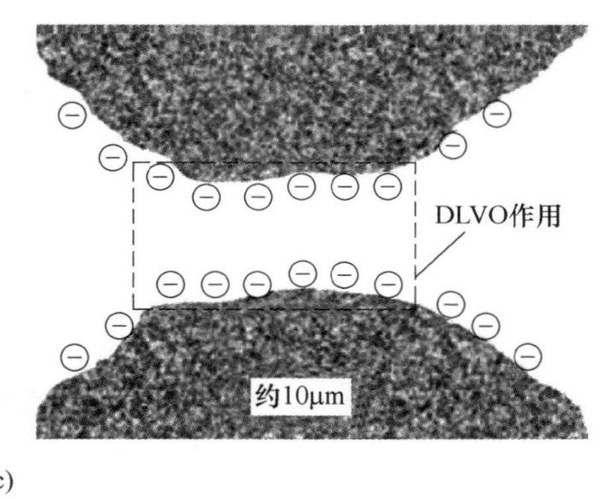

(c)

图 1-20 减水剂作用机理示意图

(a) 水泥与水混合产生的团聚体结构；(b) 减水剂分散水泥团聚结构；(c) 空间位阻和空间斥力作用

李继新等人[50]以马来酸酐、N-聚乙二醇单甲醚-N′-氨基甲酰马来酰亚胺、甲基丙烯磺酸钠为单体，过硫酸铵为引发剂，合成了（N-聚乙二醇单甲醚-N′-氨基甲酰马来酰亚胺-甲基丙烯磺酸钠-马来酸酐）马来酰亚胺系减水剂。发现该减水剂在水泥颗粒表面定向吸附时使水泥颗粒表面形成双电子层，产生的静电斥力提高了水泥浆体的流动性，作用机理如图 1-21 所示。

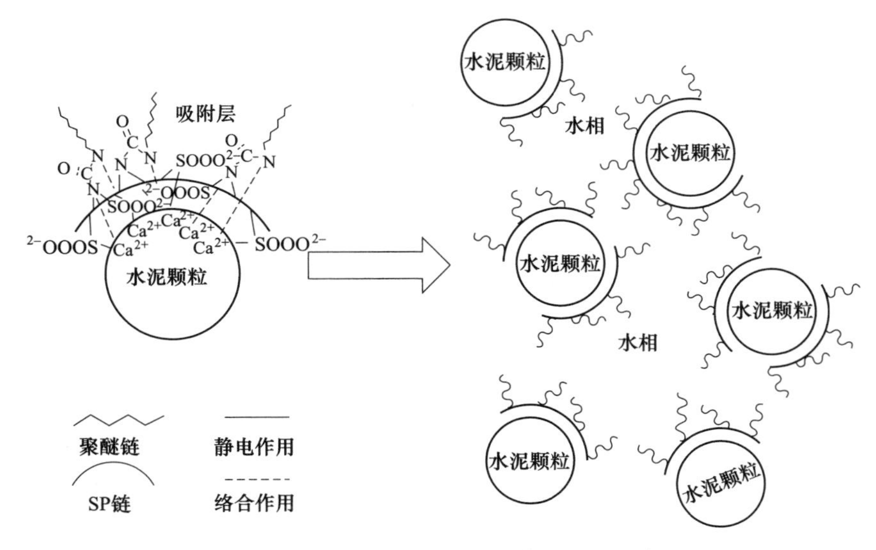

图 1-21 马来酰亚胺系减水剂作用机理示意图

李春豹[51]用烯丙基磺酸钠改性聚丙烯酸制备磺酸基改性聚丙烯酸增稠剂，发现该增稠剂有一定的减水作用。减水机理是磺酸基改性聚丙烯酸被水泥颗粒吸附后形成吸附层，同时羧基和磺酸基使带负电荷的水泥颗粒表面产生静电斥力并且羧基和磺酸基与水形成氢键，增加了水泥浆体的流动性，降低屈服应力和塑性黏度，作用机理如图 1-22 所示。

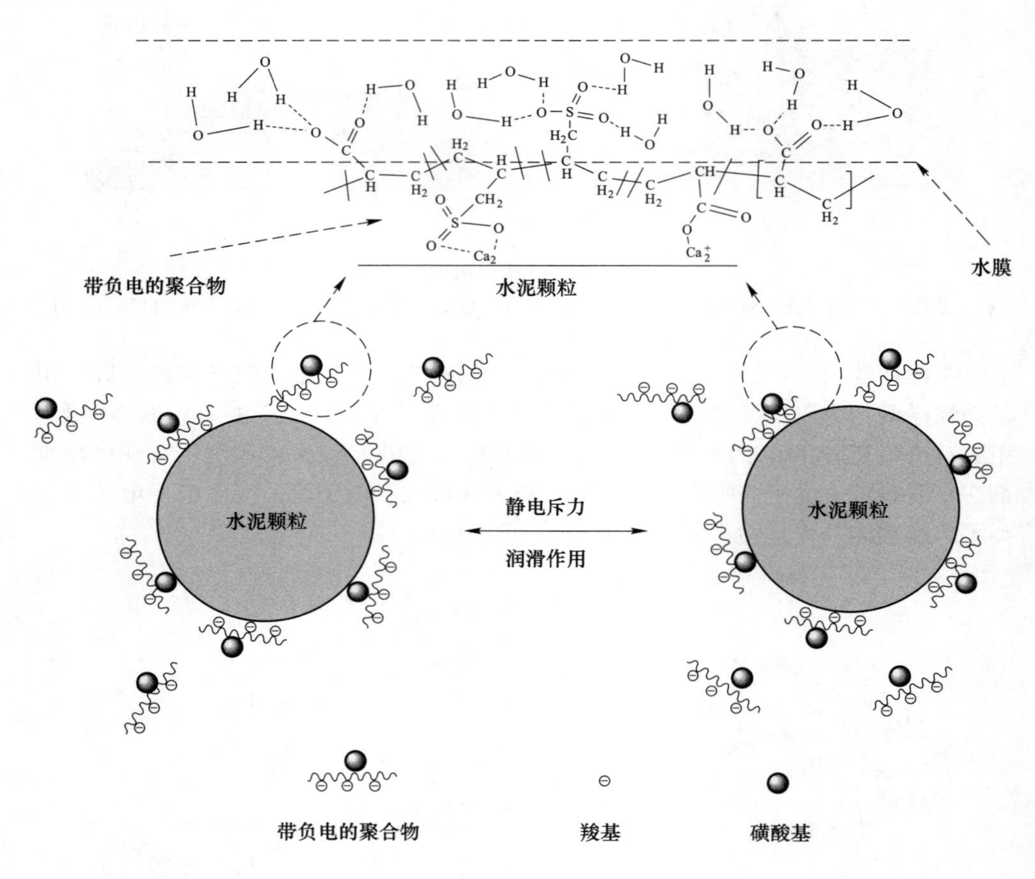

图 1-22 减水剂作用机理示意图

Zhang 等人[52]用 3-(三甲氧基甲硅基) 甲基丙烯酸丙酯部分或完全取代丙烯酸合成了一系列有机硅烷改性聚羧酸盐高效减水剂。发现部分硅烷化的聚羧酸盐高效减水剂表现出更大的吸附性，将水泥浆的 Zeta 电位降低到更大的负值，改善了水泥浆的流动性。通过图 1-23（b）可以看出，有机硅烷改性聚羧酸盐高效减水剂的无机硅酸盐链和硅氧基团之间形成共价键，与静电引力相比，这种键接方式有助于吸附。而没有这种结构的聚羧酸盐高效减水剂的吸附行为主要通过静电引力或通过羧基与 Ca^{2+} 的络合效应实现，如图 1-23（a）所示。

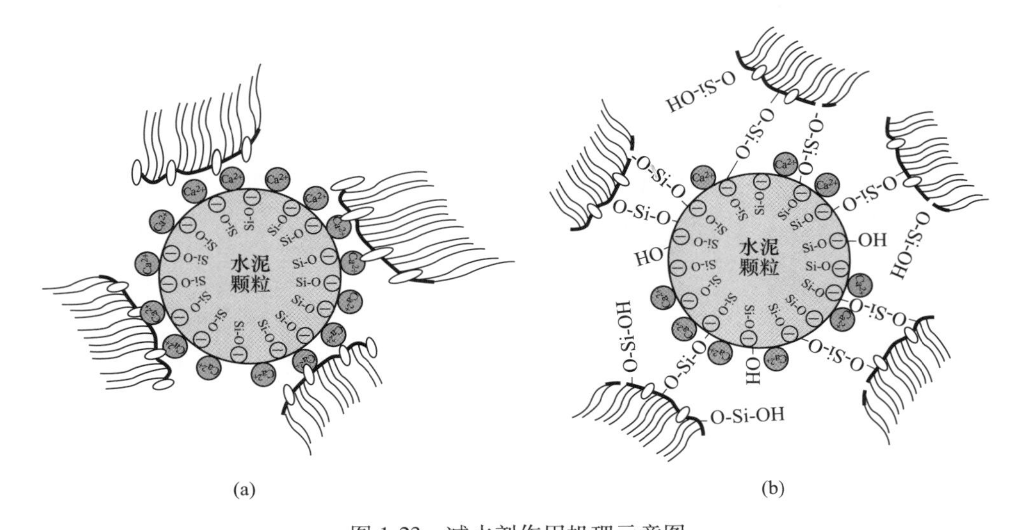

图 1-23　减水剂作用机理示意图

（a）无硅烷化的聚羧酸盐高效减水剂；（b）硅烷化的聚羧酸盐高效减水剂

1.4　聚羧酸系减水剂的研究进展

近年来，随着人们对工程整体质量要求的提高，对混凝土的和易性、施工性、耐久性和早强等性能也提出了更高的要求，故聚羧酸系减水剂作为混凝土添加剂得到了普遍的利用。聚羧酸系减水剂是 20 世纪 90 年代发展起来的第三代减水剂，由日本首先研制并成功推向市场。该类减水剂是通过自由基共聚原理合成的具有特殊的梳型结构的高分子表面活性剂。其复合产品是由两种或两种以上不同性质的聚羧酸系减水剂通过物理或化学的方法在宏观（微观）上组成具有新性能的减水剂。比如第一类减水剂（萘系、三聚氰胺系）、第二类减水剂（氨基磺酸系）和第三类减水剂（聚酯类和聚醚类聚羧酸系减水剂）相互之间复配，或者同一类不同减水剂之间复配等。因该类减水剂而具有掺量小、减水率大、保塑性强、与水泥适应性好的特点，可以显著提高混凝土的和易性，减少拌和水用量，改变混凝土凝结时间，克服混凝土坍落度损失过快的问题，增强混凝土的抗压强度，对混凝土干缩性影响较小，以及对环境友好，被誉为继钢筋混凝土和预应力混凝土之后的第三次技术改革，已经成为研究热点。我国工业所生产出的高性能聚羧酸系减水剂大多为固含量在 40%左右的水溶液型，生产过程中不使用甲醛，符合绿色减水剂的要求，图 1-24 为我国聚羧酸系减水剂的年产量和同比变化百分率，呈逐年递增的趋势[53]。但是，液体产品在包装、储存及运输方面非常不便，且长距离运输会产生巨大的费用也会使成本增加，固体减水剂便于储存和长距离运输的优点改善了水溶液型减水剂应用领域的局限性，对减水剂技术混凝土行业的发展有着重要指导意义。

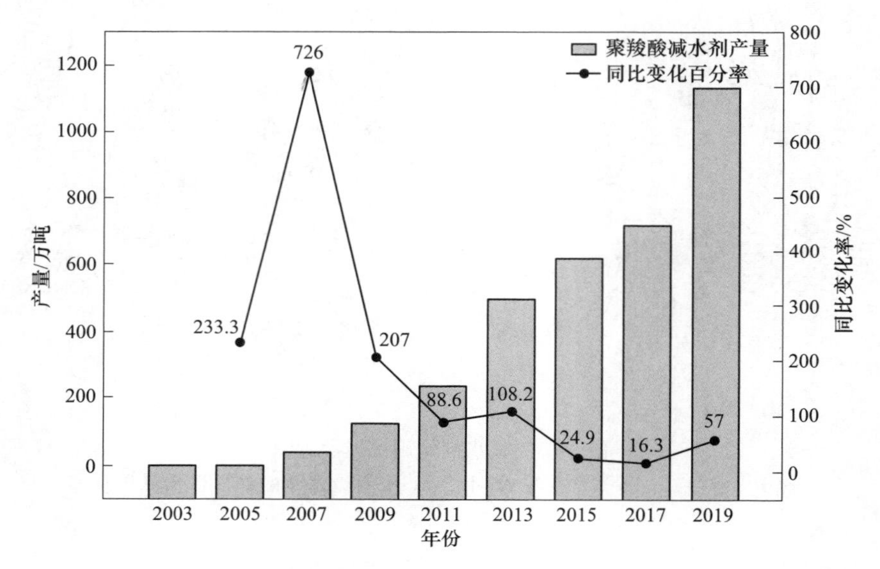

图 1-24　我国聚羧酸系减水剂的年产量和同比变化百分率

1.4.1　聚羧酸系减水剂合成工艺

聚羧酸系减水剂具有掺量小、减水率大、保塑性强及环境友好的特点，被誉为是继钢筋混凝土和预应力混凝土之后的第三次技术飞跃。聚羧酸系减水剂的合成工艺主要包括聚合原料的选择和合成方法两大方面。

1.4.1.1　聚合原料的选择

由于聚羧酸系减水剂具有独特的梳型分子结构和强极性基团，探究结构与性能的关系对聚羧酸系减水剂的合成有重要的理论意义。部分学者提出聚羧酸系减水剂的相对分子质量、测量长度、阴离子含量对水泥净浆分散性能有非常重要的影响。

Tanaka[54]通过 GPC 测定相对分子质量及其分布，取曲线最高峰值的相对分子质量为 M_p，重均相对分子质量为 M_w，当产物（M_w-M_p）在 0~7000 时，聚羧酸减水剂的分散性能最佳；当产物（M_w-M_p）大于 7000 时，则相对分子质量大的产物较多，黏度过大，吸附能力下降，其对水泥的分散能力降低；当（M_w-M_p）小于 0 时，相对分子质量小的产物较多，聚羧酸减水剂产品分散性能也会下降。M. Piotte[55]用超滤的方法研究了减水剂的相对分子质量分布。聚羧酸减水剂具有很大的相对分子质量分散指数，但相对分子质量分布主要在 5000~

10000，约占35%，并得到了相对分子质量高的减水剂分散性能优于相对分子质量低的减水剂的结果。国内张海彬[56]和李顺等人[57]认为随着减水剂相对分子质量的增大，达到相同坍落度所需的水灰比减小，说明其分散性能随着其相对分子质量的增大而增强。但是相对分子质量大的减水剂对水更加敏感，因此要更加严格地控制水灰比，防止泌水、离析分层等现象的发生。雷爱中[58]认为聚羧酸减水剂相对分子质量应该控制在2000~50000之间。王正祥等人[59]认为相对分子质量控制在8000~20000之间最好。Wang等人[60]以酸醚比为3.0、4.2、5.0和6.0的异戊烯醇聚氧乙烯醚-2400、丙烯酸为原料合成了系列聚羧酸系减水剂(52IPEG3.0、52IPEG4.2、52IPEG5.0、52IPEG6.0)，每小时生成的具有不同相对分子质量的52IPEG见表1-5，可以看出第1h生成的聚羧酸系减水剂具有最高侧链密度和相对分子质量。52IPEG3.0的掺量为0.26%时，水泥净浆流动度在5h内无损失（26cm±0.5cm），保持很高的流动性。而52IPEG4.2、52IPEG5.0、52IPEG6.0的掺量为0.12%左右时，水泥净浆初始流动度为26cm±0.5cm，52IPEG4.2的经时损失较低，其相对分子质量约为30000，具有中等的侧链密度。

表1-5 每小时生成的具有不同分子量的聚羧酸系减水剂微观数据

型号	M_w					侧链密度/%				
	1h	2h	3h	4h	5h	1h	2h	3h	4h	5h
52IPEG3.0	26700	20984	9007	82043	65945	28.5	22.1	9.0	9.0	3.8
52IPEG4.2	30900	31091	29481	92490	20027	35.0	38.3	11.1	1.3	2.3
52IPEG5.0	37103	24681	32900	413429	78419	52.2	26.7	9.8	0.14	1.6
52IPEG6.0	43400	24742	16457	46238	60435	53.8	26.8	8.1	2.5	0.74

大部分学者认为对于不同的大单体体系和不同的主链体系，最佳的侧链长度应该不同。马保国等人[61]认为随着侧链相对分子质量的增加，减水剂分子提供的空间位阻效应随之增强，故其分散性也会有所提升，但是受到侧链过长会使减水剂分子间发生缠绕现象的影响，其分散保持性会有所下降。陈建强等人[62]分别以甲基丙烯基聚乙二醇醚-2400/3500/4200、丙烯酸为原料，双氧水-抗坏血酸为氧化还原引发剂，巯基乙酸为链转移剂，合成了侧链相对分子质量不同的聚羧酸系减水剂。发现在同等蒙脱土掺量下，侧链相对分子质量为4200的减水剂饱和吸附量为11.3mg/g，对水泥颗粒的分散效果较好，水泥净浆的初始流动度大，原因是侧链相对分子质量大的聚羧酸系减水剂有明显的空间位阻效应。吴英哲等人[63]以甲基烯丙

基聚氧乙烯醚-2400和丙烯酸为原料合成聚羧酸系减水剂，并根据凝胶渗透色谱测试结果选取3种截留相对分子质量的半透膜，分别获得相对分子质量为30000、50000及70000以上的聚羧酸减水剂，发现随着相对分子质量的提高，水泥初始净浆流动度下降，保坍性提高，原因是酸醚比逐渐降低。

聚羧酸高效减水剂的分子是由离子型主链和非离子型侧链构成，所以其应用性能的优劣与主链阴离子含量也有很大的关系。Lim等人[64]的研究发现随着酸酯比（羧酸根与聚醚侧链的摩尔比）的增加，其吸附量随之增加。Winnefeld等人[65]认为并不是主链阴离子含量越高越好。当酸酯比为7：1时减水剂性能最好。Pourchet等人[66]认为聚羧酸高性能减水剂的吸附层并不受聚合物的微观结构及粒子强度的影响，而与聚合物的吸附量有关。

Lin等人[67]以甲基烯丙基聚氧乙烯醚-2400、丙烯酸为原料，过硫酸铵-次磷酸钠为引发体系合成了不同酸醚比的聚羧酸系减水剂（KZJ1~5）。当酸醚比为3.5时，减水剂的分散性能最好，但相对分子质量和侧链密度对水泥水化过程影响不大（见表1-6）。

表1-6 不同酸醚比聚羧酸系高效减水剂的微观结构数据

型号	M_w	转化率/%	主链聚合度	侧链密度/%
KZJ1	40721	83.13	16.96708	24.96
KZJ2	34643	78.48	14.43458	20.74
KZJ3	48532	88.13	20.22167	19.16
KZJ4	39308	79.96	16.37833	16.67
KZJ5	47309	89.00	19.71208	16.52

Tang等人[68]以乙二醇单乙烯基聚乙二醇醚-3000、丙烯酸为原料，偶氮二异丁腈为引发剂，2-[十二烷硫基（硫代羰基）硫基]-2-甲基丙酸为链转移剂，采用可逆加成断裂链转移聚合法合成了不同酸醚比的聚羧酸系减水剂（RPC1~10），见表1-7。同时发现RPC分子通过主链上的负电荷吸附在水泥颗粒表面，改变固-液界面的物理化学性质和颗粒之间的作用力，从而产生静电排斥效应。而非离子型侧链延伸到溶液中并产生空间位阻效应。随着羧酸密度的增加，阴离子的数量也随之增加，使主链的吸附作用占主导。然而随着进料酸醚比的增加，RPC的主链太长，难以拉伸，容易缠结，这可能会减少有效吸附位点（见图1-25）。

表 1-7 聚合参数和微观结构数据

型号	酸醚比	聚合温度/℃	聚合时间/h	数均相对分子质量/M_n	重均相对分子质量/M_w	M_w/M_n	转化率/%
RPC1	4∶1	80	15	9622	11504	1.19	40
RPC2	6∶1	80	15	10126	12324	1.21	37
RPC3	8∶1	80	15	10956	13851	1.26	45
RPC4	6∶1	80	5	10111	12452	1.23	44
RPC5	6∶1	80	10	10547	13171	1.24	39
RPC6	6∶1	80	20	10354	12673	1.22	40
RPC7	6∶1	50	15	15055	17639	1.17	31
RPC8	6∶1	50	5	14436	17325	1.20	30
RPC9	6∶1	50	10	14743	17520	1.19	33
RPC10	6∶1	50	20	14905	17568	1.18	32

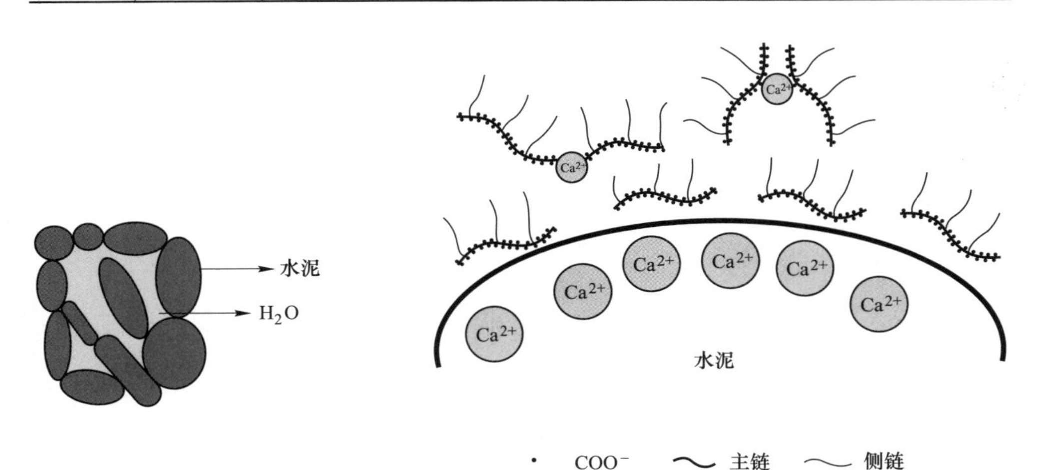

图 1-25 减水剂作用机理示意图

1.4.1.2 合成方法

聚羧酸系水泥减水剂分为两类：一类以丙烯酸（甲基丙烯酸）为主链接枝聚氧乙烯基 EO 或聚氧丙烯基 PO 支链；一类以马来酸酐为主链接 EO 或 PO 支链。故聚羧酸减水剂合成方法大致可分为以下几类：

（1）可聚合单体直接共聚。这种合成方法先制备具有聚合活性的大单体，然后将单体混合，采用溶液聚合而得成品。前提是要合成大单体，中间分离纯化过程比较烦琐，成本较高，聚合物相对分子质量难以控制，大单体的酯化率和双键损失率直接影响最终减水剂产品的性能。龚兴宇等人[69]以聚乙二醇单甲醚和2-(十二烷基三硫代碳酸酯基)-2-甲基丙酸合成了一种新型水溶性大分子，以水溶性大分子和丙烯酸为原料，4,4′-偶氮（4-氰基戊酸）为引发剂，聚乙二醇单甲醚的相对分子质量为5000，丙烯酸与水溶性大分子的摩尔比为40：1，聚合温度为80℃，所合成的聚羧酸减水剂的单体转化率为86.2%，当折固掺量为0.11%时，水泥初始净浆流动度为298mm。李崇智等人[70-71]通过丙烯酸与聚乙二醇反应制得聚乙二醇单丙烯酸酯大单体，然后将酯化大单体、烯丙基磺酸钠、丙烯酸和2-丙烯酰胺-2-甲基丙磺酸等单体按一定比例混合后，在水溶液中经过过硫酸铵引发聚合得到聚羧酸减水剂，研究了减水剂合成工艺、共聚物的结构特征和作用机理。分析了聚羧酸系减水剂结构与性能关系，以及通过正交试验分析法，研究了反应单体的比例和聚氧乙烯链的聚合度对聚羧酸系减水剂性能的影响，提出了一种合成聚羧酸系减水剂的最佳配方。包志军等人[72]以丙烯酸及聚乙二醇单甲醚为主要原料，通过对合成工艺参数的探索，合成的PCI高效减水剂的各项性能指标均达到甚至优于国家和行业有关高效减水剂标准（一等品）的指标。

（2）聚合后功能化法。该方法是指将一种或几种羧酸类单体在溶液中共聚成高聚物。该合成方法工艺简单，操作方便，成本较低。但现成的聚羧酸产品种类和规格有限，并且聚羧酸和聚醚的相容性不好，酯化实际操作困难。王国建等人[73]用丙烯酸、苯乙烯、端羟基的聚氧乙烯醚通过自由基溶液共聚合反应、接枝反应和磺化反应，制备了一类主链带羧基、磺酸基，支链带聚氧乙烯基的聚羧酸盐高效减水剂。

Liu等人[74]以乙二醇单乙烯基聚氧乙烯醚-3000、丙烯酸为原料，双氧水-抗坏血酸为氧化还原引发体系，MnO_2、Fe_2O_3、Co_2O_3、Ni_2O_3、ZnO为催化剂，合成了5种聚羧酸系减水剂（PCE1~5），单体转化率高达99.81%。与不加入催化剂合成的聚羧酸系减水剂PCE0相比，掺入这5种聚羧酸系减水剂的水泥具有更大的Zeta电位，且与Ca^{2+}的络合能力更强，吸附层厚度为1.03nm，水泥浆的铺展直径为309mm，28天抗压强度高达60.19MPa，同时可以促进水泥水化，产生更致密的C-S-H和水化产物$Ca(OH)_2$(见图1-26)。

王生辉等人[75]以甲基烯丙基聚氧乙烯醚-3000/2400、丙烯酸为原料，过氧化氢-吊白块/硫酸亚铁/次亚磷酸钠为氧化还原引发剂，在室温下合成了聚羧酸系减水剂。最佳合成条件为：酸醚比为4.35，合成温度为15~25℃，次亚磷酸钠用量为单体总量的1.75%，双氧水用量为单体总质量的0.8%。发现用甲基烯丙基

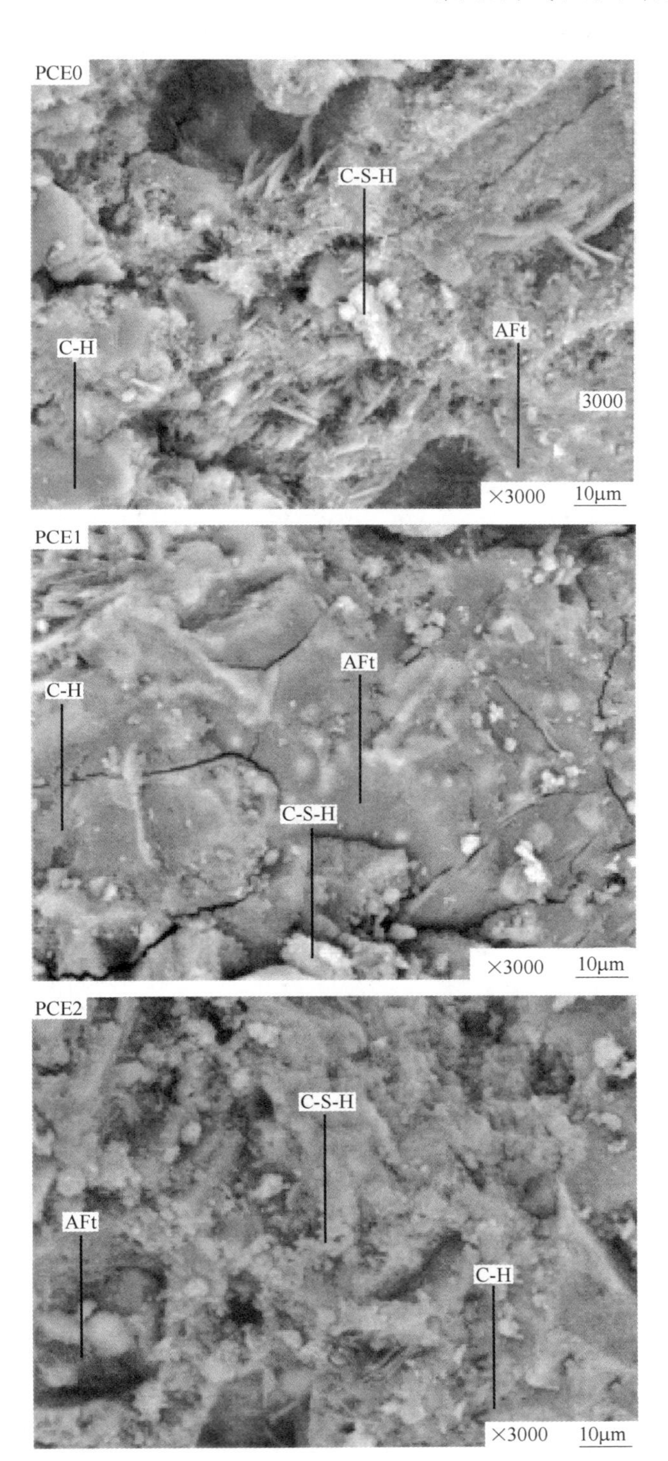
PCE0
C-S-H
AFt
C-H
3000
×3000
10μm
PCE1
AFt
C-H
C-S-H
×3000
10μm
PCE2
C-S-H
AFt
C-H
×3000
10μm

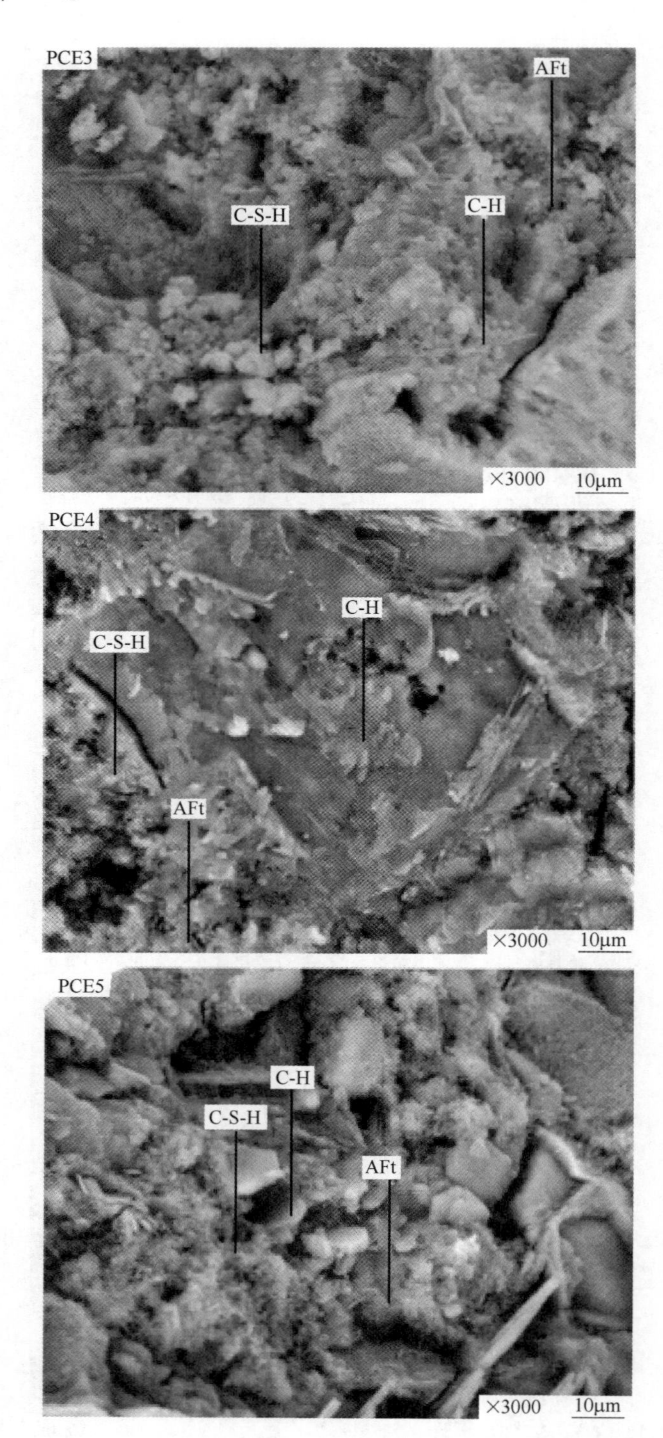

图 1-26　掺聚羧酸系减水剂的 1 天龄期水泥石的 SEM 图

聚氧乙烯醚-3000 合成的聚羧酸减水剂初始分散性及保持能力较强（见表 1-8），这主要是由于该聚羧酸减水剂分子拥有较长的侧链结构，空间位阻效应更加明显。

表 1-8 混凝土坍落度及扩展度测试结果 (mm)

型 号	坍落度		损失	坍落度		损失
	初始	1h		初始	1h	
甲基烯丙基聚氧乙烯醚 3000 合成样	220	200	20	465	435	30
市售减水剂	215	185	30	440	405	35
甲基烯丙基聚氧乙烯醚 2400 合成样	210	170	30	440	390	50

（3）原位接枝与共聚。集聚合与酯化于一体，可以控制聚合物的相对分子质量，主链只能选择含—COOH 基团的单体，但是接枝度不会很高且难以控制。王子明等人[76]以异丁烯基聚乙二醇醚、丙烯酸（AA）为原料，过硫酸铵和过氧化氢-抗坏血酸为引发体系，采用双滴加工艺合成了聚羧酸系减水剂，发现在过硫酸铵引发体系下，90min 时形成主链较长的聚合物，而在过氧化氢-抗坏血酸引发体系下，60min 时形成主链较短的聚合物，两种减水剂相对分子质量分布较窄，结构非均一。

Zhu 等人[77-78]以异丁烯聚氧乙烯醚（TPEG）或甲基烯丙醇聚氧乙烯醚（HPEG）、丙烯酸（AA）为原料，过硫酸铵（APS）为引发剂，次磷酸钠（SHP）、巯基乙酸（TGA）或者布吕格曼 TP1351 为链转移剂，合成了不同结构的聚羧酸系高效减水剂（A-01~26），发现在反应温度为 63℃的条件下，当 $n_{AA}:n_{TPEG}=3.72$、$n_{SHP}:n_{TPEG}=0.32$、$n_{APS}:n_{TPEG}=0.06$ 时，单体转化率为 84.61%，重均相对分子质量为 55128，侧链密度为 0.1725，水泥初始净浆流动度为 230mm，饱和吸附量为 4.77mg/g，分散性能及吸附效果较好。在室温反应条件下，当 $n_{AA}:n_{HPEG}=4.59$、$n_{TGA}:n_{HPEG}=0.10$、$n_{APS}:n_{HPEG}=0.09$ 时，单体转化率为 93.09%，重均相对分子质量为 103920，侧链密度为 0.3124，水泥初始净浆流动度为 260mm，饱和吸附量为 3.44mg/g，分散性能及吸附效果较好（见表 1-9 和表 1-10）。

表 1-9 受热条件下聚合参数和微观结构数据

型号	$n_{AA}:n_{TPEG}$	$n_{SHP}:n_{TPEG}$	$n_{APS}:n_{TPEG}$	M_w	转化率 /%	侧链密度 /%	流动度 /mm	吸附量 /mg·g^{-1}
A-01	3.20	0.32	0.06	52248	80.75	17.92	218	2.91
A-02	3.47	0.32	0.06	52968	81.78	17.43	220	3.11

续表 1-9

型号	n_{AA} : n_{TPEG}	n_{SHP} : n_{TPEG}	n_{APS} : n_{TPEG}	M_w	转化率 /%	侧链密度 /%	流动度 /mm	吸附量 /mg · g^{-1}
A-03	3. 72	0. 32	0. 06	55128	84. 61	17. 25	230	4. 77
A-04	4. 00	0. 32	0. 06	56880	83. 34	17. 20	235	4. 22
A-05	4. 27	0. 32	0. 06	61488	83. 38	17. 17	242	4. 72
A-06	3. 72	0. 17	0. 06	106368	84. 12	17. 17	238	4. 90
A-07	3. 72	0. 25	0. 06	57744	84. 43	17. 23	235	4. 45
A-08	3. 72	0. 42	0. 06	43728	81. 58	17. 29	227	3. 05
A-09	3. 72	0. 50	0. 06	36648	80. 82	17. 29	223	2. 89
A-10	3. 72	0. 32	0. 02	50424	82. 74	17. 60	215	2. 08
A-11	3. 72	0. 32	0. 03	49896	83. 05	17. 36	225	3. 08
A-12	3. 72	0. 32	0. 07	52104	84. 19	17. 20	243	4. 24
A-13	3. 72	0. 32	0. 08	61896	83. 54	17. 14	242	4. 39

表 1-10 室温条件下聚合参数和微观结构数据

型号	n_{AA} : n_{HPEG}	n_{TGA} : n_{HPEG}	n_{APS} : n_{HPEG}	M_w	转化率 /%	侧链密度 /%	流动度 /mm	吸附量 /mg · g^{-1}
A-14	4. 05	0. 10	0. 09	74688	90. 87	31. 73	250	3. 03
A-15	4. 32	0. 10	0. 09	88872	90. 77	31. 58	251	3. 42
A-16	4. 59	0. 10	0. 09	103920	93. 09	31. 24	260	3. 44
A-17	4. 85	0. 10	0. 09	103848	92. 95	31. 20	262	3. 41
A-18	5. 12	0. 10	0. 09	104424	93. 01	31. 27	261	3. 35
A-19	4. 59	0. 03	0. 09	279048	93. 08	31. 15	270	3. 63
A-20	4. 59	0. 07	0. 09	236496	93. 01	31. 18	272	3. 39
A-21	4. 59	0. 13	0. 09	58632	92. 99	31. 30	241	3. 30
A-22	4. 59	0. 17	0. 09	61152	92. 93	31. 38	219	2. 80
A-23	4. 59	0. 10	0. 05	91536	90. 70	31. 51	205	3. 38
A-24	4. 59	0. 10	0. 07	74832	91. 56	31. 29	247	3. 61

续表 1-10

型号	$n_{AA}:n_{HPEG}$	$n_{TGA}:n_{HPEG}$	$n_{APS}:n_{HPEG}$	M_w	转化率/%	侧链密度/%	流动度/mm	吸附量/mg·g^{-1}
A-25	4.59	0.10	0.10	112728	92.03	31.20	263	3.53
A-26	4.59	0.10	0.12	113232	92.87	31.11	272	3.32

Li 等人[79]以异丁烯聚氧乙烯醚-2400（TPEG）、丙烯酸（AA）为原料，过硫酸铵（APS）为引发剂，合成了 3 种酸醚比分别为 1.5∶1、2.5∶1 和 3.5∶1 的长侧链结构的聚羧酸系高效减水剂（PCEA6～8）；以 TPEG-400、AA 为原料，APS 为引发剂，合成了 3 种酸醚比分别为 1.5∶1、2.5∶1 和 3.5∶1 的短侧链结构的聚羧酸系高效减水剂（PCEB1～3），结构如图 1-27 所示。同时研究了 6 种聚羧酸系高效减水剂分散性能，如图 1-28 所示，发现随着蒙脱土含量的增加，水泥初始净浆流动度下降。对于长侧链 PCE，水泥初始净浆流动度从（26±0.5）cm 降至 15～18cm；对于短侧链 PCE，水泥初始净浆流动度从（26±0.5）cm 降至 12～15cm，说明具有长侧链的 PCE 的分散性能更好。原因是具有长侧链结构的

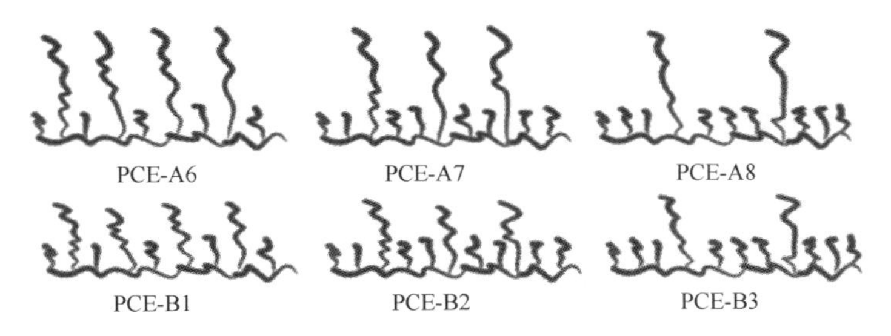

图 1-27 不同结构的聚羧酸系减水剂

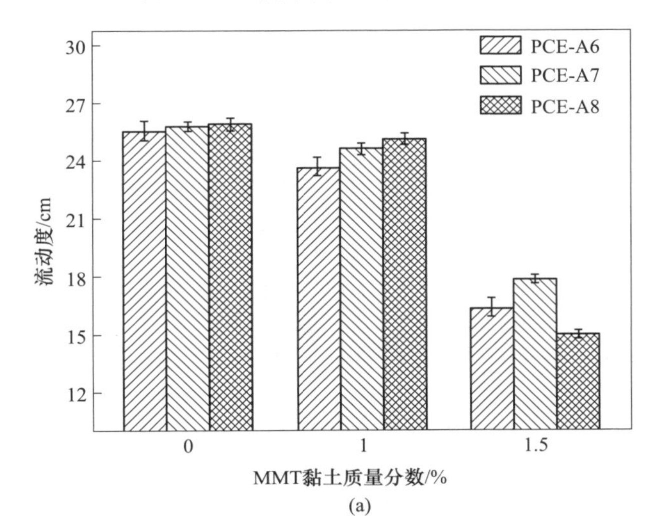

(a)

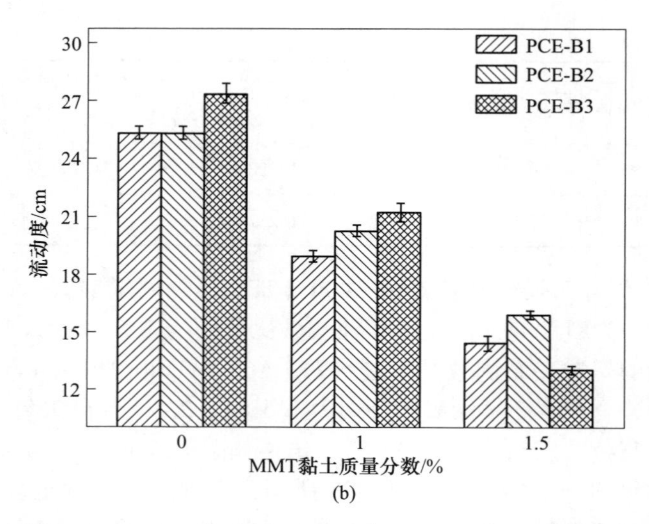

图 1-28　长侧链结构（a）和短侧链结构（b）的聚羧酸系减水剂的分散性能

PCE 更容易插入蒙脱土的层状结构中，为插层吸附，随着酸醚比的增加，长、短侧链的 PCE 在蒙脱土颗粒上的吸附均下降。

Lei 等人[80]将聚甲基丙烯酸-4700 与甲氧基聚乙二醇-2000 反应制得聚合物 G45PC5，然后将 Jeffamine Ⓡ M-1000 聚醚胺接枝到 G45PC5 上制得非引气型聚羧酸系减水剂 G45PC-g-Jeffamine，结构如图 1-29 所示。通过性能测试发现，不掺减

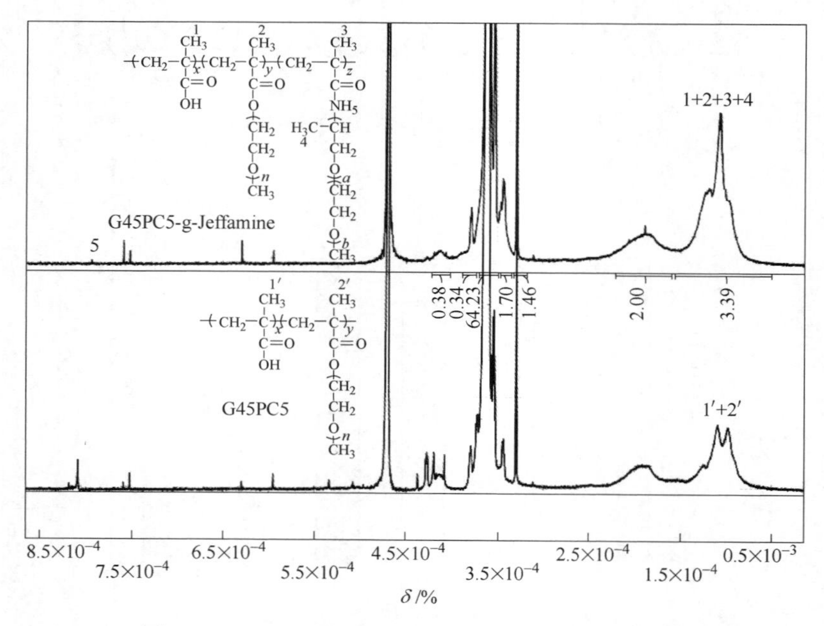

图 1-29　G45PC5 和 G45PC-g-Jeffamine 的核磁共振谱

水剂的水泥砂浆含气量为4.1%（体积分数）、初始净浆流动度为10.5cm，掺G45PC5和G45PC-g-Jeffamine的水泥砂浆含气量（体积分数）分别为14%和4.6%，初始净浆流动度分别为19cm和21.5cm，说明接枝的聚羧酸系减水剂在使用过程中无引气作用。此外，G45PC5和G45PC-g-Jeffamine减水剂可以促进16h水泥水化（见图1-30）。

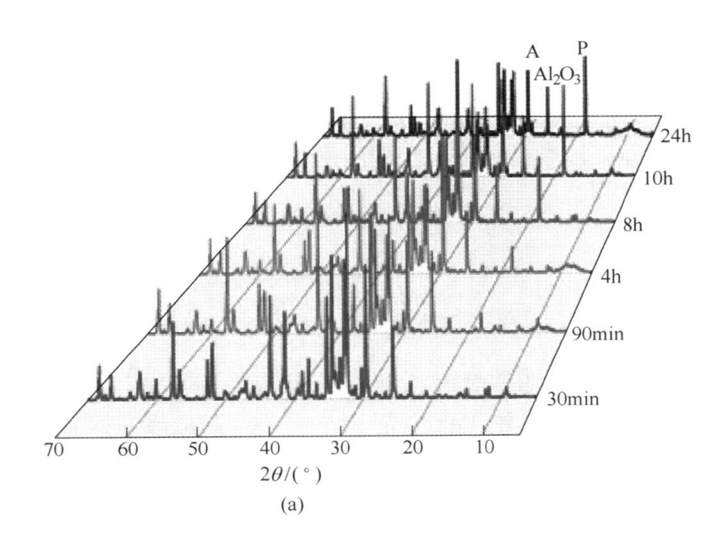

(a)

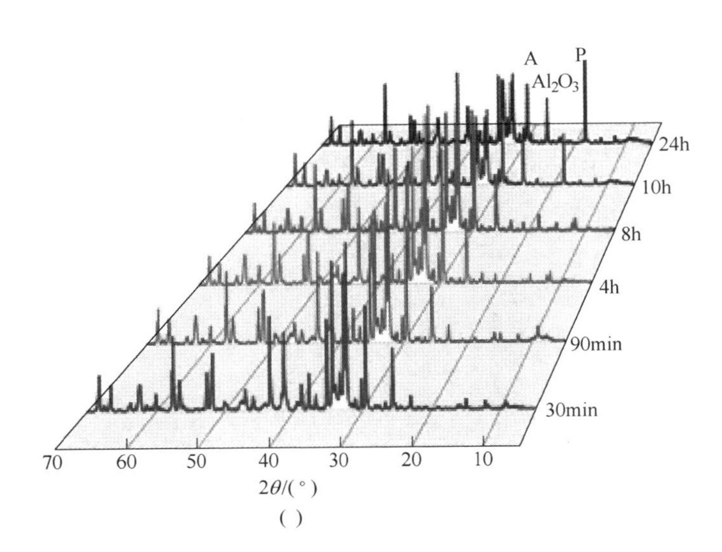

( )

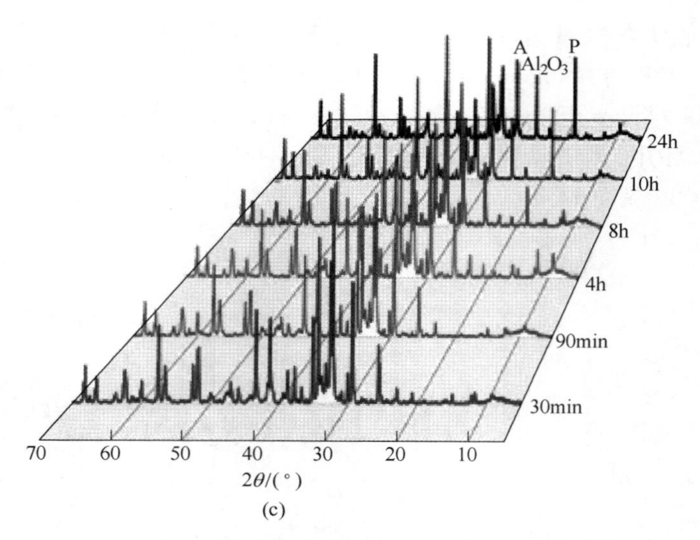

(c)

图 1-30 掺与不掺 G45PC5 和 G45PC-g-Jeffamine 减水剂水泥石 XRD 图

（a）参照组；（b）G45PC5；（c）G45PC5-g-Jeffamine

Zhang 等人[81]以异丁烯基聚氧乙烯醚、丙烯酸为原料，过硫酸铵-抗坏血酸为氧化还原引发剂，次磷酸钠为改性剂，合成了聚羧酸系减水剂（P-PCE），当折固掺量为 0.9%时水泥初始净浆流动度为 310mm，而未改性的聚羧酸系减水剂（C-PCE）的水泥初始净浆流动度为 290mm。此外，空白水泥浆、掺 C-PCE 水泥浆、掺 P-PCE 水泥浆的初凝时间分别为 5.5min、7.9min 和 10.1min，终凝时间分别为 8.8min、14.5min 和 17.2min。水化 1 天后，空白水泥石中可以观察到大量随机取向的片状和针状晶体，堆叠方式是不规则和无序的，而 PCE 的加入使晶体的形态从针状变为粗片状（见图 1-31）。

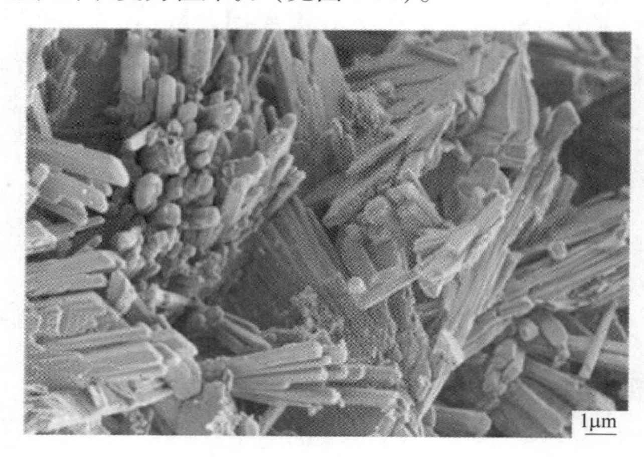

(a)

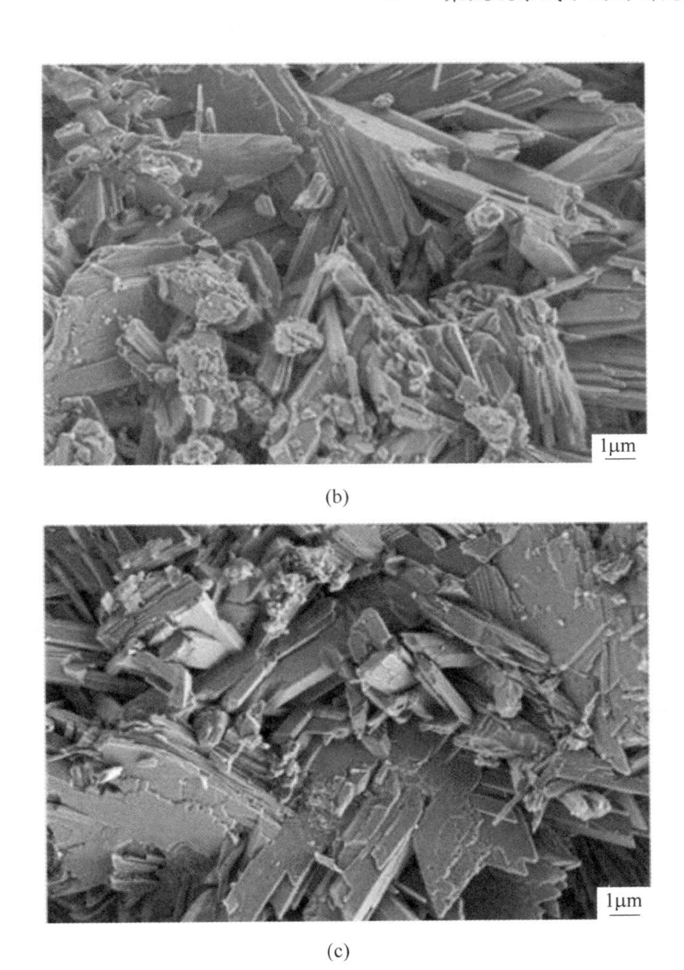

(b)

(c)

图 1-31 水化 1 天的水泥石 SEM 图
(a) 空白；(b) 掺入 C-PCE；(c) 掺入 P-PCE

聚羧酸系减水剂在合成工艺上取得了巨大的成就，促进了混凝土外加剂的发展。但是合成的高效减水剂在分子结构上所含的功能基团较少，相对分子质量分布不均匀，部分聚合原料价格较高，提高了成本。研究聚羧酸系减水剂的制备方法、作用机理及构效关系是改变减水剂分子结构和提高应用性能的手段。基于这些理论研究，聚酯型、聚醚型、功能型聚羧酸系减水剂相继进入市场。

1.4.2 聚酯型聚羧酸系减水剂

日本是研究聚羧酸系减水剂最早也是应用最多的国家，在 1995 年就利用烯烃和不饱和羧酸共聚，成功研制出减水率高达 30%以上且掺量少、保坍性能好的聚羧酸系高性能减水剂。美国也从萘系、密胺系减水剂向聚羧酸系高效减水剂发展。德国巴斯夫公司、拜耳公司等也对聚羧酸系减水剂的合成改性进行研究。国内市场大部分聚羧酸系减水剂产品为聚酯型，这类减水剂的优点是与粉煤灰和水泥的适应性好，混凝土保坍性能佳。合成过程分为两个阶段：第一步，采用溶剂酯化法、熔融酯化法、酯交换法、开环聚合法、直接醇化法、卤化法或马来酸酐酯化法制备中间大分子单体（活性单体）；第二步，采用可聚合单体直接共聚法或者聚合后功能化法，以中间大分子单体为聚合主体并辅以带有功能性基团的小分子单体，在溶液中共聚而得到聚酯型产品。常见的酯化原料包括聚乙二醇单甲醚、聚乙二醇、聚丙二醇、甲基丙烯酸、丙烯酸和马来酸酐等；聚合原料包括甲基丙烯磺酸钠、N-羟甲基丙烯酰胺、甲代烯丙基硫酸钠、甲氧基聚乙二醇丙烯酸酯、丙烯酸甲酯和丙烯酸羟丙酯等。

董楠等人[82]通过亲水亲油平衡值来衡量聚羧酸系减水剂的性能。首先经过计算得出环氧丙烷与环氧乙烷的相对分子质量比为 1∶(0.82−131/M)（其中 M 为聚羧酸系减水剂大分子的相对分子质量）。其次以合成相对分子质量为 2400 的甲基烯丙醇无规聚醚为例，加入质量比为 57∶47 的环氧乙烷和环氧丙烷与甲基烯丙醇聚合，该聚合物为减水剂大分子单体。最后以该酸醚比为 3.8 的甲基丙烯酸、大分子单体为原料，双氧水-抗坏血酸为氧化还原引发剂，巯基丙酸为链转移剂，合成聚羧酸系减水剂。该减水剂的初始水泥净浆流动度为 256mm，60min 后为 251mm，初始坍落度为 205mm，偏差率为 0.29，扩展度为 550mm，2h 的坍落度为 190mm，扩展度为 490mm，28 天的抗压强度比为 150%。朱晓菲等人[83]首先以聚乙二醇、丙烯酸为原料，浓硫酸为催化剂，对苯二酚为阻聚剂，用直接酯化法合成酯类功能单体，然后以酯类功能单体、丙烯酸、乙二醇单乙烯基醚-2000 为原料，过硫酸铵为引发剂，合成保坍型聚羧酸系减水剂，该减水剂水泥净浆流动度为 260mm，1h 后净浆流动度为 270mm，减水率为 27%，C40 混凝土 28 天的抗压强度为 45MPa。顾斌等人[84]首先以聚乙二醇、丙烯酸为原料，对甲基苯磺酸为催化剂，对苯二酚为阻聚剂，85℃反应 3~7h 后制得酯化大单体，酯化率最高达 94.38%。然后以酯化大单体、丙烯磺酸钠、丙烯酸为原料，过硫酸铵为引发剂，用双滴加方式得到棕色透明聚酯型聚羧酸系减水剂。当折固掺量为 1%时，减水率为 28.3，与不加减水剂的混凝土相比，3 天和 28 天抗压强度比分别为 177%和 143%，抗压强度提高的原因是聚羧酸减水剂的加入提高了水泥粒子的分散性，促进了水泥水化进程，但是对水化产物的种类无影响（见图 1-32）。

刘少兵等人[85]首先以聚乙二醇单甲醚-2000、马来酸酐为原料，对甲基苯磺酸为催化剂，90℃高温熔融反应得到酯化降黏大单体。然后以酯化降黏大单体、甲基丙烯磺酸钠、甲基丙烯酸为原料，过硫酸铵为引发剂，巯基丙酸为链转移剂，得到固含量为 40%的降黏型聚羧酸系减水剂。当折固掺量为 0.16%时，初始坍落度和扩展度分别为 220mm 和 610mm，2h 的坍落度和扩展度分别为 190mm 和

(a)

(b)

(c)

(d)

图 1-32 聚羧酸减水剂对水化产物形貌的影响

(a) 3 天纯砂浆;(b) 3 天掺加减水剂的砂浆;(c) 28 天纯砂浆;(d) 28 天掺加减水剂的砂浆

500mm,初始排空时间为 4.1s,2h 的排空时间为 7.5s,C60 混凝土 7 天和 28 天抗压强度分别为 50.2MPa 和 63.5MPa。在性能相当的情况下,该减水剂在保坍效果、排空时间方面均优于市售降黏型聚羧酸系减水剂。于西泉等人[86]以顺丁烯二酸酐、乙二醇为原料,乙酸乙酯为溶剂,过硫酸铵为引发剂,得到超支化聚酯,然后将超支化聚酯接枝到聚羧酸减水剂上得到超支化聚酯接枝聚羧酸系减水剂。张小芳[87]以聚乙二醇单甲醚-600(2200)、甲基丙烯酸为原料,对甲基苯磺酸为催化剂,得到聚乙二醇单甲醚甲基丙烯酸酯,然后加入烯丙醇继续酯化得到含交联单体甲基丙烯酸烯丙酯的酯化大单体。以该大单体、甲基丙烯磺酸钠、烯基亚磷酸酯为原料,双氧水-硫酸亚铁为氧化还原引发剂,3-巯基丙酸为链转移剂,得到交联型聚酯类聚羧酸系减水剂。该减水剂数均相对分子质量为 22981,重均相对分子质量为 42404,相对分子质量分布系数为 1.85,相对分子质量分布较窄,单体转化率较高。当减水剂折固掺量为 0.18%时,混凝土初始坍落度和扩展度分别为 2050mm 和 500mm,1h 的坍落度和扩展度分别为 200mm 和 520mm,2h 的坍落度和扩展度分别为 180mm 和 460mm,3 天、7 天和 28 天抗压强度分别为 30.6MPa、45.5MPa 和 54.3MPa,性能均优于市售常规酯类聚羧酸系减水剂。该减水剂性能优越的原因如下:一方面是引入的交联单体使体系空间位阻效应增加,且交联结构的水解释放出的羧基基团提高了减水剂的保坍性;另一方面是不饱和磷酸酯单体的引入使减水剂带有负电性,增加了静电斥力作用,且酯基的水解释放出磷酸基团也提高了减水剂的保坍性。李安等人[88]以甲氧基聚乙二醇单甲醚-1000、不饱和羧酸为原料,浓硫酸为催化剂,环己烷为带水剂,合成出酯化大单体。以该酯化大单体、不饱和羧酸、不饱和磺酸基单体为原料,过硫酸铵为引发剂，得到浅黄色至棕红色酯类聚羧酸系减水剂（酯类 PCE）。为了方便对比，合成了醚类聚羧酸系减水剂（醚类 PCE）。酯类 PCE 数均相对分子质量为 28122，重均相对分子质量为 68449，相对分子质量分布指数为 2.434，流体力学半径为 5.647nm；醚类 PCE 数均相对分子质量为 15577，重均相对分子质量为 43466，相对分子质量分布指数为 2.790，流体力学半径为 4.64nm，表明酯类 PCE 的主链长度比醚类 PCE 长。对于水泥和粉煤灰的表面吸附，酯类 PCE 小于醚类 PCE；但矿渣粉的表面吸附，酯类 PCE 大于醚类 PCE。曾小君等人[89]以聚乙二醇单甲醚 1200、马来酸酐为原料，对甲基苯磺酸为催化剂，4A 分子筛为脱水剂，130℃反应 8h 合成出马来酸双聚乙二醇单甲醚酯大单体。以该酯化大单体、马来酸酐、甲基丙烯酸、甲基丙烯酸磺酸钠为原料，过硫酸铵为引发剂，70~75℃保温 1.5h，继续升温至 75~80℃保温 2h，得到酯类聚羧酸系减水剂。当折固掺量为 0.3%时，水泥初始净浆流动度为 300mm，1h 后净浆流动度为 295mm，混凝土初始坍落度为 210mm，1h 后坍落度为 135mm，减水率为 29%，初凝时间为 355min，终凝时间为 470min，含气量为 3.2%，1 天、3 天和 7 天抗压强度分别为 7.0MPa、24.2MPa 和 43.5MPa，分散性能和保塑性能良好。此外，若用顺酐渣作为减水剂原料，生成 1t 减水剂可节约成本 502.39 元，性价比较高。

Guo 等人[90]以丙烯酸、对羟基苯磺酸为原料，对苯二酚为阻聚剂，分别以对甲基苯磺酸、浓硫酸、乙磺酸、苯磺酸为催化剂，90℃下酯化 3h 合成出酯化小分子单体（P1），酯化率分别为 87%、88%、93%和 85%。以 4-羟丁基乙烯基醚聚氧乙烯醚、P1、丙烯酸为原料，双氧水-硫酸亚铁为氧化还原引发剂，3-巯基丙酸为链转移剂，30℃下滴加和恒温反应各 1h 合成出聚羧酸高效减水剂 P-WD。以 4-羟丁基乙烯基醚聚氧乙烯醚、丙烯酸为原料，双氧水-硫酸亚铁为氧化还原引发剂，3-巯基丙酸为链转移剂，30℃下滴加和恒温反应各 1h 合成出聚羧酸高效减水剂 PCE。P-WD 和 PCE 对不同类型水泥的分散性能见表 1-11，表明 P-WD 比不含 P1 的 PCE 对水泥有更好的适应性，保坍性更好。

表 1-11 聚羧酸减水剂对不同类型水泥的适应性试验结果

水泥类型	减水剂类型	掺量/%	水泥净浆流动度/mm					
			0h	0.5h	1h	1.5h	2h	3h
C1	PCE	0.15	242	221	189	131	—	—
	P-WD	0.15	253	248	243	236	225	201
C2	PCE	0.15	252	227	193	142	—	—
	P-WD	0.15	257	252	247	238	227	206
C3	PCE	0.15	218	197	162	118	—	—
	P-WD	0.15	243	245	238	232	220	198

Zhang 等人[91]以丙烯酰胺、柠檬酸三乙酯为原料，二氯甲烷为溶剂，三乙胺为催化剂，30℃下反应 14h 合成出黄色有机透明液体（酯化功能单体）ATEC。以 ATEC、丙烯酸、异戊烯基聚乙二醇-2400 为原料，双氧水-抗坏血酸为氧化还原引发剂，45℃下反应 2h 得到聚羧酸酯类缓释高效减水剂（PCT）。当酸醚比为 3. 25 : 1，ATEC 的质量占聚合单体总质量的 0%、5%、8%和 10%时，合成出不同酯基含量的 PCT-0、PCT-1、PCT-2、PCT-3，其数均相对分子质量分别为 29115、66524、36059、87426，重均相对分子质量分别为 37854、105880、61466、136365，相对分子质量分布指数分别为 1. 3000、1. 529、1. 705、1. 560。与 PCT-0 相比，PCT-2 表现出优异的分散性能和保坍性能，初始净浆流动度为 265mm，3h 后为 305mm，PCT-1 和 PCT-3 也表现出相似的性能，主要的原因是酯基在水泥浆的碱性环境中水解出羧酸根负离子可以吸附在水泥颗粒表面，如图 1-33 所示。与同龄期掺 PCT-0 的水泥石相比，掺 PCT-2 的 7 天和 28 天水泥石中水化产物更多，结构更加致密，结果是在不同的养护时间下，抗压强度均高于掺 PCT-0 的砂浆（见图 1-34）。

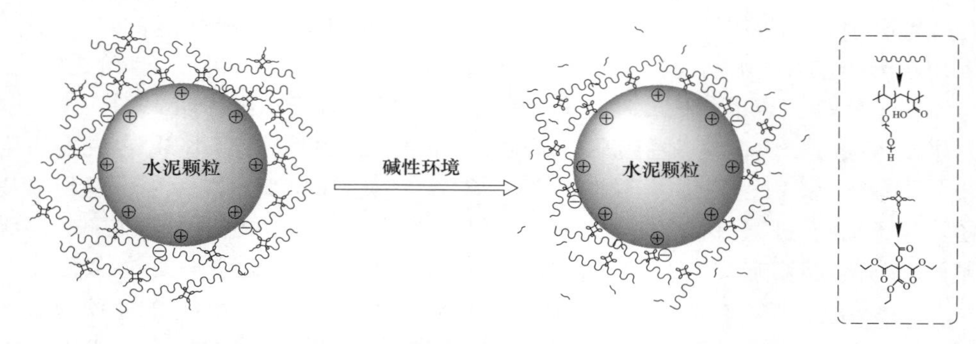

图 1-33　聚羧酸系减水剂酯基在水泥颗粒上的水解示意图

(a)

(b)

(c)

(d)

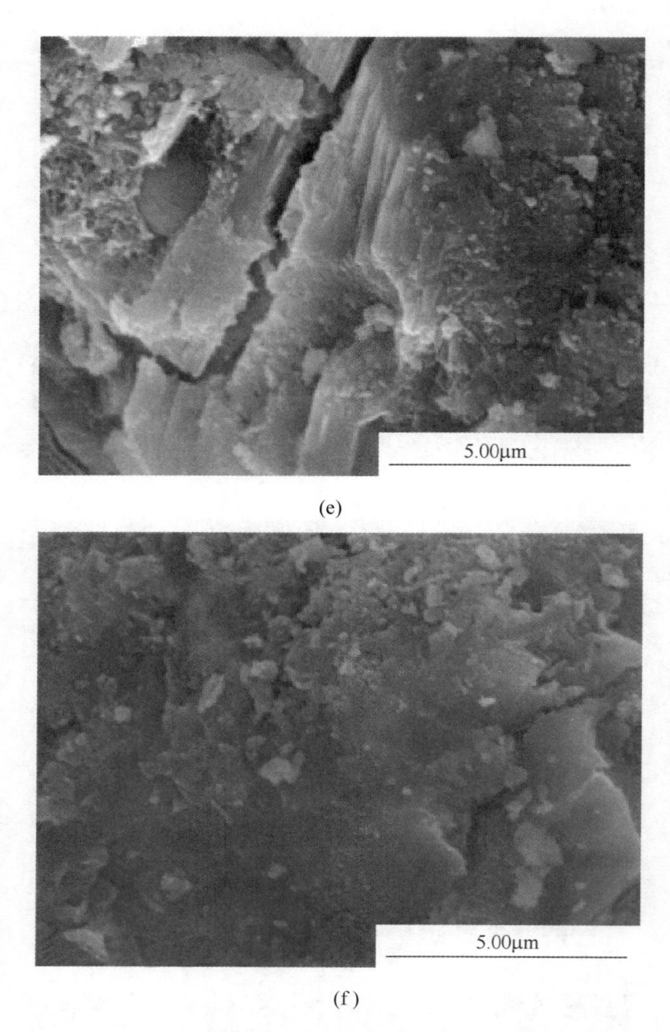

图 1-34　水泥石电镜图
(a) PCT-0 1 天；(b) PCT-2 1 天；(c) PCT-0 7 天；(d) PCT-2 7 天；
(e) PCT-0 28 天；(f) PCT-2 28 天

Lei 等人[92] 制备了酯基和醚基两种聚羧酸系减水剂 PC-1 和 PC-2（见图 1-35）。PC-1 的制备方法：首先以甲基丙烯酸（MA）、α-甲基-ω-羟基聚氧乙烯为原料，对甲基苯磺酸为催化剂，氢醌为阻聚剂，合成出相对分子质量为 1200 的甲氧基聚乙二醇甲基丙烯酸酯大分子单体（MPEG-MA）；然后以 MA、MPEG-MA 为原料，过硫酸铵为引发剂，甲基烯丙基磺酸钠作为链转移剂，85℃下反应 4h 得到酯基聚羧酸高效减水剂 PC-1。PC-2 的制备方法：以马来酸酐、含 54 个环氧乙烷单元的 α-烯丙基-ω-甲氧基聚乙烯为原料，过硫酸铵为引发剂，75℃下反应 3.5h 得到醚基聚羧酸高效减水剂 PC-2。PC-1 和 PC-2 的数均相对分子质量分别为 18588.9、13287.89，重均相对分子质量分别为 115918.5、52219.6，相对分子质量分布指数分别为 6.2、3.9。当减水剂折固掺量为 0.2%时，掺 PC-1 的水泥初始净浆流动度为 300mm，120min 后为 215mm，经时损失率为 28.3%；掺 PC-2 的水泥初始净浆流动度为 295mm，120min 后为 250mm，经时损失率为 15.3%。PC-1 和 PC-2 均能延缓水泥初期水化，这与它们的分子结构不同有关。

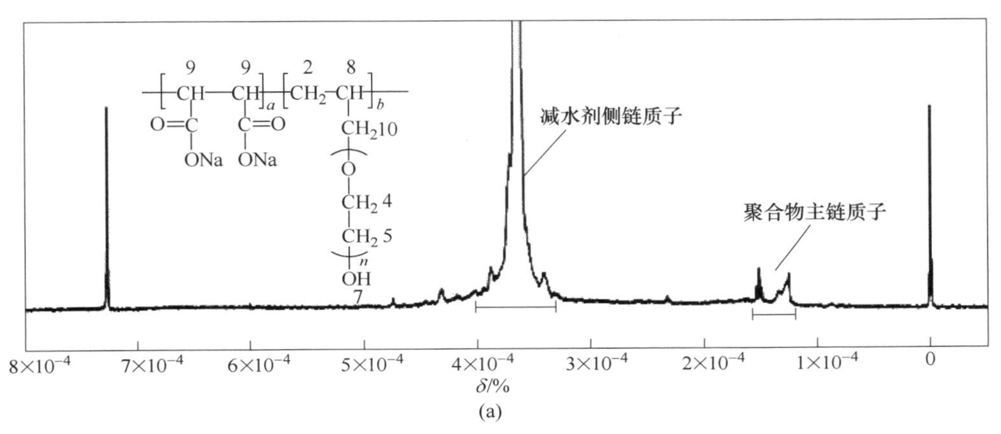

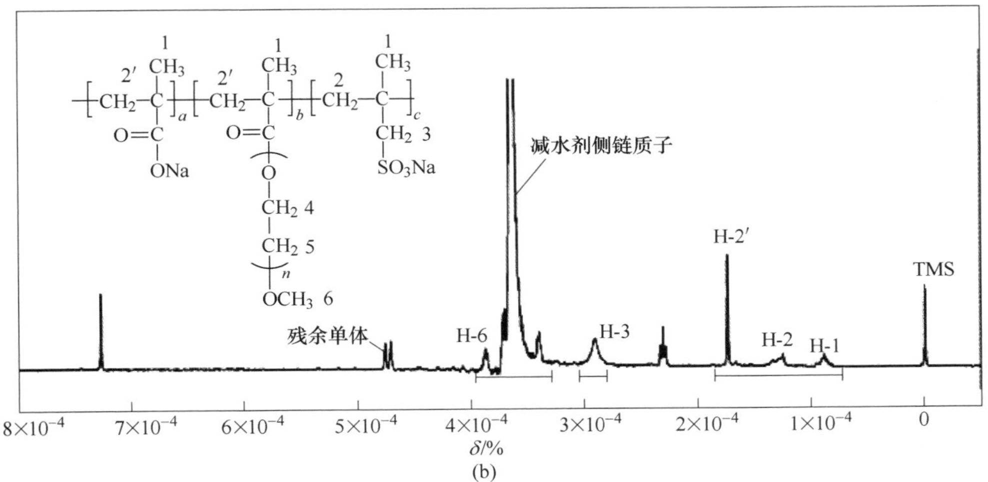

图 1-35 PC-1（a）和 PC-2（b）的^{1}HNMR 谱图

Lv 等人[93]以聚乙二醇单甲醚丙烯酸酯（MPEG-MA）、β-环糊精接枝马来酸酐（MAH-β-CD）、甲基丙烯酸（MAA）和甲基丙烯磺酸钠（MAS）为原料，过硫酸铵为引发剂，90℃下搅拌 5h 共聚合成了一种改性酯类聚羧酸减水剂（见图 1-36）。当 $n_{MAH-β-CD}:n_{MAS}:n_{MAA}:n_{MPEG-MA}$ 的比值为 0.05∶0.1∶3∶1 时，得到了性能优良的高效聚羧酸减水剂。该减水剂的数均相对分子质量为 2668，重均相对分子质量为4055，相对分子质量分布指数为1.52，减水率为30.4%，当折固掺量为0.5%时，水泥初始净浆流动度超过280mm，初凝时间为450min，终凝时间为880min，与市售乙烯基接枝共聚高效减水剂相比，具有掺量低、凝结时间长、经时损失少、与水泥相容性好等优点。

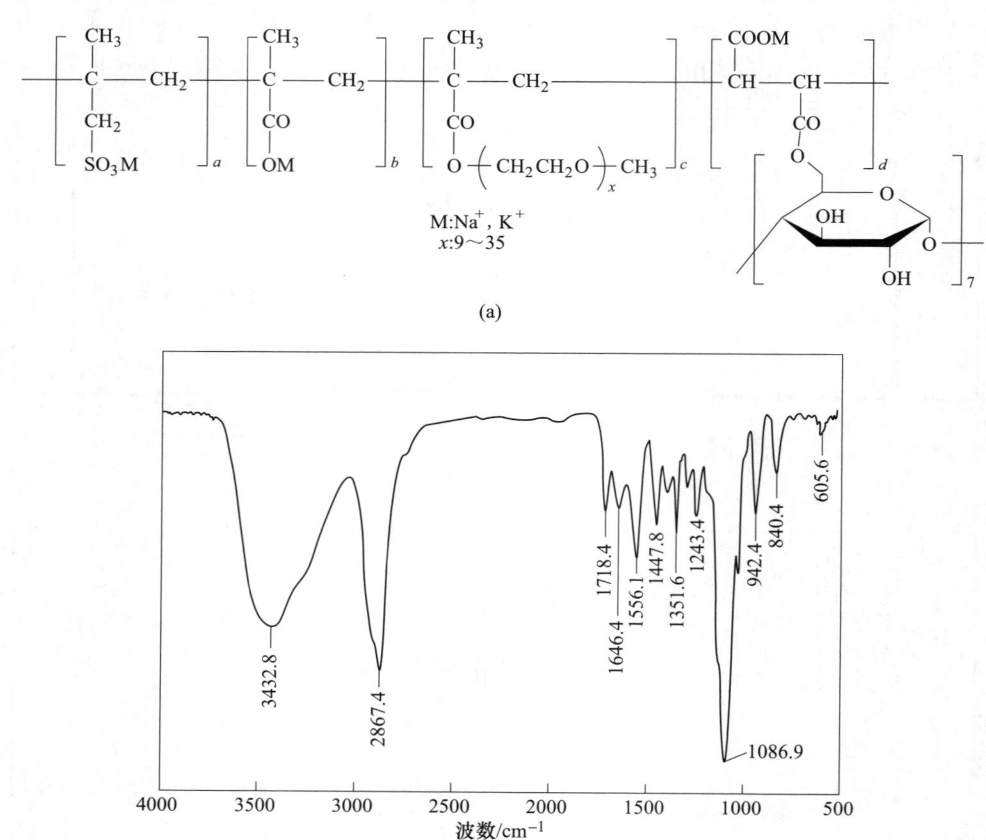

图1-36　改性酯类聚羧酸减水剂的化学结构式（a）及红外光谱图（b）

Zhang等人[94]首先以乙二胺、甲基丙烯酸甲酯为原料，室温下将其溶于甲醇后在冰盐浴中通氮搅拌反应48h后旋蒸掉甲醇，然后130℃反应4h得到淡黄色聚酰胺（PAMAM）。再以PAMAM、丙烯酸为原料，在氮气氛下70℃反应2h得到聚合物PAMAM-AA。最后以PAMAM-AA、异丁烯聚乙二醇−2400原料，巯基乙酸为链转移剂，双氧水-抗坏血酸酸为氧化还原引发剂，在氮气氛下50℃反应3h得到聚羧酸减水剂PCE-HB(见图1-37)，平均粒度为161.2nm。在该减水剂结构中引入超支化聚酰胺，空间位阻效应明显，增大了水泥净浆流动度，提高了抗压强度。当折固掺量为0.3%时，水泥初始净浆流动度将近260mm，Zeta电位为

−6.59mV，3天、7天和28天抗压强度分别为18.5MPa、38.7MPa和58.3MPa。

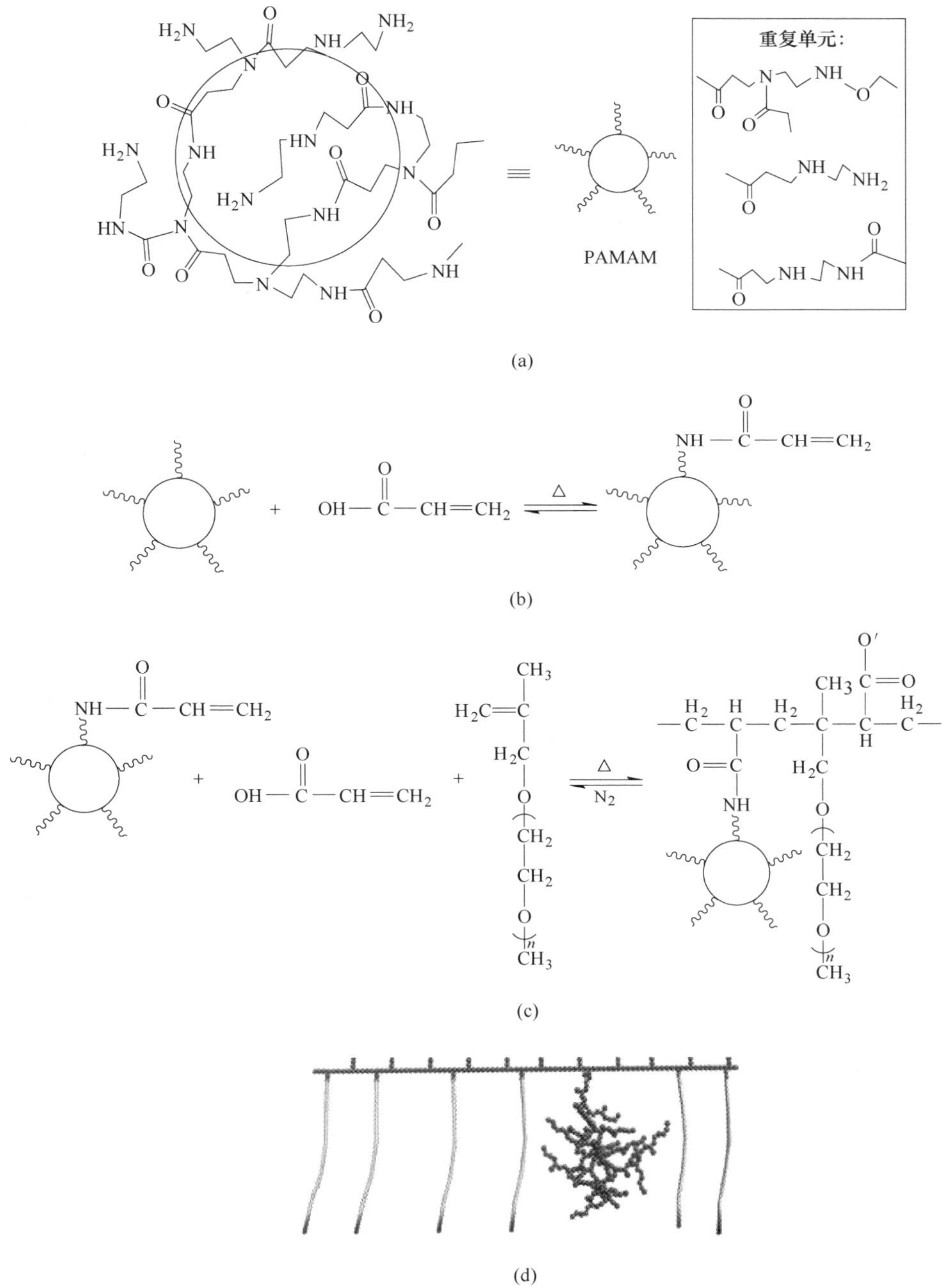

图1-37 分子结构示意图

(a) PAMAM；(b) PAMAM-AA；(c) PCE-HB；(d) 带有超支化聚酰胺的新型梳型聚羧酸高效减水剂

但醇酸酯化过程中，分离及提纯操作比较烦琐，增加了成本，且大单体的酯化率和双键损失率直接影响到最终减水剂产品的性能，聚合物相对分子质量难以控制，固含量小于40%，产品普遍存在减水剂分散性能不足等问题，这是由于实际水泥工程中的原材料条件及应用环境都远比实验室研究情况复杂。因此，开发出工艺简单、高固含量的聚羧酸系减水剂非常重要。

1.4.3　聚醚型聚羧酸系减水剂

与聚酯型相比，聚醚型聚羧酸系减水剂解决了固含量低和工艺繁杂的问题。其优势在于：（1）固含量高，最高可达75%；（2）无酯化过程，原料通过一步法聚合，工艺简单。由于带有功能性基团的小分子单体对聚酯型和聚醚型两类减水剂均适用，除了第1.4.2节中所述小分子原料之外，常见的聚醚型聚合原料包括烯丙基聚乙二醇、甲基烯丙基聚氧乙烯醚、异丁烯醇聚氧乙烯醚、异戊烯醇聚氧乙烯醚、2-丙烯酰胺-2-甲基丙磺酸、丙烯酰胺、羟甲基丙烯酰胺、丙烯腈、丙烯酸羟乙酯和二甲基二烯丙基氯化铵等。

蒋卓君等人[95]在相同酸醚比的条件下，分别以3-甲基-3-丁烯-1-醇聚氧乙烯醚-2400/2-甲基丙-2-烯基聚乙二醇醚-2400/乙二醇单乙烯基聚乙二醇醚-2400、丙烯酸为原料，双氧水-硫酸亚铁/次硫酸氢钠甲醛为氧化还原引发剂，巯基丙酸为链转移剂，得到3种醚型聚羧酸系减水剂PCE-1、PCE-2和PCE-3。3种减水剂的单体转化率分别为89.65%、87.42%、100%，数均相对分子质量分别为26577、25740、3701，重均相对分子质量分别为50035、47034、31003，相对分子质量分布指数分别为1.88、1.83、8.37。对于掺量敏感性，3种减水剂的掺量起点分别为0.43%、0.41%和0.42%，掺量终点分别为0.53%、0.49%和0.65%，掺量宽度分别为1.23、1.20和1.55；对于用水量敏感性，分别掺0.43%、0.41%、0.42%的3种减水剂混凝土扩展度差值分别为120mm、130mm和115mm；对于温度敏感性，分别掺0.43%、0.41%、0.42%的3种减水剂混凝土扩展度差值分别为45mm、50mm和40mm。余小光等人[96]以甲基烯丙基聚氧乙烯醚、丙烯酸为原料，过硫酸铵为引发剂，氮气气氛下合成了梳状线性醚型聚羧酸系减水剂。甄卫军等人[97]以异丁烯醇聚氧乙烯醚、丙烯酸为原料，双氧水-抗坏血酸为氧化还原引发剂，巯基丙酸为链转移剂，25℃反应温度下得到固含量为40%的醚型聚羧酸系减水剂JS-PCE；以异戊烯醇聚氧乙烯醚、丙烯酸羟乙酯、丙烯酸为原料，相同条件下得到醚型聚羧酸系减水剂BT-PCE。JS-PCE、BT-PCE的数均相对分子质量分别为404、3013，重均相对分子质量分别为1041、8612，相对分子质量分布指数分别为2.57、2.85。BT-PCE比JS-PCE更早出现临界胶束浓度值，但两者均能延迟凝结时间，起到缓凝作用。何燕等人[98]以异戊烯醇聚氧乙烯-2400、丙烯酸为原料，过硫酸铵为引发剂，巯基丙酸为链转移剂，

80℃反应温度下合成了不同酸醚比的醚型聚羧酸系减水剂。发现随着酸醚比的增加，聚羧酸减水剂分散性能、引气性能及在水泥颗粒表面的吸附能力均增加；但酸醚比进一步增加，分散性能、引气性能呈下降趋势，引入小气泡占比也呈下降趋势。李申桐等人[99]以丁基缩水甘油醚为改性剂，与异戊烯基聚氧乙烯醚在120℃、滴加时间8~12h、保温时间1h的条件下发生碱性开环反应，制得末端含丁基缩水甘油醚的改性聚醚。以改性聚醚、马来酸酐为原料，偶氮二异丁腈为引发剂，巯基丙酸为链转移剂，80℃反应温度下合成了固含量为40%的醚型聚羧酸减水剂。与以未改性的异戊烯基聚氧乙烯醚合成的聚羧酸减水剂相比，当丁基缩水甘油醚加成个数是3时制备的醚型聚羧酸减水剂在分散性能和吸附性能方面性能优越，特别是能有效降低水泥浆体的黏度。夏亮亮等人[100]以甲基烯丙基聚氧乙烯醚-3000、丙烯酸为原料，双氧水-抗坏血酸为引发剂，巯基丙酸为链转移剂，60℃反应温度下合成了不同酸醚比的醚型聚羧酸系减水剂。发现当酸醚比为6：1时，所制备的减水剂分散性能最佳，当折固掺量为0.1%时，水泥初始净浆流动度为280mm，混凝土初始坍落度为200mm，1天、3天和28天抗压强度分别为32.5MPa、52.6MPa和61.0MPa。张少敏[101]分别以乙二醇单乙烯基聚乙二醇醚-3000/异戊烯基聚乙二醇醚-3000/异丁烯基聚乙二醇醚-3000、丙烯酸为原料，双氧水-甲醛次硫酸氢为引发剂，巯基乙酸为链转移剂，合成了3种醚型聚羧酸系减水剂PCE-E、PCE-T和PCE-H。其中以酸醚比为3.8：1合成的PCE-E2单体转化率为92.13%，PCE-T和PCE-H的单体转化率分别为90.65%和89.16%。当折固掺量为0.14%时，PCE-E、PCE-T和PCE-H的混凝土3天的抗压强度分别为27.9MPa、27.3MPa和25.3MPa，7天的抗压强度分别为37.6MPa、37.0MPa和29.6MPa，28天的抗压强度分别为43.9MPa、44.5MPa和32.4MPa，性能均优于市售PCE。王立艳等人[102]以甲基烯丙基聚氧乙烯醚-2400、丙烯酸为原料，双氧水-抗坏血酸为引发剂，巯基丙酸为链转移剂，反应温度为40℃的条件下合成了固含量为40%醚型聚羧酸系减水剂。当折固掺量为0.2%时，减水率为26%，水泥净浆初始流动度为320mm，3天、7天和28天抗折强度分别为6.0MPa、6.8MPa和7.5MPa，抗压强度为23.4MPa、29.3MPa和42.7MPa。谭亮等人[103]以乙二醇单乙烯基聚乙二醇醚-3000、丙烯酸为原料，双氧水/琥珀酸二辛酯磺基钠-硫酸亚铁为引发剂，巯基乙醇为链转移剂，反应温度为40℃的条件下合成了固含量为40%的醚型聚羧酸系减水剂。当折固掺量为0.34%时，对于南方P·O42.5水泥，混凝土初始和易性好，混凝土初始坍落度和扩展度分别为230mm和600mm，1h的经时坍落度和扩展度分别为230mm和550mm，3天、7天和28天抗折强度分别为24.8MPa、35.0MPa和39.4MPa；对于中材P·O42.5水泥，混凝土初始和易性好，混凝土初始坍落度和扩展度分别为225mm和560mm，1h的经时坍落度和扩展度分别为220mm和500mm，3天、7天和28天抗折强度分别为 24.6MPa、34.0MPa 和 38.2MPa；对于海螺 P · O42.5 水泥，混凝土初始和易性好，混凝土初始坍落度和扩展度分别为 230mm 和 600mm，1h 的经时坍落度和扩展度分别为 230mm 和 560mm，3 天、7 天和 28 天抗折强度分别为 25.6MPa、35.5MPa 和 39.1MPa。该减水剂属于高适应性醚型聚羧酸系减水剂。

Tan 等人[104]以丙烯酸甲酯、丙烯酸为原料，合成了一种聚羧酸减水剂（AA-MA）；以丙烯酸、异戊烯醇聚氧乙烯醚（TPEG）为原料，合成第二种聚羧酸减水剂（PC）。通过系列表征发现 AA-MA 由于没有聚氧乙烯基侧链，只能吸附在蒙脱土表面；而 TPEG 可以插入蒙脱土层间；PC 不是整个分子插入蒙脱土层间，只是聚氧乙烯基侧链插入蒙脱土层间（见图 1-38 和图 1-39）。通过图 1-38 和图 1-39 可以看出，蒙脱土层间距为 1.5nm；加入 PC 和 TPEG 后蒙脱土的层间距变大，分别为 1.77nm 和 1.62nm；加入 A-MA 后蒙脱土的层间距变小，为 1.25nm，与钠基蒙脱土的层间距 1.23nm 相当。这意味着可以优先利用插入蒙脱土层间的盐或聚合物来抑制聚羧酸减水剂长侧链的插入，提高聚羧酸减水剂的抗泥性。

Jiang 等人[105]以乙烯基聚氧乙烯醚、丙烯酸为原料，巯基丙酸为链转移剂，双氧水-硫酸亚铁为氧化还原引发剂，合成了醚型聚羧酸减水剂（PCE-6C），同时合成了常规酯型聚羧酸减水剂（PCE-1）和常规醚型聚羧酸减水剂（PCE-2）。根据相对分子质量计算得出 3 种减水剂的单体转化率分别为 100%、82.62% 和 89.63%（见图 1-40）。通过考察 3 种聚羧酸减水剂的敏感性发现：对于掺量敏感

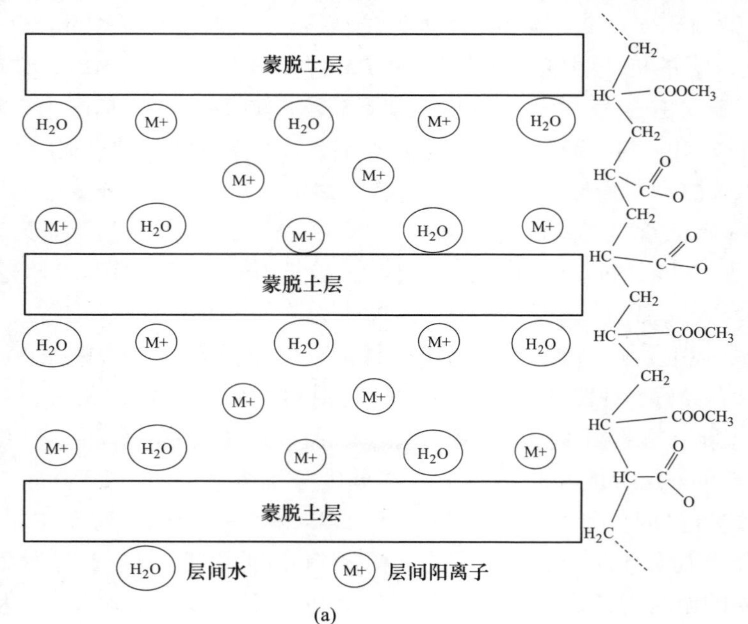

(a)

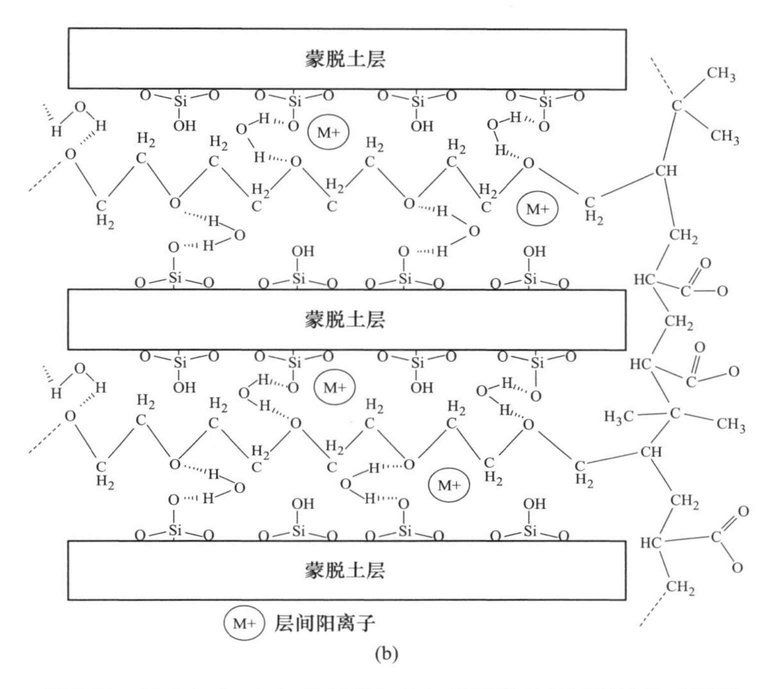

(b)

图 1-38 掺 AA-MA（a）和掺 PC（b）的蒙脱土的层间结构示意图

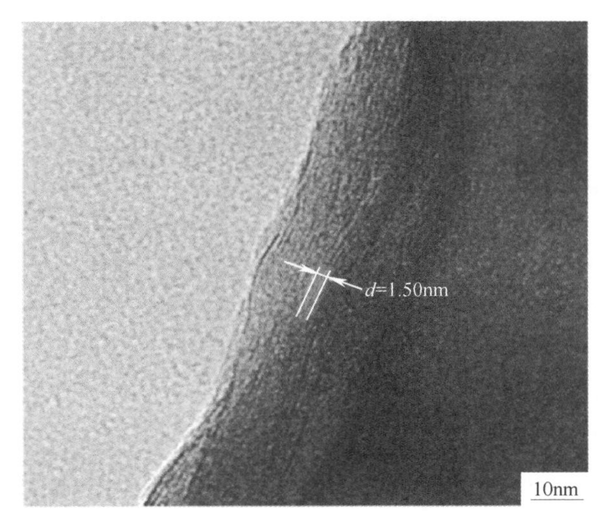

(a)

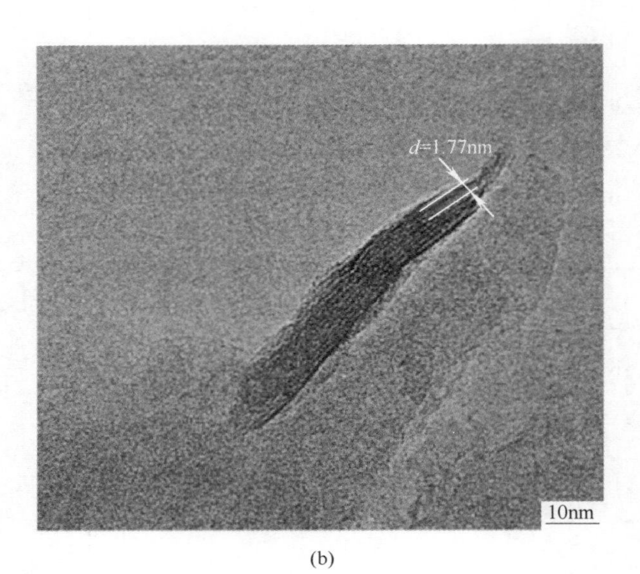

(b)

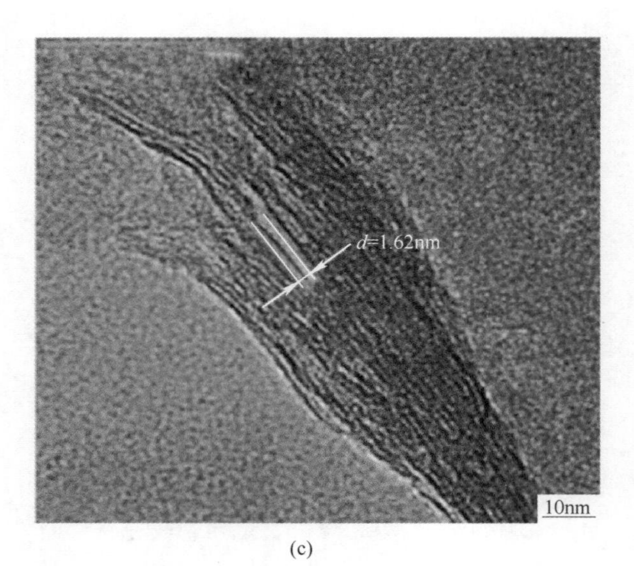

(c)

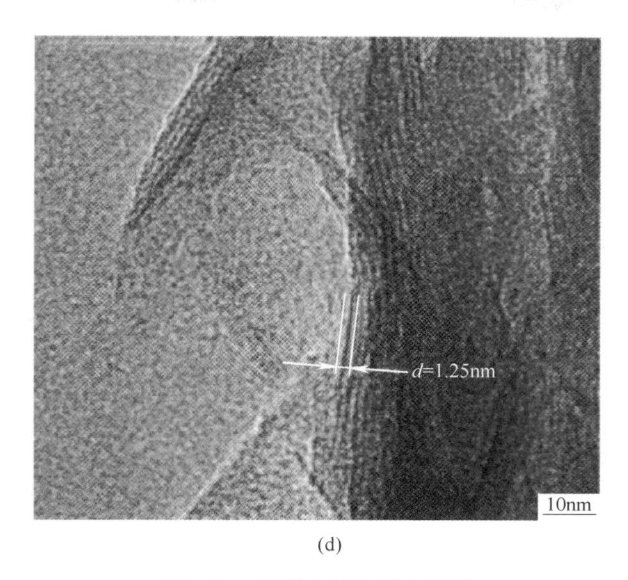

(d)

图 1-39 蒙脱土的扫描电镜图

(a) 空白蒙脱土；(b) 掺 PC 的蒙脱土；(c) 掺 TPEG 的蒙脱土；(d) 掺 AA-MA 的蒙脱土

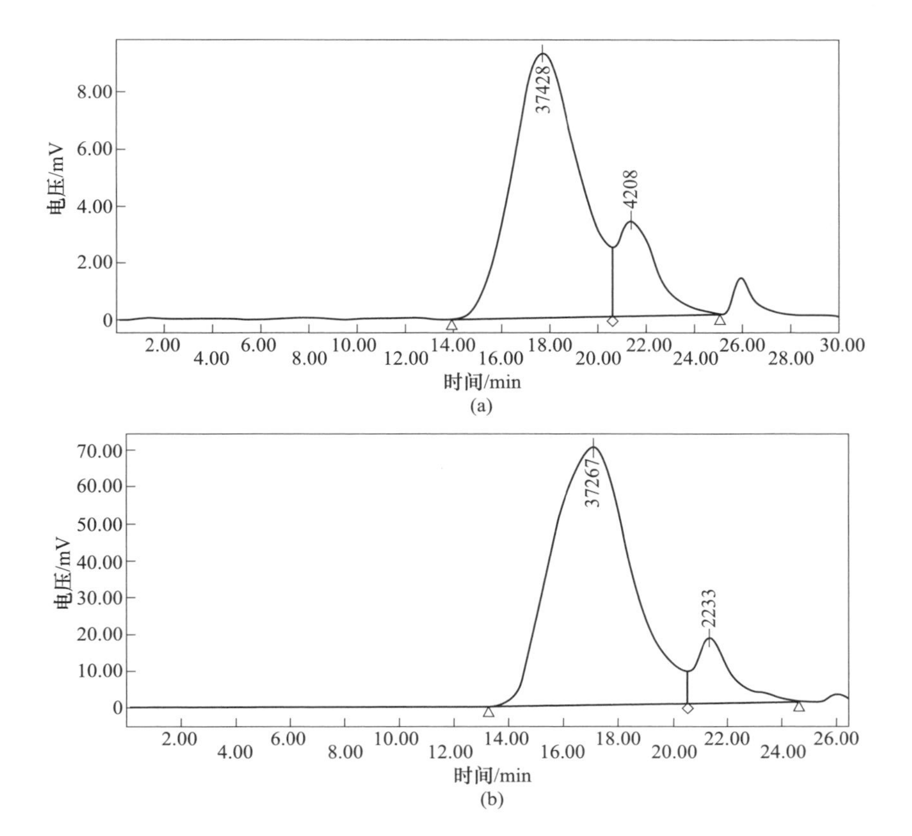

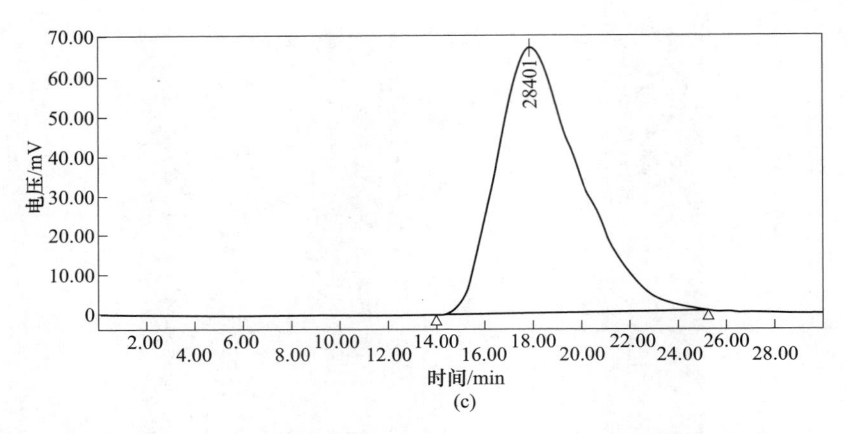

图 1-40 PCE-1（a）、PCE-2（b）和 PCE-6C（c）的凝胶色谱曲线图
（“△”代表溶剂出峰的起止时间；“◇”代表肩峰的分化时间）

性，PCE-1、PCE-2 和 PCE-6C 的掺量起点分别为 0.41%、0.37%和 0.34%，掺量终点分别为 0.55%、0.44%和 0.51%，掺量宽度分别为 1.34、1.20 和 1.50；对于用水量敏感性，掺 0.41%、0.37%、0.34%的 PCE-1、PCE-2、PCE-6C 的混凝土扩展度差值分别为 115mm、125mm 和 100mm；对于温度敏感性，掺 0.55%、0.44%、0.51%的 PCE-1、PCE-2、PCE-6C 的混凝土扩展度差值分别为 40mm、45mm 和 35mm。PCE-6C 的敏感性均优于 PCE-1 和 PCE-2。

Ma 等人[106]以摩尔比为 1∶1 或 1∶8 的丙烯酸与 2-羟乙基丙烯酸酯为原料，双氧水-抗坏血酸为氧化还原引发剂，巯基乙酸为链转移剂，40℃±2℃条件下制得混凝土增黏剂（VEA-1 或 VEA-8），其结构与聚羧酸减水剂结构相似，但侧链不同。VEA-1 和 VEA-8 的数均相对分子质量分别为 110106、112136，重均相对分子质量分别为 260994、262915，相对分子质量分布指数分别为 2.372、2.34。在水泥浆中，VEA 分子可以吸附在水泥颗粒表面，Zeta 电位增加，形成水膜，具有塑化能力。VEA 中羧基越多，吸附能力越强，Zeta 电位越高，水膜越厚，在初始阶段具有较高的塑化效果。在 5~30min 时，由于酯基的分解，产生羧基，增强了吸附，提高分散能力（见图 1-41）。此外，VEA 对聚羧酸减水剂的分散能力有负面影响，但酯基密度越高，对 PCE 分散能力的负面影响越小。

Lai 等人[107]以丙烯酸、异丁烯醇聚氧乙烯醚-4000、二甲基二烯丙基氯化铵为原料，双氧水-维生素 C 为氧化还原引发剂，巯基乙酸为链转移剂，制得聚羧酸高效减水剂 AE-PCE。当折固掺量为 0.31%时，水泥初始净浆流动度为 260mm±5mm。当折固掺量为 0.8%时，与市售常规聚羧酸减水剂 HPWR-S 和早强聚羧酸减水剂 HPWR-A 相比，水化放热峰提前且峰高增大，

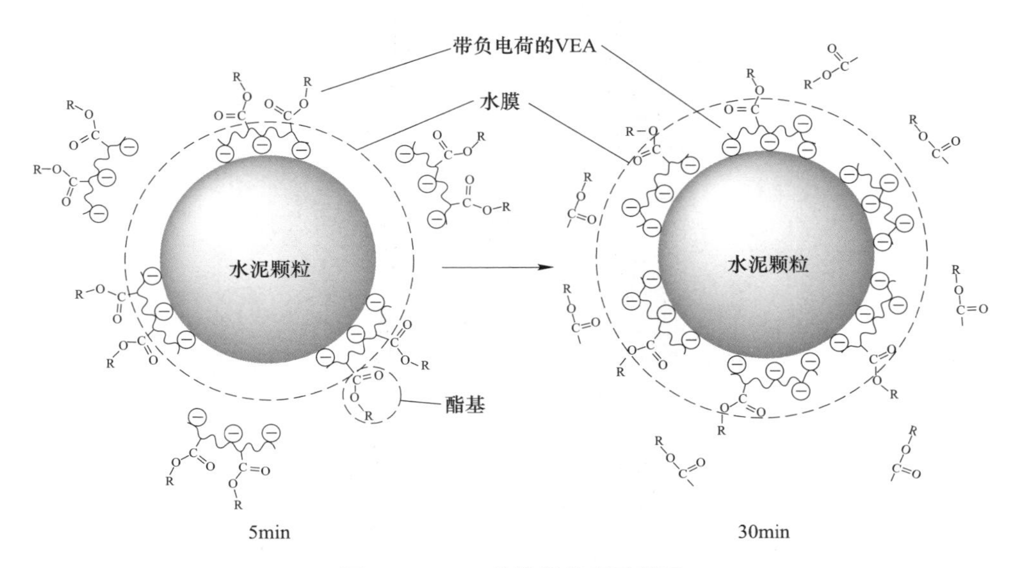

图 1-41 VEA 的增塑机理示意图

加速了水泥水化进程（见图 1-42），缩短了凝结时间，提高了混凝土早期强度。室温条件下当折固掺量为 0.067%时，1 天、3 天和 7 天抗压强度分别为 32.4MPa、37.8MPa 和 58.9MPa，初凝时间 240min，终凝时间 395min；5℃ 条件下当折固掺量为 0.065%时，1 天、3 天和 7 天抗压强度分别为 17.3MPa、31.7MPa 和 53.6MPa，初凝时间为 460min，终凝时间为 695min。AE-PCE 有利于提高低温条件下的使用效率。

(a)

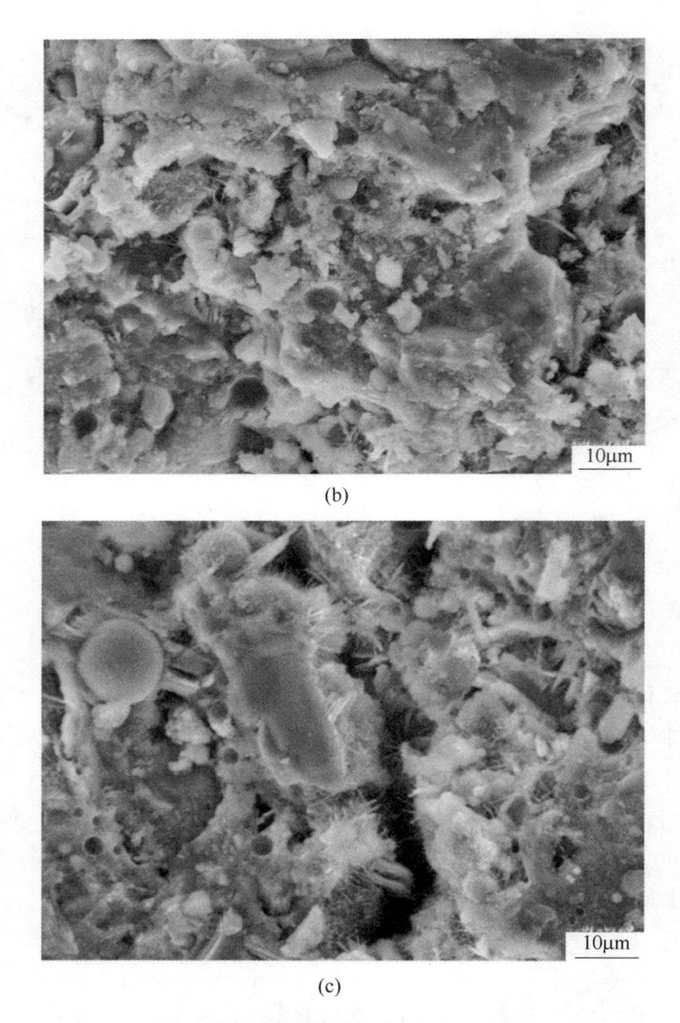

图 1-42　掺减水剂的水泥石 SEM 图
（a）掺 HPWR-S；（b）掺 HPWR-A；（c）掺 AE-PCE

Zhao 等人[108]以甲基烯丙基聚乙二醇-2400、丙烯酸、甲基烯丙基磺酸钠为原料，过氧化二硫酸钾为引发剂，巯基乙酸为链转移剂，季戊四醇四丙烯酸酯为交联剂，75℃反应 4h 制得交联聚羧酸减水剂交联-PC，相同条件下不加入交联剂制得梳状聚羧酸减水剂梳状-PC。交联-PC 与梳状-PC 的数均相对分子质量分别为 38882、27348，重均相对分子质量分别为 109588、69706，相对分子质量分布指数分别为 2. 85、2. 55。当交联-PC 折固掺量为 0. 6%时，水泥初始净浆流动度为 340mm，比梳状-PC 高 40～50mm，且 2h 的经时流动度几乎不变，但梳状-PC 的 2h 的经时流动度下降约 70mm。原因如下：一方面是交联结构比梳型结构具有更大的空间位阻；另一方面是在碱性的水泥浆环境中，酯基水解成羧酸根二次分散了水泥颗粒，提高了水泥浆的分散保持性（见图 1-43）。此外，交联-PC 延缓了水泥水化进程。

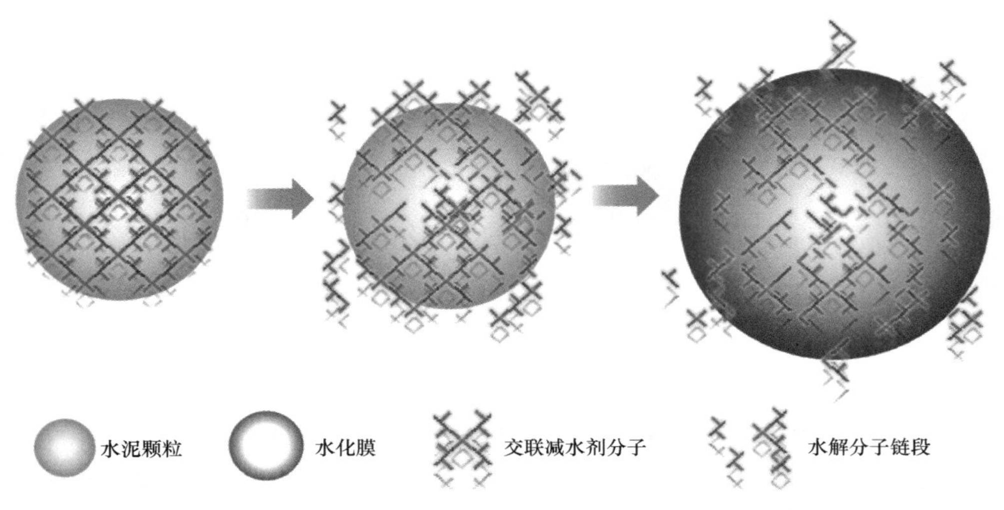

图 1-43　交联-PC 聚合物的分散和吸附行为示意图

Wang 等人[109]以甲基烯丙基聚醚、丙烯酸为原料，常温条件下通过自由基聚合法制备高性能聚羧酸酯高效减水剂 746，合成过程无须加热且无须去离子水，节约能源，降低了成本。结果表明，室温合成的聚羧酸酯减水剂与 60℃ 高温合成的聚羧酸酯减水剂 878 具有相同的性能（见表 1-12）。

表 1-12　掺两种聚羧酸减水剂的混凝土性能对比试验

型号	掺量/%	用水量/kg·m^{-3}	坍落度/mm		抗压强度/MPa	
			0h	1h	3 天	28 天
878	0.15	195	240	210	25.2	49.6
	0.25	165	250	245	38.6	61.2
	0.35	155	255	250	41.6	72.5
746	0.15	195	240	210	25.4	48.7
	0.25	165	245	240	37.6	60.5
	0.35	155	260	250	43.1	72.4

Zhou 等人[110]以异戊烯基聚乙二醇-3400、丙烯酸、2-丙烯酰胺-2-甲基丙磺酸

为原料，双氧水-维生素 C 为引发剂，巯基乙酸为链转移剂，60℃反应条件下合成醚型聚羧酸减水剂，反应方程见式（1-1）：

$$a\,H_2C{=}CH(COOH) + b\,CH_3C(CH_2O(CH_2CH_2O)_nH){=}CH + c\,H_2C{=}CH{-}C(=O){-}NH{-}C(CH_3)_2{-}CH_2SO_3H \xrightarrow[30\%NaOH]{Vc,H_2O_2,TGA,60℃} *\!-\!\left(CH_2-CH(COO^-)\right)_a\!\left(C(CH_3)(CH_2O(CH_2CH_2O)_nH)-CH\right)_b\!\left(CH_2-CH(C(=O)NH{-}C(CH_3)_2{-}CH_2SO_3^-)\right)_c\!-\!* \tag{1-1}$$

随着减水剂结构中磺酸基的引入，其分散能力和吸附量呈先增大后减小的趋势；随着酸醚摩尔比的增大，减水剂的相对分子质量、吸附量和分散能力均呈先增大后减小的趋势，且与掺有该减水剂的混凝土在龄期 1 天、3 天、28 天的抗压强度变化趋势一致。

Yang 等人[111]分别将甲基丙烯酸羟乙酯（HEMA）、丙烯酸羟乙酯（HEA）、丙烯酸羟丙酯（HPA）与聚醚单体 HPEG 和丙烯酸反应，以双氧水-维生素 C 为引发剂，次磷酸钠为链转移剂，40℃反应条件下合成 3 种醚型聚羧酸减水剂。发现以 HEMA 合成的减水剂在低掺量时影响减水剂的初始分散性能，以 HEA 和 HPA 合成的减水剂在低含量时起到了缓释作用。

但该类减水剂也有不足之处，如与水泥相容性差，减水率低，易析晶等。因此，研发出功能型聚羧酸系减水剂产品十分必要。

1.4.4 功能型聚羧酸系减水剂

综合上述两类减水剂的利弊，一系列绿色、高效、环保的复配型聚羧酸系减水剂被研发出来。例如，马保国和廖国胜发现聚酯型和聚醚型两类减水剂具有较好的相容性和叠加、协同、配伍效果，将两者按一定的质量比例在特定的条件下合成复合型减水剂，这样既可解决合成聚醚类减水剂与水泥相容性差、减水率低、经时损耗大等问题，又可以解决聚酯类减水剂固含量低、成本高等问题[112-113]。余振新等人[114]将酯醚两种减水剂母液复合时发现，减水率随着酯类母液含量的增加而提高，坍落度损失随着醚类母液含量的增加而减小。聚羧酸系减水剂与辅助功能性组分（小料）复配的研究较多，复配成分包括缓凝剂、消泡剂、引气剂、增稠剂。目前，随着人们对混凝土工程质量的日益重视，早强型、保坍型、缓凝型、抗泥型等功能型聚羧酸系减水剂越来越受到市场的青睐。

孙友等人[115]以乙二醇单乙烯基聚乙烯醇醚-3000、丙烯酸、丙烯酸羟乙酯为原料，双氧水-新型还原剂 E51 为氧化还原引发剂，巯基丙酸为链转移剂，20~30℃反应 1h 得到保坍型聚羧酸系减水剂 GPEG-PCE。同时分别将异丁烯基聚氧乙烯醚-2400 和异戊烯基聚氧乙烯醚-2400 与乙二醇单乙烯基聚乙烯醇醚-3000 于65℃反应 3.5h 合成另外两种保坍型聚羧酸系减水剂 SBT 和 TBT。当 GPEG-PCE、SBT、TBT 折固掺量为胶凝材料总量的 3%时，混凝土初始坍落度分别为 210mm、190mm 和 200mm，1h 的经时坍落度分别为 230mm、210mm 和 210mm，2h 的经时坍落度分别为 230mm、210mm 和 220mm，3h 的经时坍落度分别为 230mm、190mm 和 200mm；混凝土初始扩展度分别为 560mm、550mm 和 550mm，1h 的经时扩展度分别为 600mm、580mm 和 590mm，2h 的经时扩展度分别为 585mm、540mm 和 560mm，3h 的经时扩展度分别为 580mm、520mm 和 540mm。GPEG-PCE 的分散性和分散保持性能优越的原因是乙二醇单乙烯基聚乙烯醇醚中双键为一取代物结构，增加了减水剂侧链自由摆动的自由度，因此增强了空间位阻效应。刘子泰等人[116]以乙二醇单乙烯基聚乙烯醇醚-3000、丙烯酸、丙烯酸羟丙酯、异构酯为原料，双氧水-E51/硫酸亚铁为氧化还原引发剂，巯基乙醇为链转移剂，合成了固含量为 50%的低敏感长效保坍型聚羧酸系减水剂，数均相对分子质量为 18073，重均相对分子质量为 34406，相对分子质量分布指数为 1.9037，转化率为 93.40%。该减水剂 240min 经时损失较小，对原材料含泥敏感性、环境温度的敏感性均较低。胡志豪等人[117]以异戊烯醇聚氧乙烯醚-2400、丙烯酸、丙烯酸羟乙酯为原料，双氧水-抗坏血酸/次亚磷酸钠为氧化还原引发剂，合成了固含量为 40%的抗泥保坍型聚羧酸系减水剂，反应转化率在 90%以上。当与葡萄糖酸钠、引气剂、消泡剂等复配成外加剂后（记为 PF-2），与市售保坍型聚羧酸减水剂（记为 PF-1）相比，当折固掺量为 1.1%时，掺 PF-2 和掺 PF-1 的混凝土初始坍落度和扩展度分别为 220mm/540mm、220mm/550mm，60min 的经时坍落度和扩展度分别为 220mm/520mm、170mm/380mm，90min 的经时坍落度和扩展度分别为 175mm/410mm、80mm/260mm；7 天抗压强度分别为 34.5MPa、33.0MPa，28 天抗压强度分别为 41.6MPa、41.3MPa。保坍性能优于市售产品，且对抗压强度无影响。逄鲁峰等人[118]以乙二醇单乙烯基聚乙二醇醚-3500、甲基丙烯酸甲酯、丙烯酸、甲基丙烯磺酸钠为原料，分别以双氧水-维生素 C/次亚磷酸钠为氧化还原引发剂，巯基丙酸为链转移剂，30℃条件下合成了固含量为 40%的降黏型聚羧酸减水剂 PC-Q，与市售降黏型聚羧酸减水剂 LH-1 相比，两种减水剂的混凝土初始排空时间为分别为 5s、8s，1h 排空时间为分别为 9s、13s，初始扩展度分别为590mm、540mm，1h 的经时扩展度分别为630mm、560mm，3 天抗压强度分别为36.8MPa、36.2MPa，7 天抗压强度分别为60.3MPa、58.4MPa，28 天抗压强度分别为76.2MPa、70.6MPa。温金保等人[119]按$m_{早强型聚羧酸系减水剂母液}$：$m_{早强组分A}$：$m_{早强组分B}$：$m_{消泡组分}$：$m_{降黏组分}$：$m_{水}$=40：3：9：0.1：10：37.9进行功能性物理复配，制备出固含量为28.58%的高强混凝土预制构件用早强型聚羧酸系减水剂 HLC-PCE。通过性能测试发现，与国内外其他公司生产的早强型聚羧酸系减水剂相比，在净浆流动度相同时，掺 HLC-PCE 的净浆 Marsh 时间最短，塑性黏度最小；饱和掺量为0.8%，含气量为3.2%，减水率为40.7%，1 天和3 天抗压强度分别为42.6MPa 和48MPa，具有早强和增强效果；当掺量为1%时，混凝土初始坍落度和扩展度分别为240mm、595mm，60min 的经时坍落度和扩展度分别为210mm、425mm，坍落度扩展时间 T_{500} 为13s，倒坍落度排空时间为15s。史才军等人[120]以丙烯酸、马来酸酐、2-丙烯酰胺-2-甲基丙烷磺酸、乙烯基三乙氧基硅烷、烯丙醇聚氧乙烯醚为原料，过硫酸铵为引发剂，85℃的反应条件下合成了降黏型聚羧酸减水剂 S-PCEs，当折固掺量为2%时，低水胶比水泥-硅灰浆体的初始流动度为232.5mm，60min 的经时流动度为217.5mm。与市售聚羧酸减水剂 C-PCEs 相比，该减水剂分散性和降黏性好的原因是在水泥及硅灰颗粒表面有较大吸附量，其吸附层致密，此外加入减水剂后液相表面张力低，体系中存在更多的自由水，流动度提高，黏度降低（见图1-44）。

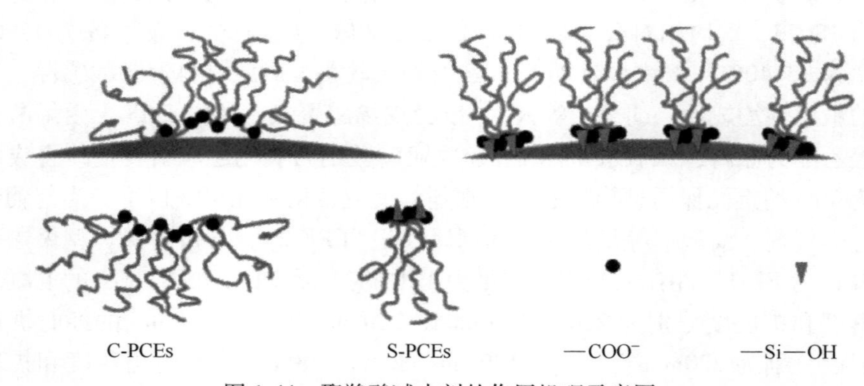

图1-44　聚羧酸减水剂的作用机理示意图

李崇智等人[121]以马来酸二乙二醇单丁醚、甲基烯丙基聚乙二醇-2400、丙烯酸、甲基丙烯磺酸钠为原料，过硫酸铵为引发剂，40℃的反应条件下合成了低表面张力减缩型聚羧酸减水剂。当折固掺量为2%时，与市售标准型聚羧酸减水剂相比，对基准水泥、P·O42.5级金隅水泥、P·O42.5级冀东水泥的适应性相当，但有显著的降低干燥收缩的能力，混凝土初始坍落度为225mm，1h 的经时坍落度为208mm，含气量为2.6%，减水率为23.6%，7 天和28 天抗压强度分别为

43.9MPa 和 52.4MPa，28 天收缩率比为 55.4%。孙振平等人[122]以丙烯醇聚氧乙烯醚、二乙二醇单丁醚单马来酸酯为原料，偶氮二异丁腈为引发剂，60℃的反应条件下采用本体聚合法合成了保塑减缩型聚羧酸减水剂。当折固掺量为 0.2%时，与市售样品 A、B 相比，保塑性优势明显且能够显著降低混凝土的收缩率，减水率为 28.5%，混凝土初始坍落度为 200mm，60min 和 90min 的经时坍落度分别为 215mm 和 190mm，含气量为 5.2%，初凝和终凝时间分别为 340min 和 525min，3 天、7 天、28 天和 90 天的抗压强度分别为 30.2MPa、44.5MPa、53.8MPa 和 57.3MPa，7 天、28 天、60 天和 90 天的混凝土收缩率分别为 47×10^{-6}、158×10^{-6}、298×10^{-6}和 375×10^{-6}。仇影等人[123]以 2-羟乙基乙烯基聚氧乙烯聚氧丙烯醚、苯乙烯磺酸钠为主要合成原料，双氧水-维生素 C 为氧化还原引发剂，巯基乙醇为链转移剂，30℃的反应条件下合成了低收缩聚羧酸系减水剂。当折固掺量为 0.3%时，早期 8h 自收缩率降低 59%。

Pan 等人[124]以丙烯酰胺修饰的海藻酸钠、丙烯酸、异戊烯醇聚氧乙烯醚-2400 为原料，过硫酸铵为引发剂，75℃反应 3h 合成了海藻酸钠-聚羧酸减水剂 SPCE，同时在相同条件下不加丙烯酰胺修饰的海藻酸钠合成了聚羧酸减水剂 TPCE。SPCE 和 TPCE 的数均相对分子质量分别为 143125、135001，重均相对分子质量分别为 231743、233354，相对分子质量分布指数分别为 1.62、1.73。当蒙脱土掺量为 0%时，水泥初始净浆流动度分别为 26.5cm 和 28cm；当蒙脱土掺量为 1.5%时，水泥初始净浆流动度分别为 18cm 和 24cm；当蒙脱土掺量为 2%时，SPCE 的水泥初始净浆流动度为 18cm，因此 SPCE 比 TPCE 具有更好的分散性和抗泥性。主要原因是蒙脱土的层间距为 1.24nm，掺 TPCE 的蒙脱土层间距为 1.71nm，掺 SPCE 的蒙脱土层间距为 1.48nm，SPCE 中的海藻酸钠结构表现出较大的空间位阻，有效阻止了 SPCE 插入蒙脱土中（见图 1-45）。

Li 等人[125]以甲基烯丙醇聚氧乙烯醚-2400、丙烯酸、γ-甲基丙烯酰氧基丙基三甲氧基硅烷为原料，过硫酸铵为引发剂，巯基乙醇为链转移剂，合成了抗黏土硅烷改性聚羧基高效减水剂 S-PCE，同时在相同条件下不加 γ-甲基丙烯酰氧基丙基三甲氧基硅烷合成了传统聚羧酸减水剂 H-PCE。S-PCE 和 H-PCE 的数均相对分子质量分别为 19863、30675，重均相对分子质量分别为 22991、38878，相对分子质量分布指数分别为 1.544、1.691，单体转化率分别为 92.74%、94.93%。与 H-PCE 和低黏土敏度的萘基高效减水剂相比，S-PCE 在黏土掺入环境中对水泥颗粒具有更好的分散和流动性保持能力，掺 S-PCE 的蒙脱土层间距为 1.48nm，掺 H-PCE 的蒙脱土层间距为 1.51nm。主要的原因是 Si-OH 可以在水泥颗粒和蒙脱土表面脱水，降低了 MMT 的竞争吸附优势，提高了 S-PCE 与水泥颗粒结合的可能性，避免了聚氧乙烯侧链的插层吸附（见图 1-46）。

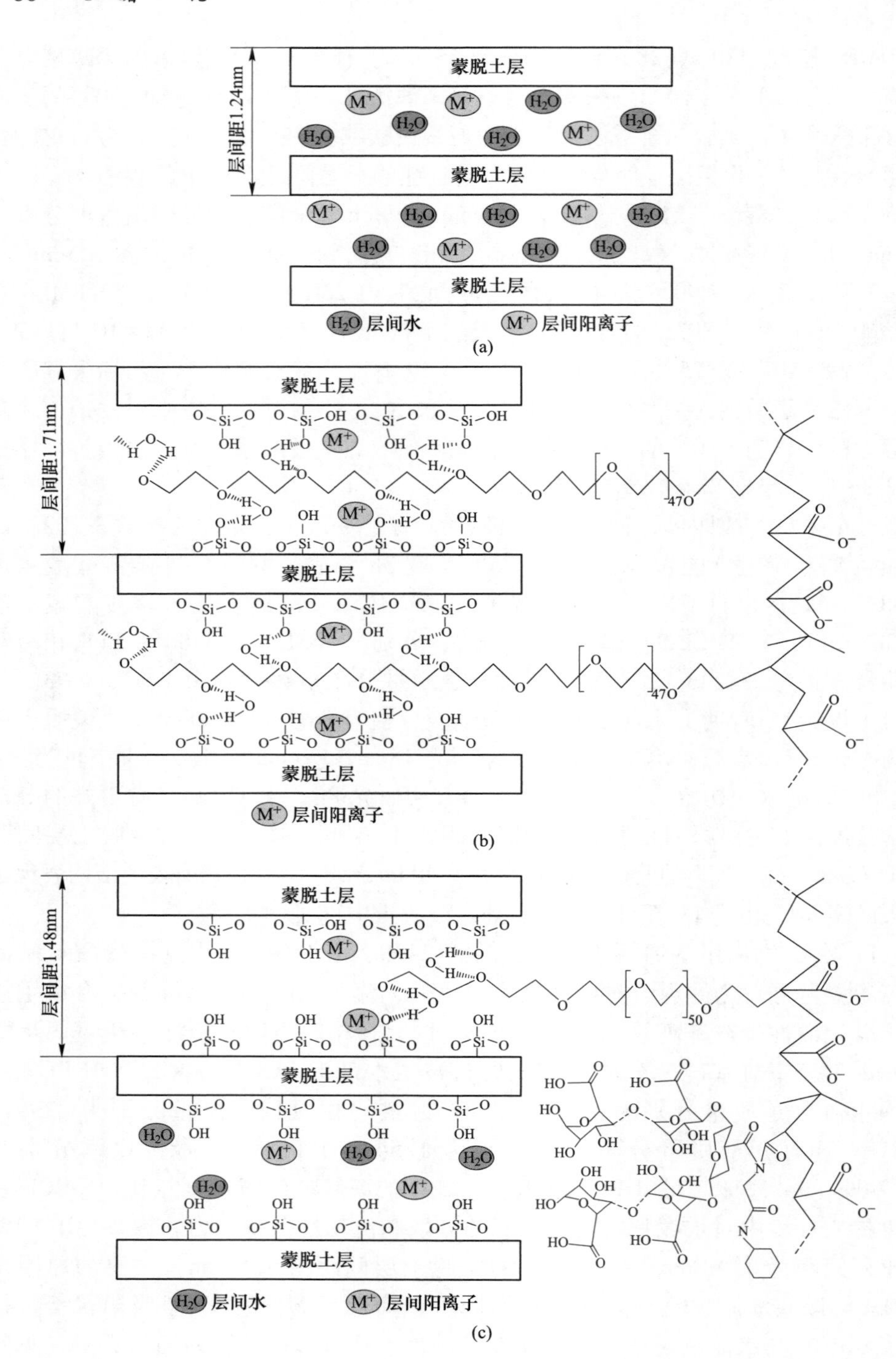

图 1-45 蒙脱土示意图

（a）蒙脱土；（b）掺 TPCE；（c）掺 SPCE

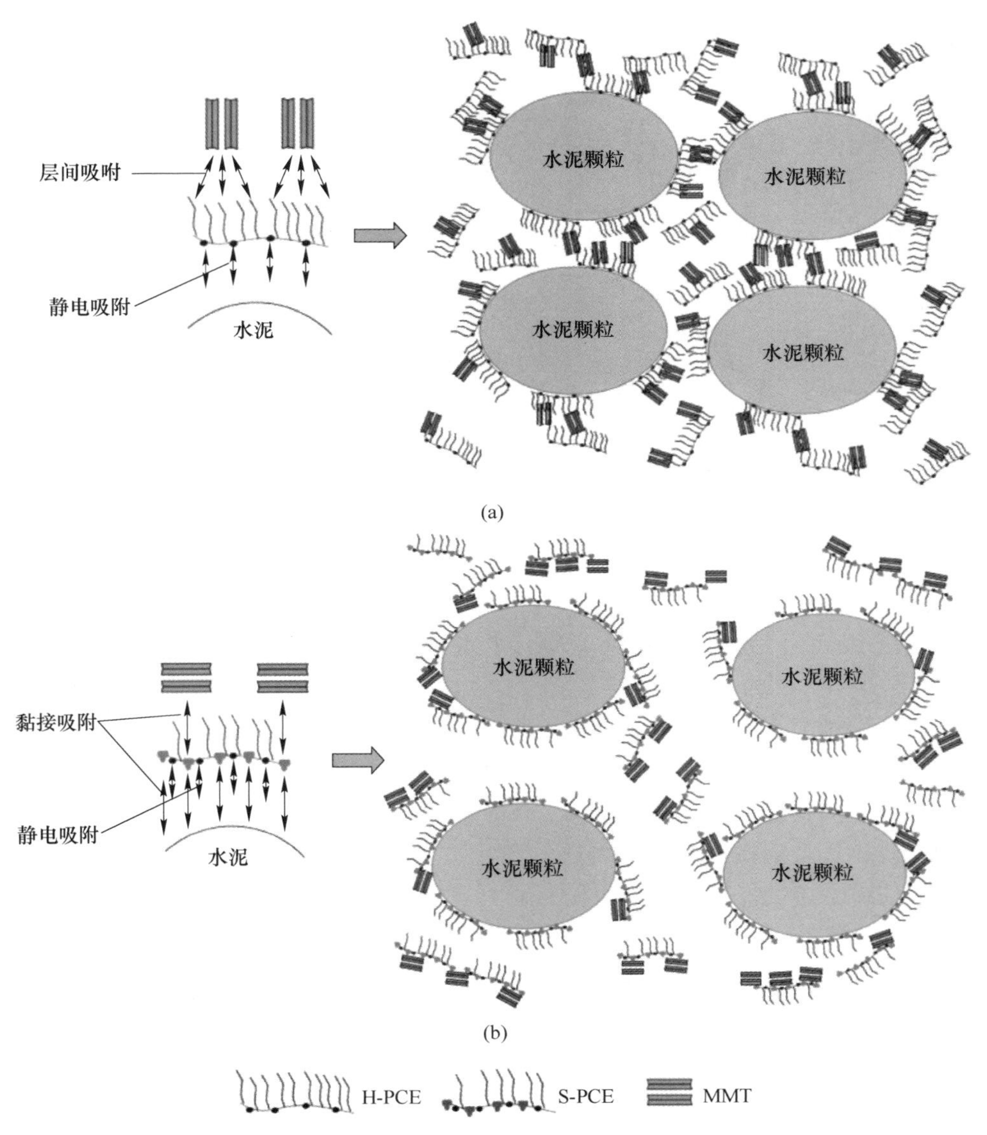

图 1-46 H-PCE（a）和 S-PCE（b）的分散与吸附示意图

Hu 等人[126]以酯化大单体 AA-C4-PE-600、丙烯酸为原料，过硫酸铵-亚硫酸氢钠为引发剂，合成了具有减缩减水功能的聚羧酸高效减水剂 SR-PCA。发现该减水剂提高了水泥浆体的流动性，延长了水泥的水化诱导期，阻碍了加速期 C-S-H 的成核和生长，提高了后期水化程度，细化了孔隙结构。该减水剂的减缩机理是由于未反应的酯化大单体（AA-C4-PE-600）和未吸附的 SR-PCA 分子降低了孔隙溶液的表面张力（见图 1-47）。

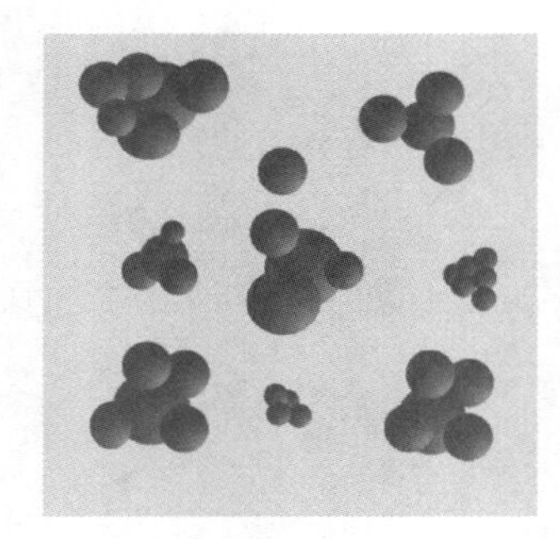
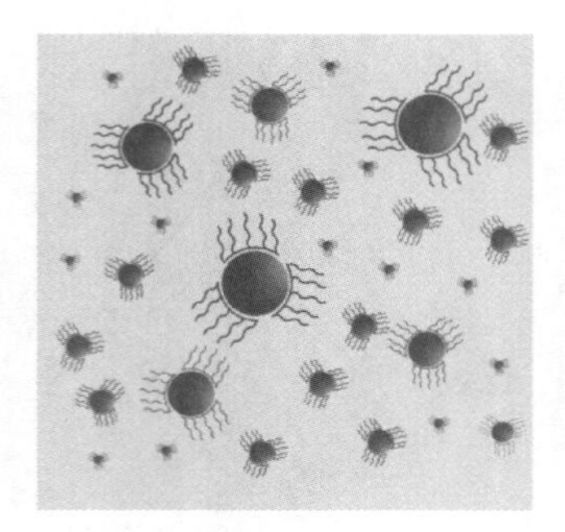
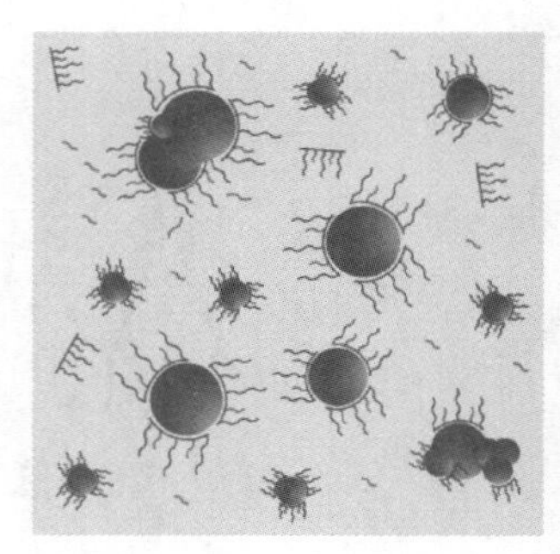

● 水泥颗粒 AA-C4-PE-600 SR-PCA PCA

图 1-47 减水剂在水泥颗粒表面的吸附和分散示意图

综上所述，聚羧酸系减水剂由于具有独特的分子结构和强极性基团，具有高减水、低掺量、环保、保坍能力强等优点，是发展前景最好的一代高性能减水剂。

1.5 聚羧酸系减水剂的作用机理

聚羧酸系减水剂由3部分组成：聚乙烯骨架、聚氧乙烯枝链和功能性基团侧链。其中带阴离子的基团（如羧基）可以吸附带正电性的水泥颗粒，产生静电斥力；较长的枝链阻碍了水泥颗粒之间的聚集，产生空间位阻，改善了水泥浆体的分散性，其作用机理如图1-48所示[127]。

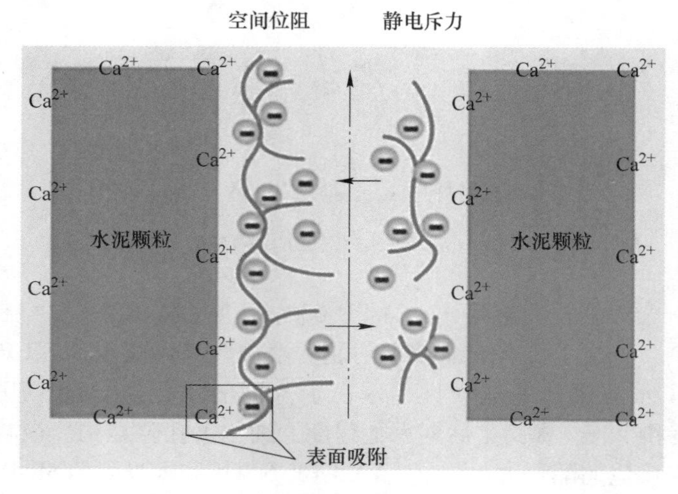

图 1-48 减水剂在水泥中的作用机理

周俊等人[128]以4-羟丁基乙烯基聚氧乙烯醚（VPEG）、丙烯酸（AA）、丙烯酸羟乙酯（HEA）为原料，巯基乙酸为链转移剂，双氧水-维生素C为氧化还原剂，当n_{AA}：n_{HEA}：n_{VPEG}=1：2.5：1时，具有更优异的和易性和坍落度保持性。掺入该减水剂的水泥石使水泥颗粒分散得更好，同时水化产物的结构更加致密、排列更加紧密（见图1-49），这也是混凝土早期强度得到提高的原因之一。

(a)

(b)

(c)

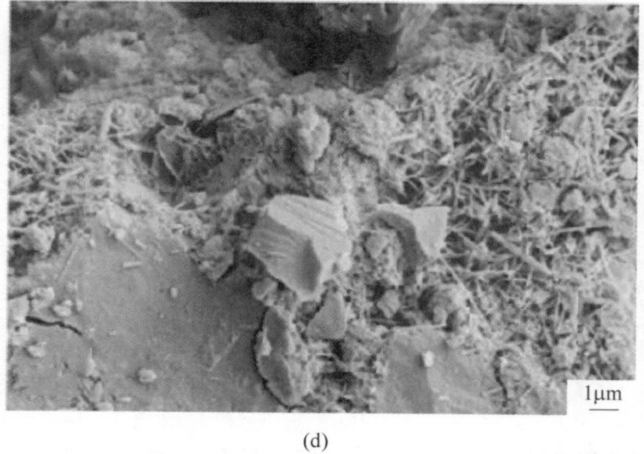

(d)

(e)

(f)

图 1-49 水泥水化过程中不同龄期的 SEM 图

(a) 空白 1 天；(b) PCE-2 1 天；(c) PCE-1 1 天；(d) 空白 28 天；
(e) PCE-2 28 天；(f) PCE-1 28 天

关文勋等人[129]制备了 4 种含有缓释功能基团的粉体聚羧酸减水剂，含有的基团为酸酐、羧酸酯和酰胺。发现干燥条件和液态聚羧酸减水剂的 pH 值是影响粉体聚羧酸减水剂性能和结构的主要因素。25℃干燥条件下具有酸酐基团的聚羧酸减水剂具有一定的缓释效果，水泥净浆初级流动度较大；而具有酯基的聚羧酸减水剂（PCE-MAME）具有较好的缓释保坍性能。高真空干燥条件和调节液态聚羧酸减水剂的 pH>8.5 均有利于改善粉体聚羧酸减水剂的性能，如图 1-50 所示。

(a)

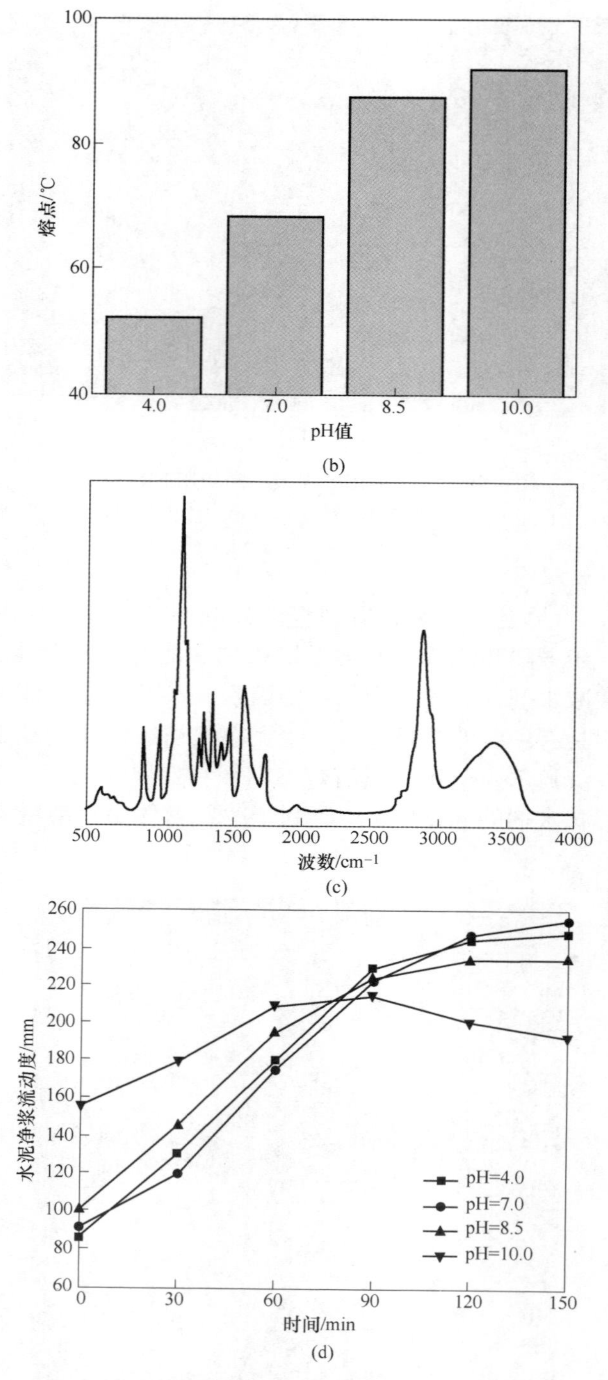

图 1-50　不同 pH 值下干燥后粉体 PCE-MAME 的性能

(a) 性状、(b) 熔化温度；(c) FTIR 图谱；(d) 水泥净浆流动度经时变化黄福仁等人[130]采用三聚磷酸钠（SJ）、葡萄糖酸钠（PN）、羟丙基甲基纤维素醚（HPMC）和硫代硫酸钠（NS）作为复配材料考察聚羧酸减水剂的防腐性能，发现三聚磷酸钠能提高减水剂的防腐性能，而变质程度越高的聚羧酸减水剂，对混凝土的性能负面影响越大（见图 1-51）。

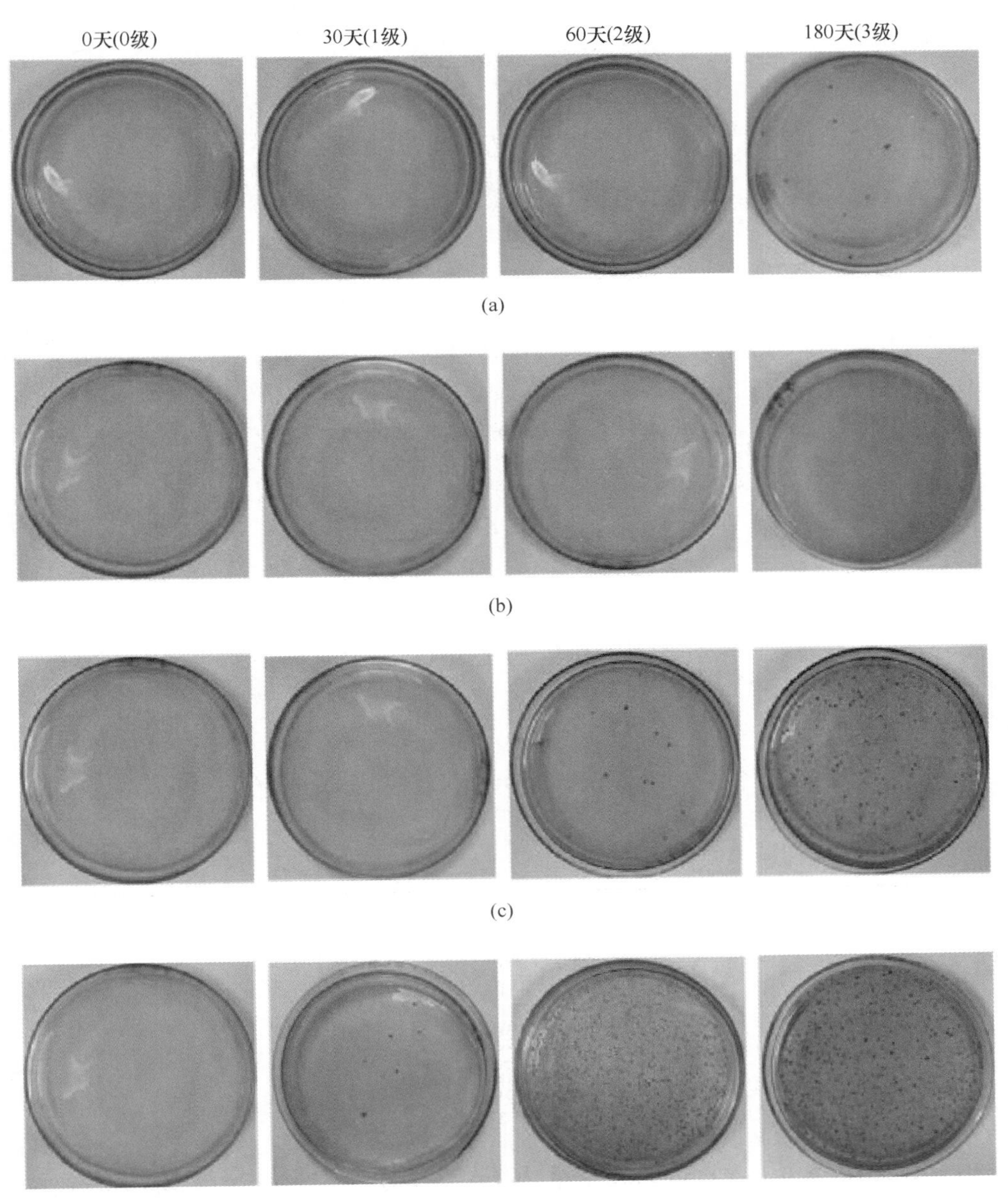

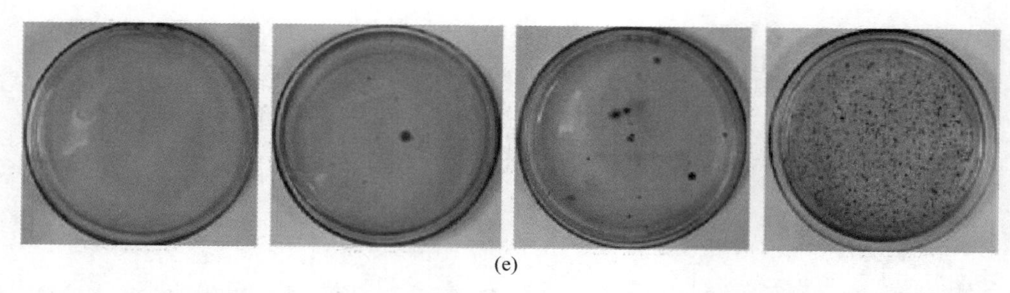

(e)

图 1-51 模拟夏季高温环境下不同复配减水剂样品在不同储存时间时内的微生物数量

（a）$m_{SJ}:m_{PN}:m_{HPMC}:m_{NS}=1:1:0:0$；（b）$m_{SJ}:m_{PN}:m_{HPMC}:m_{NS}=2:0:0:0$；

（c）$m_{SJ}:m_{PN}:m_{HPMC}:m_{NS}=0:2:0:0$；（d）$m_{SJ}:m_{PN}:m_{HPMC}:m_{NS}=1:1:0:1.5$；

（e）$m_{SJ}:m_{PN}:m_{HPMC}:m_{NS}=1:0.02:1:0$

康净鑫等人[131]采用丙酸酐（PA）、庚酸酐（HPA）、辛酸酐（OA）、苯甲酸酐（BA）对不饱和聚醚异丁烯聚氧乙烯醚（HPEG）进行端羟基改性，得到的改性聚醚部分取代 HPEG 后与丙烯酸（AA）共聚，制得减缩型聚羧酸减水剂，如图 1-52 所示。该减水剂的端羟基接枝疏水基团使长支链亲水性减小，与水分子作用力减弱，更容易吸附在气液界面，当取代率为 30%时，减缩效果明显。

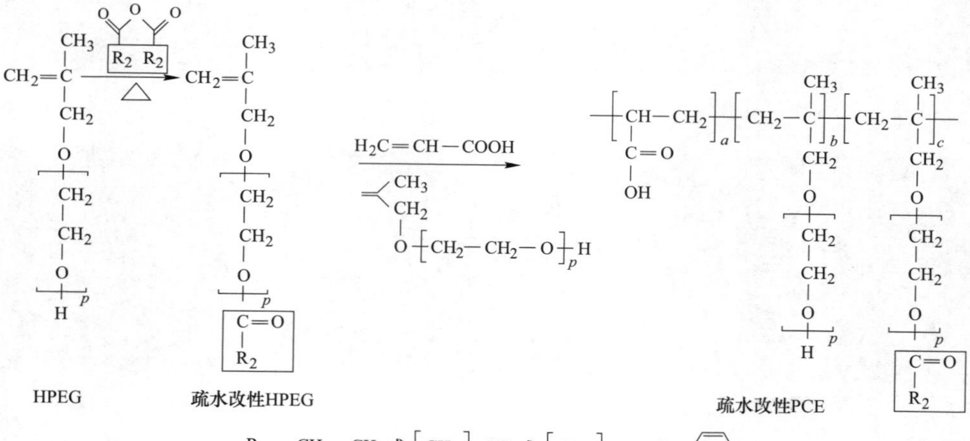

$CH_2=C(CH_3)-CH_2-O-[CH_2-CH_2-O]_p-H$ （HPEG）

$\xrightarrow[\Delta]{(R_2CO)_2O}$ $CH_2=C(CH_3)-CH_2-O-[CH_2-CH_2-O]_p-C(=O)-R_2$ （疏水改性HPEG）

$\xrightarrow{H_2C=CH-COOH,\ CH_2=C(CH_3)-CH_2-O-[CH_2-CH_2-O]_p-H}$

$-[CH(COOH)-CH_2]_a-[CH_2-C(CH_3)(CH_2-O-[CH_2-CH_2-O]_p-H)]_b-[CH_2-C(CH_3)(CH_2-O-[CH_2-CH_2-O]_p-C(=O)-R_2)]_c-$ （疏水改性PCE）

HPEG　　疏水改性HPEG　　疏水改性PCE

$-R_2$: $-CH_2-CH_3$ 或 $-[CH_2]_5-CH_3$ 或 $-[CH_2]_6-CH_3$ 或 $-C_6H_5$

PA　　HPA　　OA　　BA

图 1-52 减缩型聚羧酸减水剂的合成路线

杨珧等人[132]发现聚羧酸减水剂（PS-L）可有效增大 β-半水磷石膏的流动度，延长了凝结时间。随着 PS-L 掺量的增加，水化产物硫酸钙晶体的长径比增大，仍以短棒状和长条状的形态存在。褚睿智等人[133]发现聚羧酸减水剂的吸附作用会抑制硅酸三钙的溶解，阻碍钙矾石的生长，同时减水剂的羧基会与 Ca^{2+} 结合成稳定的络合物，影响了 $Ca(OH)_2$ 的生成，延长诱导期时间，延缓 C-S-H 凝胶向结晶体的转变过程，如图 1-53 和图 1-54 所示。

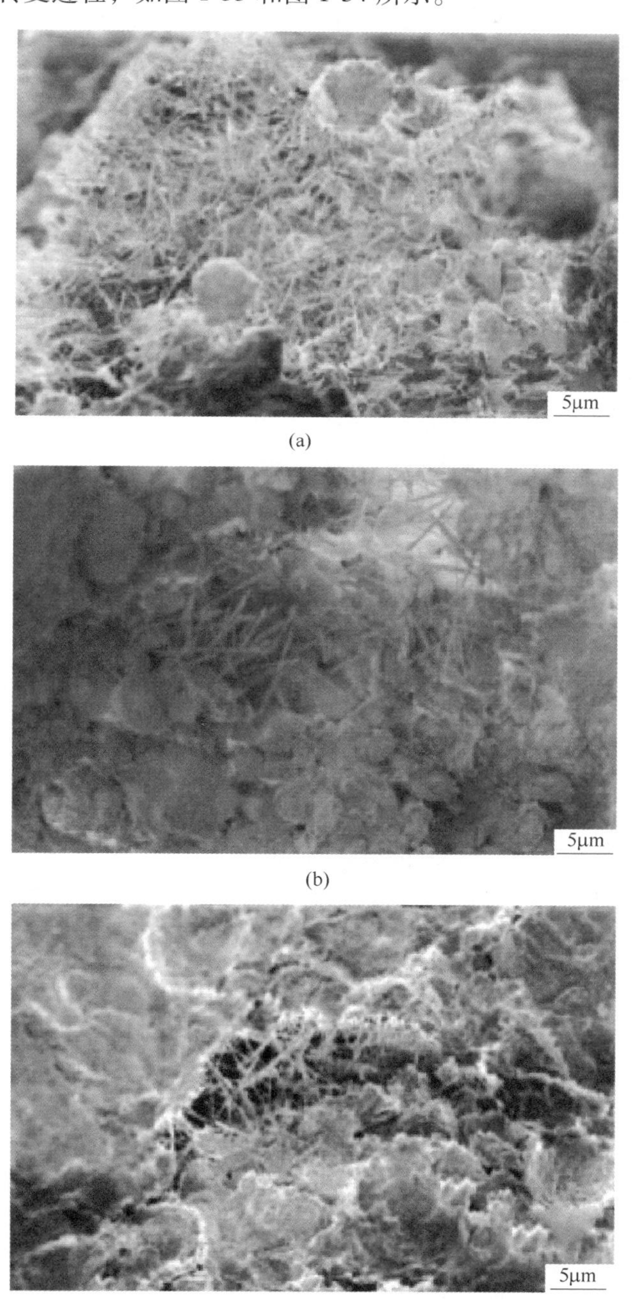

(c)

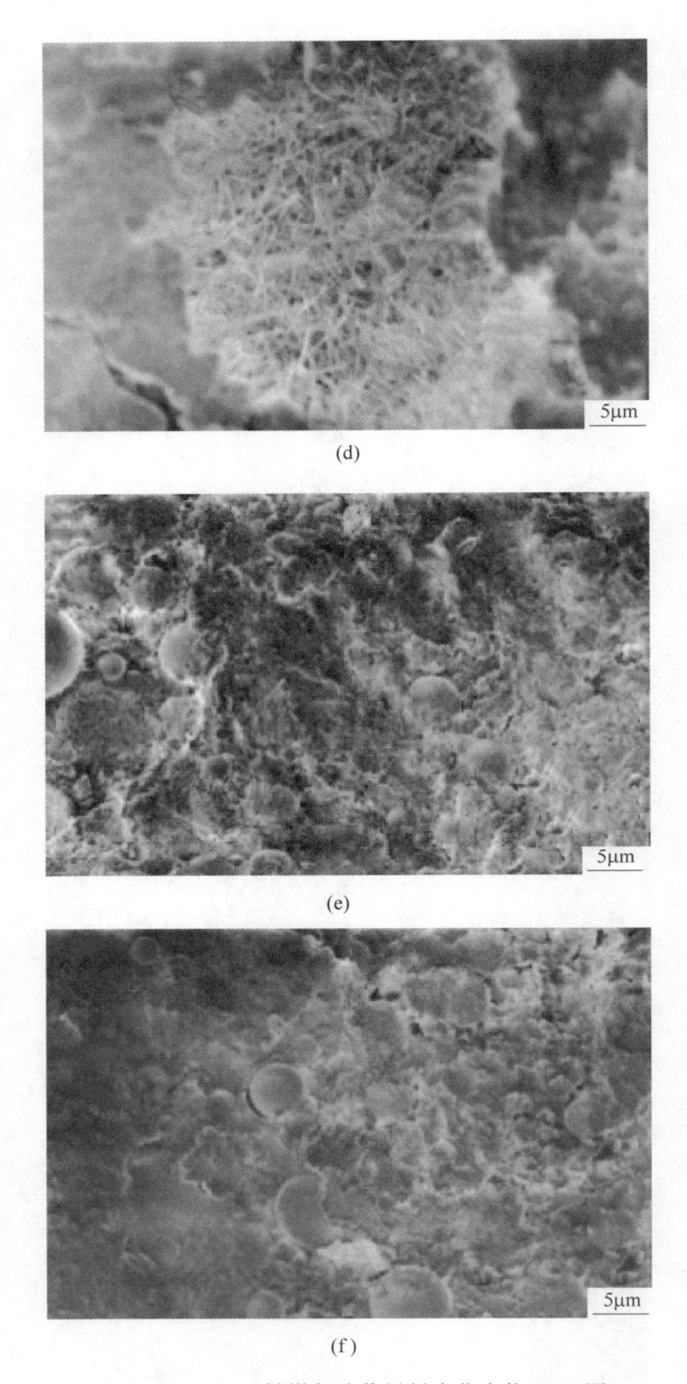

图 1-53　PCE 对粉煤灰喷浆材料水化产物 SEM 图

(a) 空白 3 天；(b) PCE 3 天；(c) 空白 7 天；(d) PCE 7 天；(e) 空白 28 天；(f) PCE 28 天

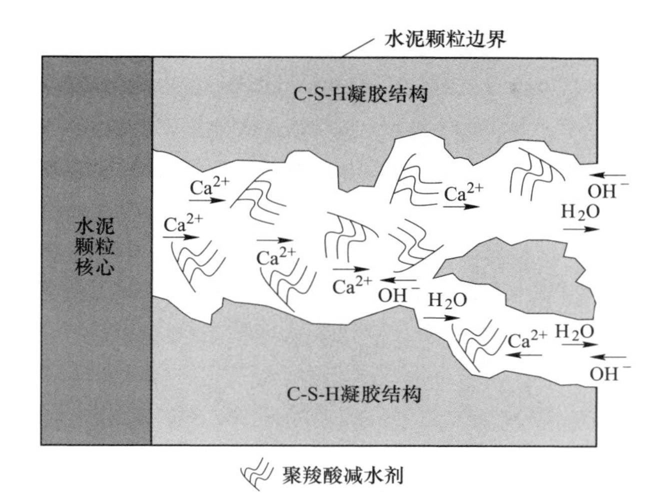

图 1-54　PCE 对早期水化影响

汪源等人[134]以抗泥功能单体全氟辛基三乙氧基硅烷、异戊烯醇聚氧乙烯醚、丙烯酸、丙烯酸羟乙酯为原料，巯基丙酸为链转移剂，过氧化氢/抗坏血酸为引发剂，合成了抗泥型聚羧酸减水剂。该减水剂具有优异抗泥性能的原因是 F 原子难以形成氢键，使侧链自由度增大，且 Si—O—C 键在混凝土的碱性条件下易断裂，增大了混凝土的流动性。陈怀成等人[135]在制备水化硅酸钙的过程中掺入聚羧酸减水剂和萘系减水剂，发现掺入聚羧酸减水剂的水泥石促进了水泥水化，生成了大量的水化硅酸钙凝胶和氢氧化钙，减小了水化硅酸钙的颗粒尺寸（见图 1-55）。

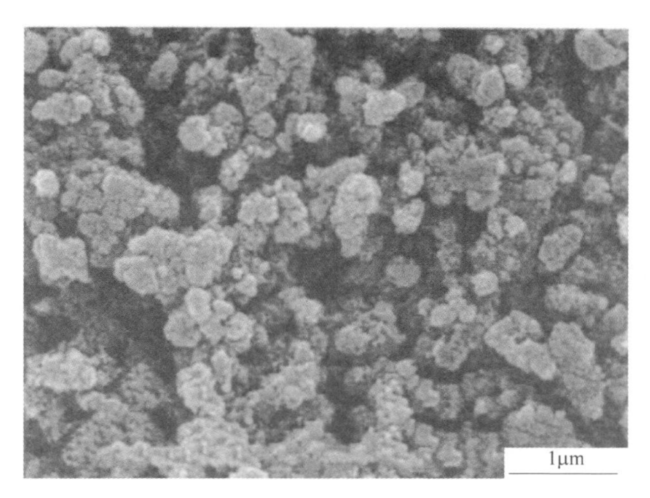

(a)

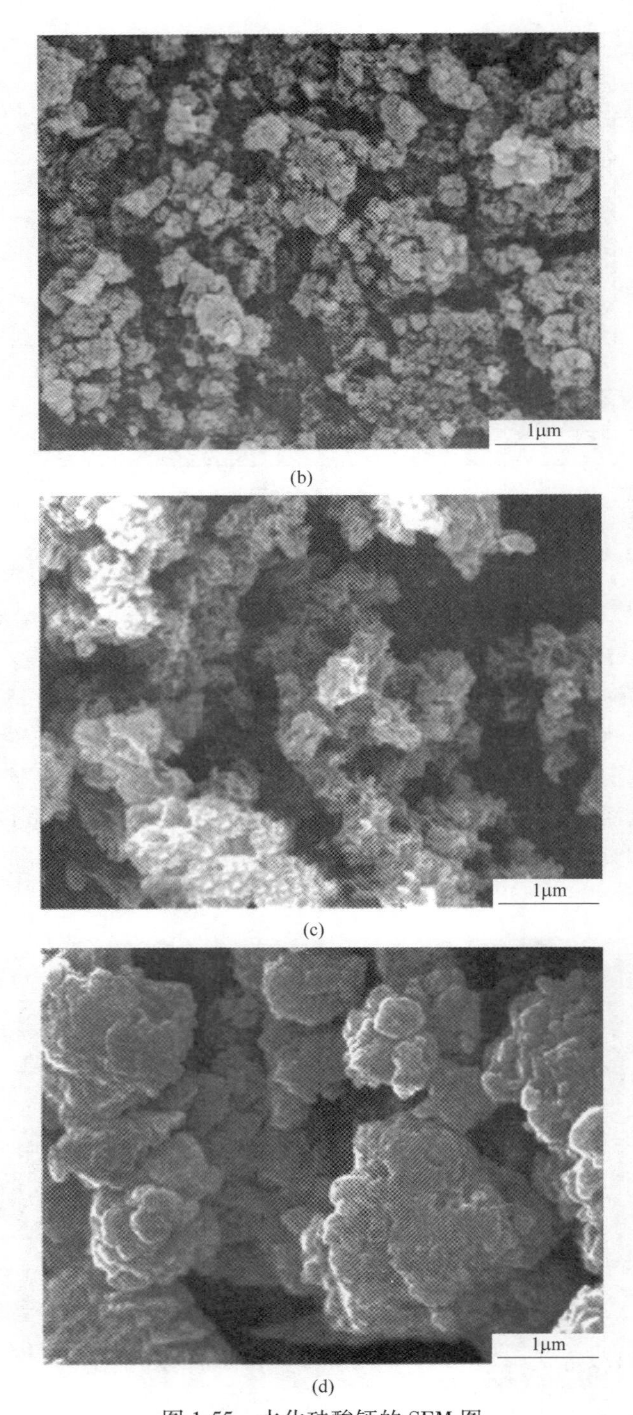

图 1-55　水化硅酸钙的 SEM 图

(a)(b) 掺入聚羧酸减水剂;(c) 掺入萘系减水剂,(d) 不掺减水剂刘加平等人[136]在聚羧酸减水剂分子中引入阳离子单体丙烯酰氧乙基三甲基氯化铵，当阳离子含量为主链带电荷基团物质的量的10%时，所制备的聚羧酸减水剂 APC-10 与不加入丙烯酰氧乙基三甲基氯化铵制备的聚羧酸减水剂 PC-0 相比，能使水泥浆体最早进入水化加速反应阶段，水化产物水化硅酸钙增多，如图1-56 所示。

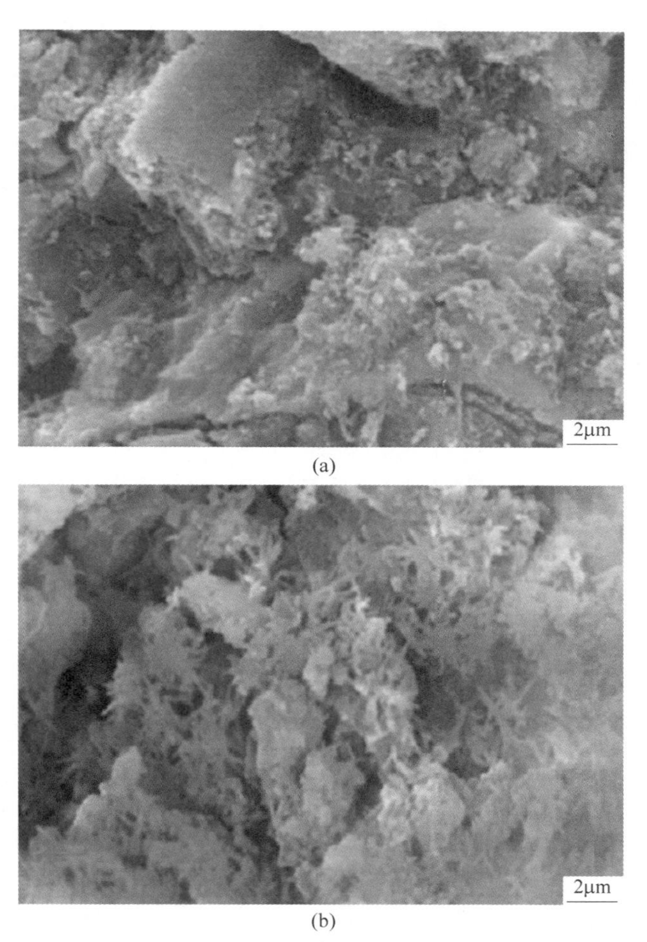

图 1-56 PC-0（a）及 APC-10（b）对水化产物形貌的影响

彭雄义等人[137]以甲基丙烯酸、甲基丙烯磺酸钠、甲氧基聚乙二醇甲基丙烯酸酯、2-丙烯酰胺-2-甲基丙磺酸共聚合成侧链由长支链和短支链组成的聚羧酸减水剂，该减水剂具有较好的分散性能。当掺量为 0.2%时，水泥石中有大量的花瓣状水化硅酸钙，并且呈密实状态，有利于提高水泥石的密实程度及混凝土强度。熊旭峰等人[138]也得到了相似的结论，他们以丙烯酰胺、N-羟甲基丙烯酰胺分别替代部分丙烯酸，合成了早期型聚羧酸减水剂。通过 SEM 分析，表明丙烯酰胺有助于形成水化硅酸钙，而 N-羟甲基丙烯酰胺有助于形成钙矾石、水化硅酸钙等水化产物。张业明等人[139]以异戊烯醇聚氧乙烯醚、N,N-二甲基丙烯酰胺、甲基丙烯酰氧乙基三甲基氯化铵、甲基丙烯酸十二烷基酯和丙烯酸为主要原料，以双氧水-抗坏血酸为引发体系，合成了具有早强降黏性能的聚羧酸减水剂。通过减水剂性能测试发现，甲基丙烯酸十二烷基酯能够改变水泥颗粒之间的水膜厚度，增大减水剂吸附层厚度，减少混凝土颗粒间的作用力，具有降黏效果。黄伟等人[140]探究了自制减水剂 PCE 和 ES-PCE 对水泥水化的作用机制，发现掺入两种减水剂均释放了水泥颗粒絮凝结构中的水分，并且 PCE 减水剂中的羧基与 Ca^{2+}络合，延缓了水泥水化，而 ES-PCE 中羧基的含量较低，与 Ca^{2+}络合能力较弱，促进了水泥水化，而且提高了早期强度，如图 1-57 所示。

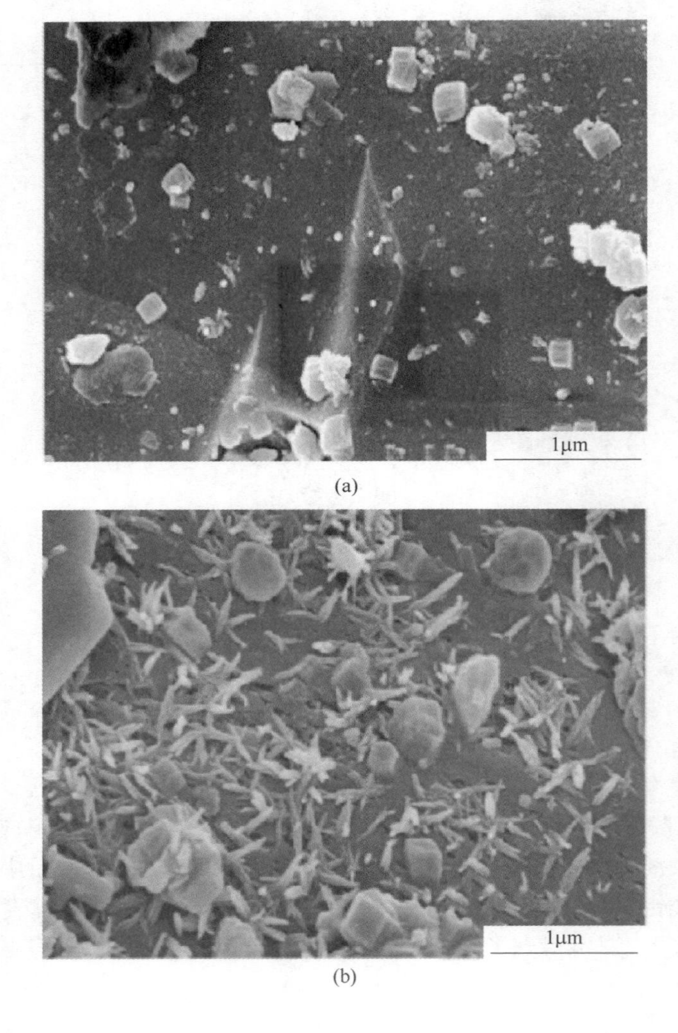

(c)

(d)

(e)

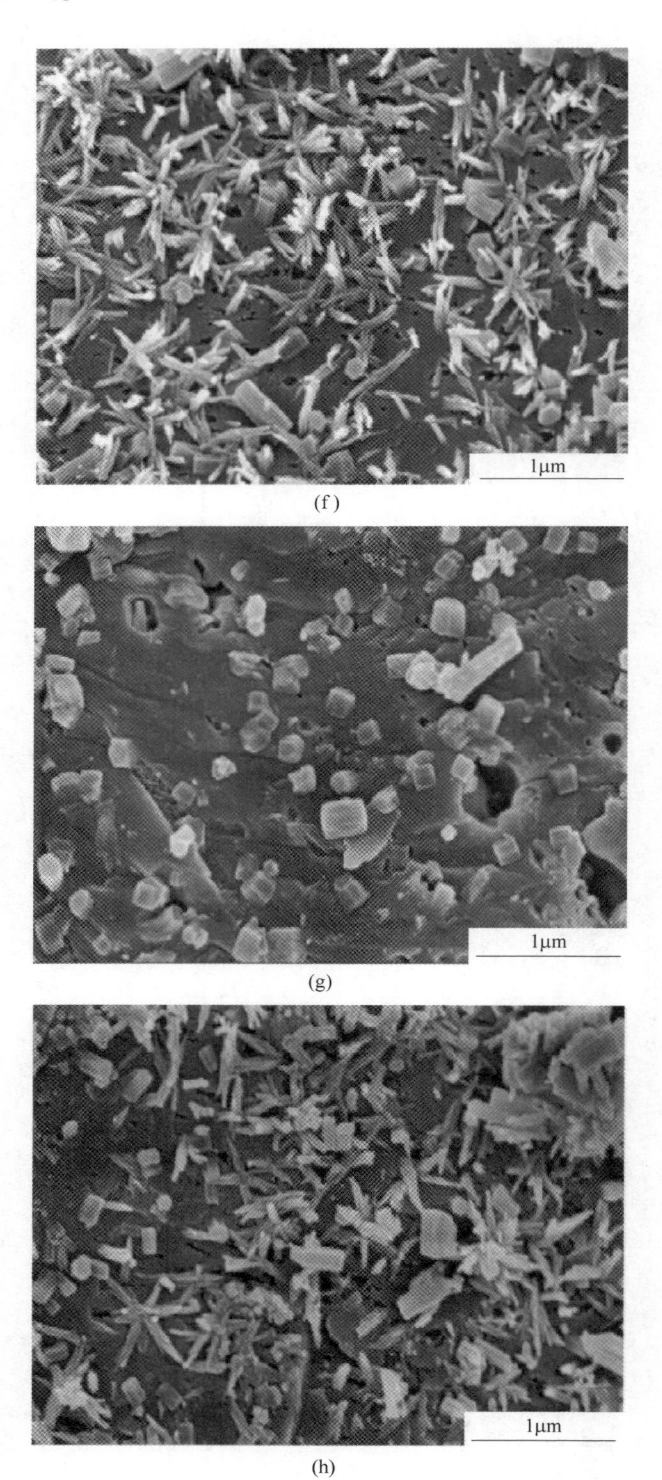

(f)

(g)

(h)

(i)

图 1-57 掺入 0.2% PCE、ES-PCE 的水泥水化产物形貌

（a）基准水泥 60min；（b）基准水泥 195min；（c）基准水泥 300min；（d）PCE 100min；（e）PCE 300min；（f）PCE 450min；（g）ES-PCE 100min；（h）ES-PCE 280min；（i）ES-PCE 360min

魏贝贝等人[141]以聚醚大单体 OX-M、丙烯酸为原料，常温合成了一种早强型聚羧酸减水剂 PA。当掺入该减水剂时，水化硅酸钙、氢氧化钙等水化产物增多，水泥浆体变得更加密实，提高了早期强度，如图 1-58 所示。

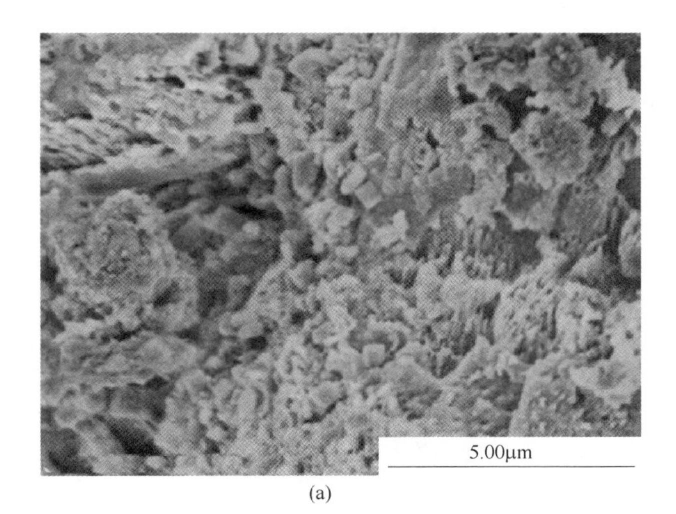

(a)

(b)

(c)

(d)

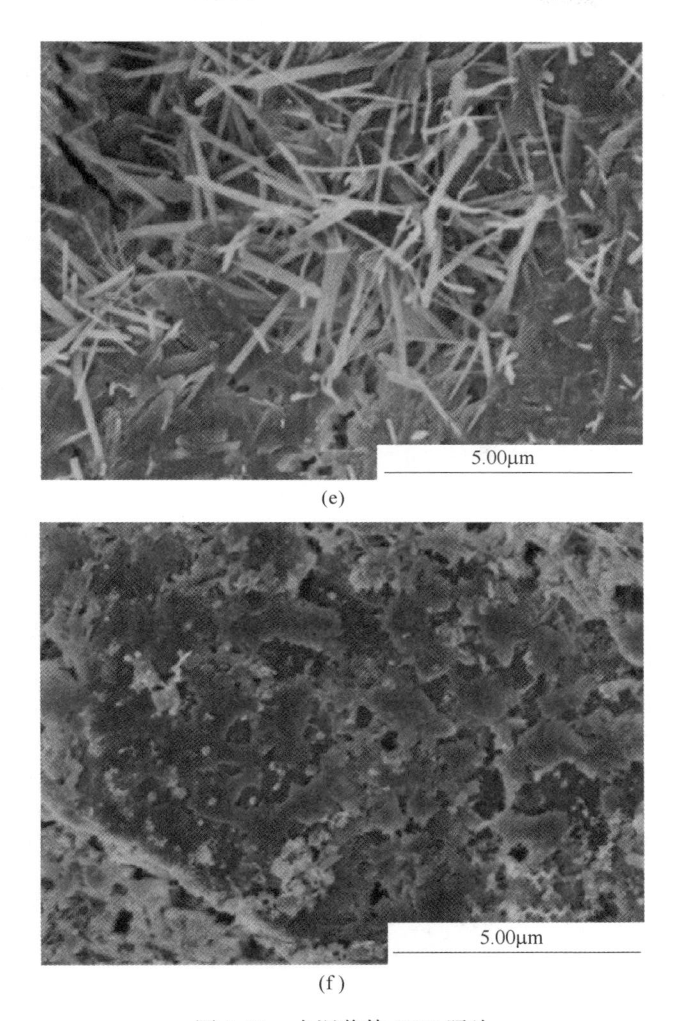

(e)

(f)

图 1-58　水泥浆体 SEM 照片

(a) 空白 1 天；(b) PA 1 天；(c) 空白 3 天；(d) PA 3 天；(e) 空白 7 天；(f) PA 7 天

陈建国等人[142]以丙烯酸、甲基丙烯磺酸钠、烯丙基聚氧乙烯醚、雪花形抗泥大单体为原料，合成了雪花形抗泥聚羧酸减水剂。该减水剂扩大了蒙脱土的层间距，缩小了蒙脱土与水泥石的界面过渡区，降低了蒙脱土表面对自由水的吸附，如图 1-59 所示。

何廷树等人[143]以 2-丙烯酰胺-2-甲基丙磺酸、二甲基二烯丙基氯化铵部分取代甲基烯丙醇聚氧乙烯醚后与甲基丙烯酸共聚制备抗泥型聚羧酸减水剂，发现丙烯磺酸盐与季铵盐均对聚羧酸减水剂的抗泥性有增强效果，如图 1-60 所示。

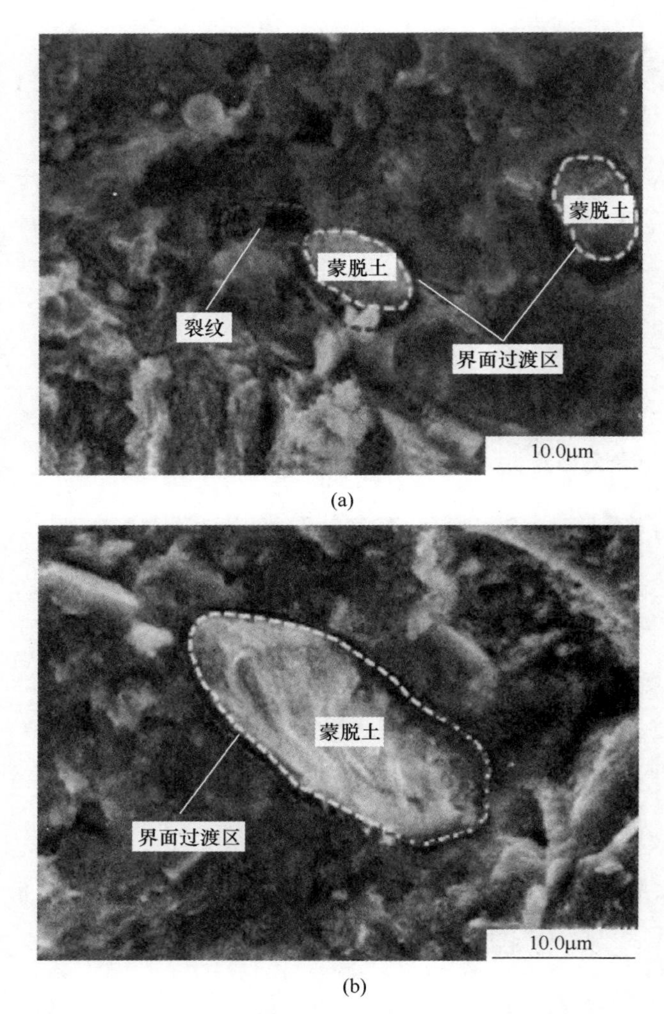

图 1-59 掺普通聚羧酸减水剂（a）和雪花形抗泥聚羧酸减水剂（b）的水泥石 SEM 照片

钱珊珊等人[144]以马来酸酐与异戊烯醇聚氧乙烯聚氧丙烯醚大单体为主要反应原料，以甲基烯丙基磺酸钠为链转移剂，制备了抗泥型聚羧酸减水剂（见图 1-61）。认为降黏机理主要包括 4 方面：（1）降黏型减水剂分子量小且侧链短，能够快速吸附在水泥颗粒表面分散水泥颗粒；（2）降黏型减水剂侧链含有憎水基团，能有效降低水泥颗粒的固液界面能，有利于减水剂对水泥颗粒的吸附和保持水泥颗粒的分散稳定性；（3）降黏型减水剂的侧链较短，能够释放出更多的自由水；（4）降黏型减水剂与水分子形成的溶剂化水膜分子尺寸较小，具有很好的润滑作用并有效地降低水泥颗粒间的团聚，达到降黏抗泥效果。

刘衍东等人[145]以丙烯酸、甲基丙烯酰氧乙基三甲基氯化铵、乙二醇单乙烯

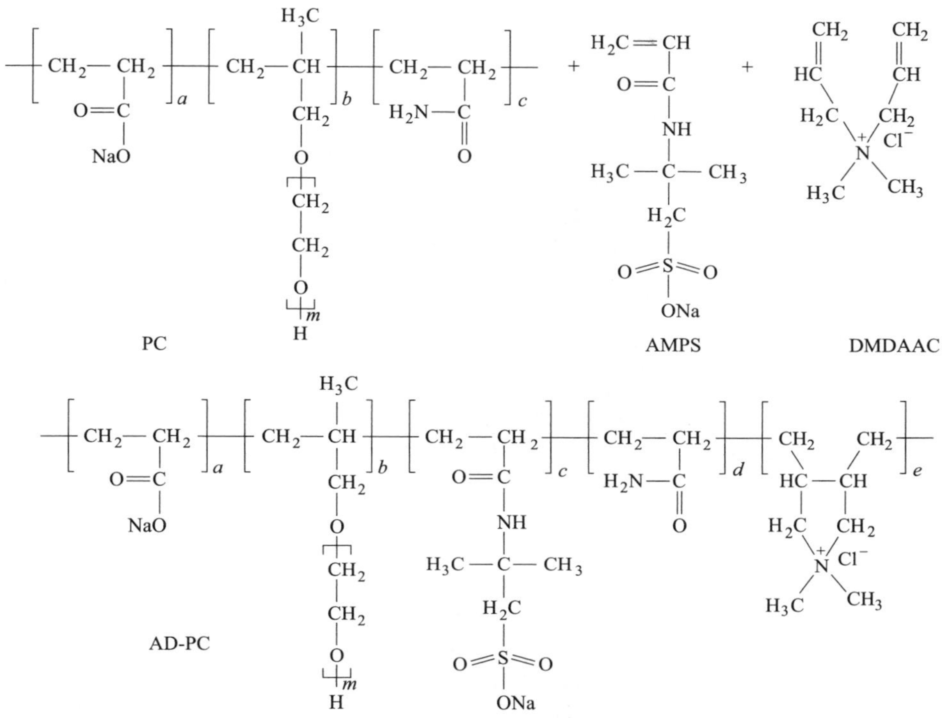

PC AMPS DMDAAC

AD-PC

图 1-60 聚羧酸减水剂分子式

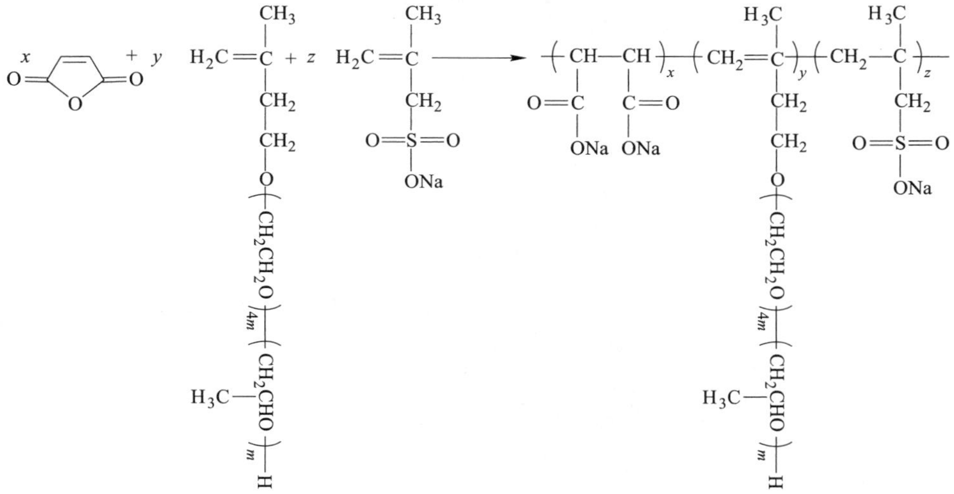

图 1-61 抗泥型聚羧酸减水剂分子式

基聚乙二醇醚为原料，过氧化氢-抗坏血酸为引发剂，常温合成了两性聚羧酸减水剂。当掺量为0.2%时，该减水剂能有效地分散水泥颗粒，促进了水化产物的生成，提高了水泥石密实度，如图1-62所示。

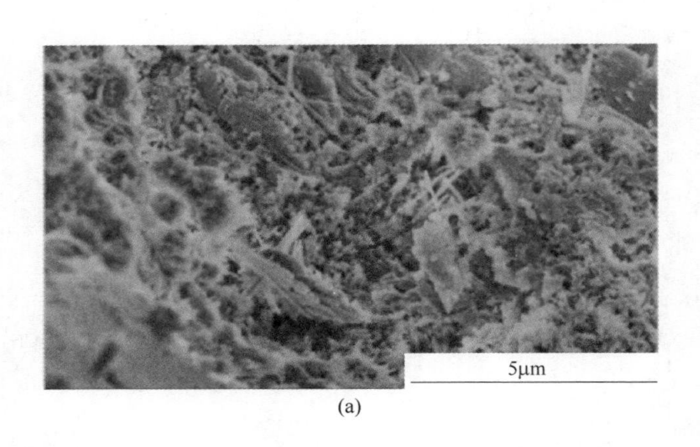

(a)

(b)

(c)

(d)

图 1-62 水泥水化 3 天、7 天时的 SEM 照片
(a) 空白样 3 天；(b) 掺聚羧酸减水剂 3 天；(c) 空白样 7 天；(d) 掺聚羧配减水剂 7 天

赖华珍[146]以自制的含有磷酸基团的酯化产物为活性大单体，与乙二醇单乙烯基聚乙二醇醚共聚得到磷酸盐型聚羧酸减水剂。发现该减水剂能降低水泥颗粒的固液界面能，减弱黏土对羧基的吸附作用，具有明显的降黏作用。吴洲等人[147]发现硫酸钾和硫酸钠能降低水泥浆体的初始流动性，不利于聚羧酸减水剂在水泥颗粒上的吸附。Agarwal[148]以轻质和中质的杂酚油为原料合成减水剂，在具有常规减水剂各项性能指标的前提下成本降低了 25%。Wang 等人[149]使用聚羧酸水溶液（PS）、萘超级塑化剂（NS）和三聚氰胺超级塑化剂（MS）作为分散剂，经超声波处理后，发现减水剂可以改善石墨烯纳米片（GNP）对水泥基材料的影响，并且 GNP 能加速水泥基复合材料的水化过程，使水泥基复合材料的水化产物增多、孔隙率降低，从而有效抑制了水泥基复合材料的裂纹扩大现象，如图 1-63 和图 1-64 所示。

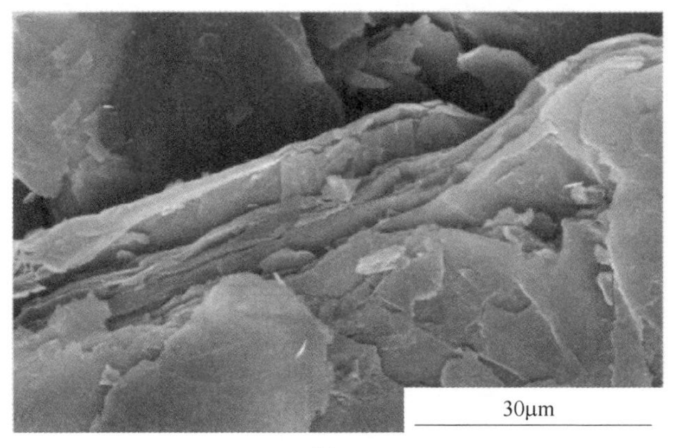

(a)

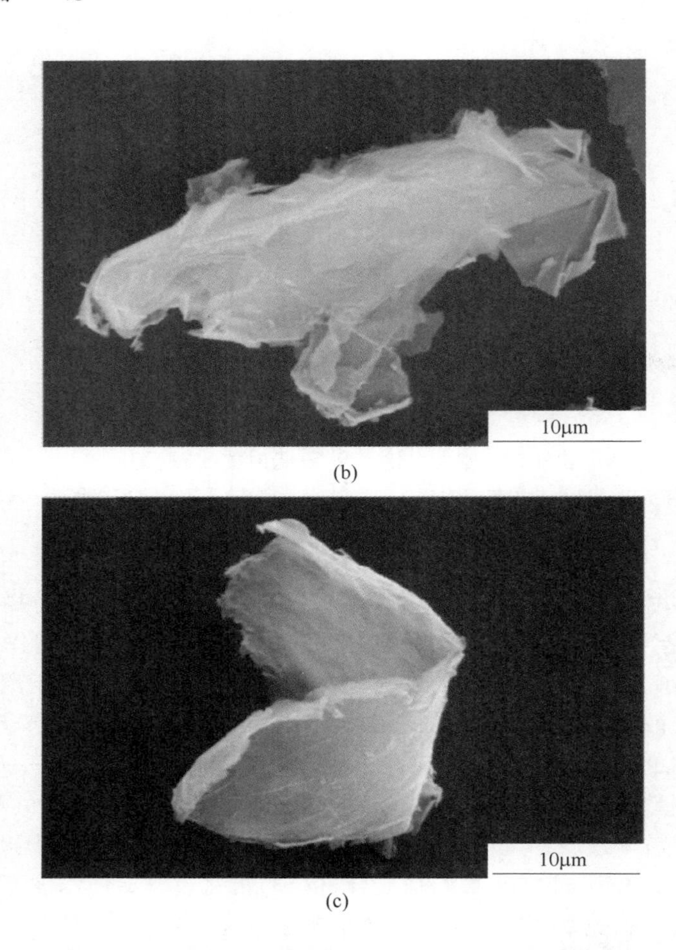

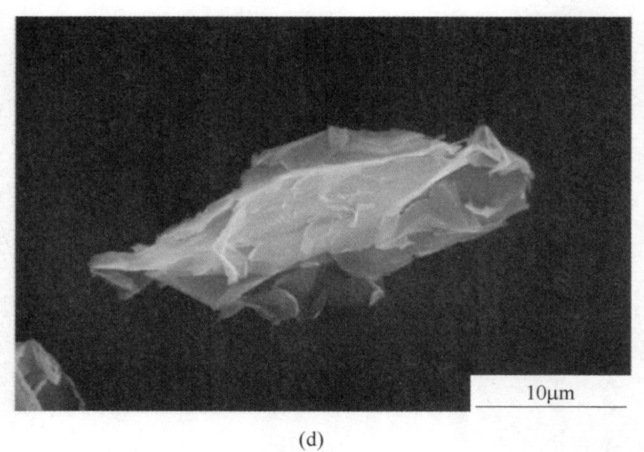

(d)

图 1-63　GNP 悬浮液的 SEM 照片

（a）分散前；（b）PS 分散；（c）NS 分散；（d）MS 分散

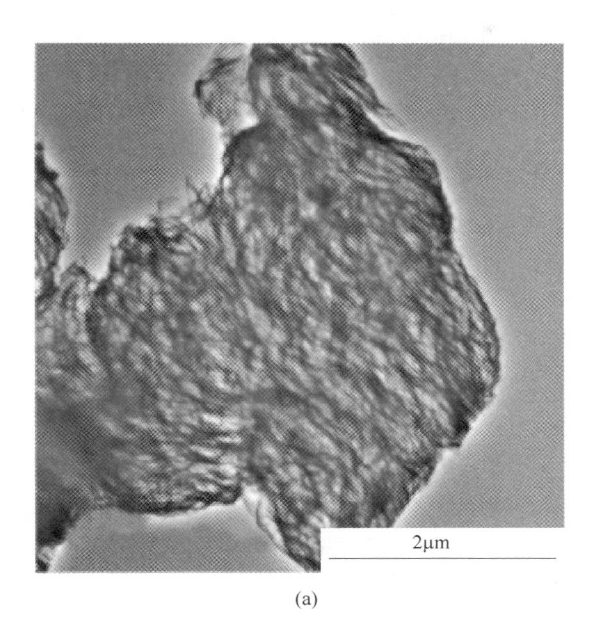

(a)

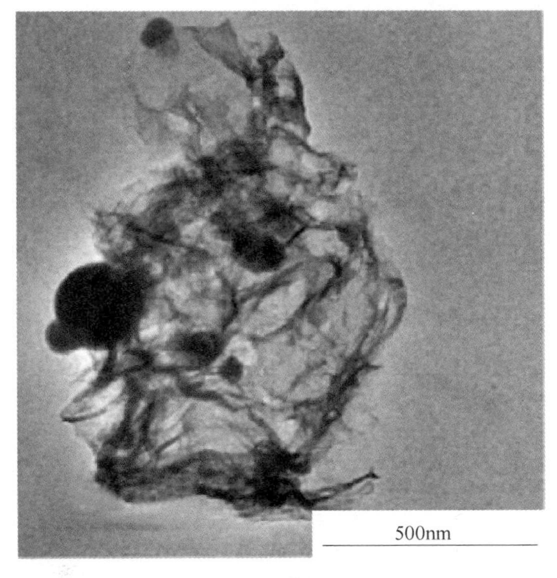

(b)

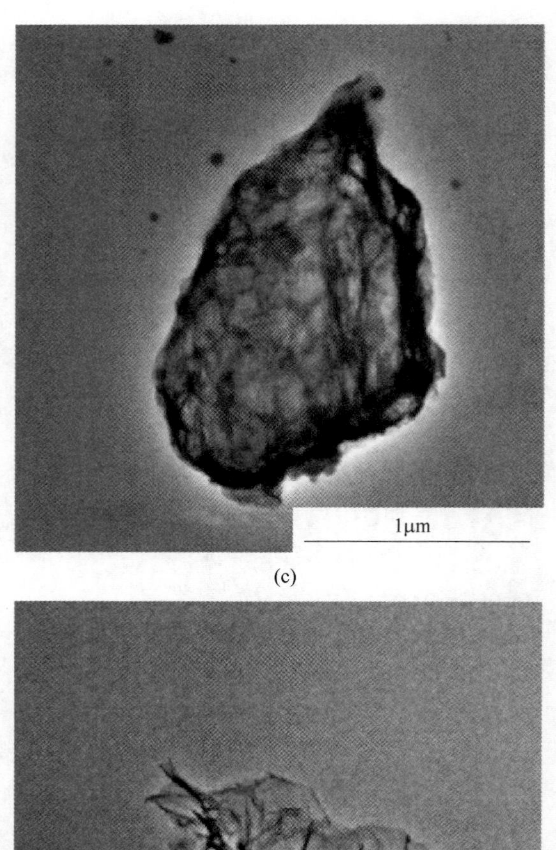

(c)

(d)

图 1-64　GNP 悬浮液的 TEM 照片
（a）分散前；（b）PS 分散；（c）NS 分散；（d）MS 分散

王越等人[150]以自制马来酸单甲酯、乙二醇单乙烯基聚乙二醇、丙烯酸为原料，制备了聚羧酸系减水剂。该减水剂能提高水泥浆的分散保持能力，主要原因是引入的改性基团改变了减水剂分子结构中主链上吸附基团的组成和分布。

莫晓红等人[151]也以自制丙烯酸酯作为功能单体，制备了复合型聚羧酸减水剂。掺该减水剂的混凝土具有更好的流动性、保水性、保坍性和强度。陈文山[152]以烯丙基聚氧乙烯醚、丙烯酸为单体合成了高适应性聚羧酸减水剂，该减水剂具有减水率高、和易性好、保坍性能好等优点。张国防等人[153]发现掺入聚羧酸减水剂的饰面砂浆初次及二次泛碱面积均减小，主要原因是聚羧酸减水剂改善了饰面砂浆的孔结构，减少了孔隙率、气孔含量及表面孔隙数量。张朝辉等人[154]以乙烯基乙二醇醚聚氧乙烯醚、丙烯酸、乙烯基不饱和酯功能单体为原料，合成了一种既有较高减水率又对机制砂混凝土有较好适应性的聚羧酸减水剂，并且该减水剂具有和易性好和高保坍性的特点。陈玉超等人[155]以甲基烯丙基聚氧乙烯醚、丙烯酸、新型酯类功能单体为原料，合成了超高减水型聚羧酸减水剂，减水率为44%，主要的原因是该减水剂具有适当的相对分子质量分布和较低的表面张力，增大了其在水泥颗粒表面的吸附量。陈景等人[156]以异戊烯醇聚氧乙烯醚、丙烯酸、马来酸酐、甲基丙烯酸二甲氨乙酯、不饱和酯和交联剂为主要原料，合成了带有支化结构的微交联聚羧酸减水剂。该减水剂能降低水泥浆黏度，主要原因是减水剂的掺入提升了水泥颗粒表面的静电斥力和空间斥力。蔡建文等人[157]采用苯甲酸酐（BA）酯化改性甲基烯丙基聚氧乙烯醚（HPEG）端羟基制备大单体，在与丙烯酸共聚后得到聚羧酸系减水剂，该减水剂有良好的抗泥保坍作用。程平阶等人[158]在普通聚羧酸减水剂中掺入硫氰酸钠后，水泥浆体的水化热和水化放热速率增大，早期水化过程加快，水化产物增多，孔隙率下降。

综上所述，作为建筑材料的聚羧酸系减水剂越来越受到基础设施建设和住宅建设的欢迎，因此，聚羧酸系减水剂的制备显得尤为重要。

2 聚酯型聚羧酸系减水剂的合成及性能

聚酯型聚羧酸盐水泥减水剂是一类分子结构为含羧基接枝共聚物的表面活性剂，通过不饱和大单体在引发剂作用下通过自由基共聚反应而获得，主链由含羧基的活性单体聚合而成，侧链由含功能性官能团的活性单体与主链接枝共聚而成。在减水剂的分子链中引入羟基（—OH）、羧基或者羧酸盐（—COOH、—COOM）、磺酸基或者磺酸盐（$—SO_3H$、$—SO_3M$）、聚氧乙烯基侧链（—PEO）等基团，可以提高减水剂的分散性能。本章主要探讨了聚羧酸系减水剂中间大分子单体、MPEGMAA-SAS-MAH-AMPS、MPEGMAA/G-570/DEM/AMPS、MPEGMAA-AMPS-HEMA 等聚酯型聚羧酸系减水剂的合成方法，主要试剂和仪器见表 2-1。

表 2-1　实验试剂与仪器

化学试剂或仪器名称	规格/型号	产　地
聚乙二醇单甲醚（MPEG）	分析纯	阿拉丁试剂（上海）有限公司
甲基丙烯酸（MAA）	分析纯	天津市登峰化学试剂厂
对甲苯磺酸（$C_7H_8O_3S$）	分析纯	成都市科龙化工试剂厂
吩噻嗪（$C_{12}H_9NS$）	分析纯	国药集团化学试剂有限公司
过硫酸铵（APS）	分析纯	阿拉丁试剂（上海）有限公司
二氯甲烷（CH_2Cl_2）	分析纯	国药集团化学试剂有限公司
浓硫酸（H_2SO_4）	分析纯	国药集团化学试剂有限公司
氢氧化钠（NaOH）	分析纯	阿拉丁试剂（上海）有限公司
溴化钾（KBr）	分析纯	阿拉丁试剂（上海）有限公司
酚酞（$C_{20}H_{14}O_4$）	分析纯	国药集团化学试剂有限公司
溴酸钾（$KBrO_3$）	分析纯	阿拉丁试剂（上海）有限公司
盐酸（HCl）	分析纯	阿拉丁试剂（上海）有限公司
碘化钾（KI）	分析纯	阿拉丁试剂（上海）有限公司

续表 2-1

化学试剂或仪器名称	规格/型号	产 地
硫代硫酸钠（$Na_2S_2O_3$）	分析纯	国药集团化学试剂有限公司
淀粉（$(C_6H_{10}O_5)_n$）	分析纯	国药集团化学试剂有限公司
烯丙基磺酸钠（SAS）	分析纯	阿拉丁试剂（上海）有限公司
马来酸酐（MAH）	分析纯	阿拉丁试剂（上海）有限公司
2-丙烯酰胺-2-甲基丙磺酸（AMPS）	分析纯	阿拉丁试剂（上海）有限公司
甲基丙烯酸羟乙酯（HEMA）	分析纯	阿拉丁试剂（上海）有限公司
γ-甲基丙烯酰氧基丙基三甲氧基硅烷（G-570）	工业级	曲阜易顺化工有限公司
过氧化氢溶液（H_2O_2）	分析纯	阿拉丁试剂（上海）有限公司
硫酸亚铁七水合物（$FeSO_4 \cdot 7H_2O$）	分析纯	阿拉丁试剂（上海）有限公司
普通硅酸盐水泥	P·O42.5	内蒙古蒙西高新材料股份有限公司
数显恒速电动搅拌器	SXJQ-1	苏州威尔实验用品有限公司
数显恒温水浴锅	LP-HH	长春乐镤科技有限公司
循环水式真空泵	SHZ-D（Ⅲ）	巩义市予华仪器有限公司
电热鼓风干燥箱	DGG-9070AD	上海森信实验仪器有限公司
集热式恒温加热磁力搅拌器	DF-101S	巩义市予华仪器有限公司
水泥净浆搅拌机	NJ-160A	无锡市锡仪建材仪器厂
X 射线衍射仪	D8 ADVANCE	德国布鲁克 AXS 公司
红外光谱仪	FTIR-7600	天津港东科技发展有限责任公司

2.1 甲基丙烯酸聚乙二醇单甲醚酯的制备

聚酯型聚羧酸系减水剂中间大分子单体甲基丙烯酸聚乙二醇单甲醚酯（MPEG MAA）是合成新型功能材料的一类重要大分子单体。合成聚羧酸类减水剂的前提必须合成大分子单体，而酯化率和双键损失率是合成大单体的两个重要指标。目前在大单体合成中大多采用酯化率作为衡量指标，很少将两者综合考虑。实际上酯化过程的许多影响因素同时对酯化率和双键损失率具有相互矛盾的影响。因此，如何在提高酯化率的同时降低双键损失在酯化过程中显得更为重要。

2.1.1　分析测试方法

2.1.1.1　酸值及酯化率的测定

称取 1g 左右试样加入约 50mL 蒸馏水稀释，滴加指示剂溶液（1%酚酞指示剂）2~3 滴，用 NaOH 标准溶液滴定，直到体系变为粉红色且半分钟内不褪色为终点，用下式计算酸值：

$$K = 40CV/G \times 1000 \tag{2-1}$$

式中　K——酸值（NaOH/试样），mg/g；

C——NaOH 标准溶液浓度，mol/L；

V——消耗的 NaOH 标准溶液的体积，mL；

G——所取试样质量，g。

酯化率按下式计算式：

$$X = \frac{(K_0G_0 - K_1G_1)/(40 \times 1000)}{N_0} \times 100\% \tag{2-2}$$

式中　X——酯化率,%；

K_0——体系起始酸值（NaOH/试样），mg/g；

G_0——体系起始总质量，g；

K_1——体系末态酸值（NaOH/试样），mg/g；

G_1——体系末态总质量，g；

N_0——起始加入聚乙二醇单甲醚物质的量，mol。

2.1.1.2　不饱和单体（双键）损失率的测定

准确称量 1g 左右试样，置于 250mL 碘量瓶中，加入 100mL 去离子水，振荡至试样完全溶解。用移液管在碘量瓶中加入 20mL 的 0.1mol/L 的溴酸钾-溴化钾溶液、10mL 的 6mol/L 盐酸水溶液，立即盖紧盖子，水封，摇匀。置于暗处 30min 后迅速加入 10mL 的 20%碘化钾溶液，用 0.05mol/L 的硫代硫酸钠标准溶液滴定。滴至浅黄色时加入 1~2mL 的 1%淀粉指示剂，继续滴定至蓝紫色消失时即为终点，同时做空白试验。按下式计算单位试样不饱和单体残余量：

$$W = \frac{(V_0 - V_1) \times C \times 0.5}{G \times 1000} \tag{2-3}$$

式中　W——单位试样中不饱和单体残余量，mol/g；

V_0——空白试验所消耗的硫代硫酸钠标准溶液的体积，mL；

V_1——加入试样后消耗硫代硫酸钠标准溶液的体积，mL；

C ——硫代硫酸钠标准溶液的浓度，mol/L；

0.5——与 1mol 硫代硫酸钠相当的单位物质。

不饱和单体双键损失率按下式计算：

$$S = \frac{W_0G_0 - W_1G_1}{W_0G_0} \times 100\% \tag{2-4}$$

式中 S ——双键损失率,%；

W_0 ——反应开始时单位试样中不饱和单体含量，mol/g；

W_1 ——反应结束后单位试样中不饱和单体含量，mol；

G_0，G_1 ——反应开始和结束时体系的总质量，g。

2.1.1.3 固含量的测定

固含量的测定按照 GB 8077—2000 来进行。将洁净后的称量瓶放入烘箱内，于 100~105℃烘 30min，取出置于干燥器内，冷却 30min 后称量，重复上述步骤直至恒重，其质量为 m_0。将被测试样装入已经恒重的称量瓶内，盖上盖称出试样及称量瓶的总质量 m_1。将盛有试样的称量瓶放入烘箱内，开启瓶盖，升温至烘干，盖上盖置于干燥器内冷却 30min，重复上述步骤直至恒重，其质量为 m_2。室内允许误差为 0.30%，室间允许误差为 0.50%。按下式计算共聚物的固含量：

$$X_{固} = \frac{m_2 - m_0}{m_1 - m_0} \times 100\% \tag{2-5}$$

2.1.2 合成方法

在装有温度计、搅拌器、分水器、回流冷凝管的 250mL 四颈烧瓶的装置末端接入玻璃水泵使反应过程中形成微小负压。在四颈烧瓶中加入一定量的 MPEG1200、脱水剂甲苯，加热至 80℃使之完全溶解，溶解后依次加入阻聚剂吩噻嗪、催化剂对甲苯磺酸，充分溶解后加入 MAA，升温至反应温度，搅拌条件下反应一定的时间，即得到 MAAPEGME1200 大分子单体粗产品。此产物可直接用于合成酯型聚羧酸系高效水泥减水剂。

在投料比相同的条件下，在酯化反应工艺流程中接入玻璃水泵，其测得的酯化率与双键损失率与在没有接入玻璃水泵的条件下测得的酯化率与双键损失率结果对比见表 2-2。从表中可以看出，在实验装置中没有接入玻璃水泵，其酯化结果是酯化率过百和双键损失率过大，原因是反应过程中没有来得及参与酯化反应的甲基丙烯酸蒸气从反应器中逸出，故得不出准确的试验结果。而在装置末端接入玻璃水泵形成微小的负压，一方面可以使甲基丙烯酸蒸气进入吸收瓶内，防止溢出，测出准确的试验结果；另一方面可以使甲苯和水组成的恒沸物更易移除反应体系，提高酯化率。故在试验装置中接入玻璃水泵。

表 2-2 试验结果对比

试验条件	酯化率/%	双键损失率/%
接入玻璃水泵	93.90	8.30
无玻璃水泵	105.46	17.32

2.1.2.1 甲苯用量对单体酯化率的影响

酯化反应是可逆反应，加入带水剂可将反应生成的水以恒沸物的形式移出，使反应向正反应方向移动，提高酯化率。目前，常用的带水剂有甲苯、环己烷、氯仿和四氯化碳。由于四氯化碳和氯仿易挥发，且毒性较大，而环己烷的回流温度较低，故选用甲苯作为带水剂。甲苯的用量是影响酯化反应的重要因素之一。

甲苯的用量对酯化率的影响如图 2-1 所示。由图 2-1 可以看出，随甲苯用量的增加；酯化率迅速增加；但当用量超过 30%时，随甲苯用量的增加，酯化率反而会有所降低。产生这种现象的原因是，甲苯用量太少则不能有效地带出水分，酯化率偏低；甲苯用量太多，造成反应物的浓度下降使酯化反应不易向正反应方向进行，酯化率较低。

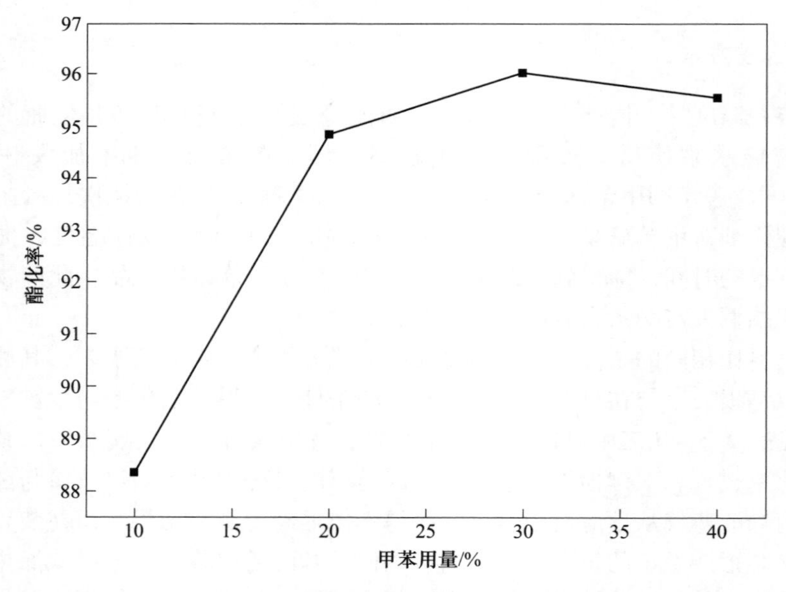

图 2-1 甲苯用量对酯化率的影响

2.1.2.2 正交试验设计与结果

试验中 MAAPEGME1200 大分子单体是通过酯化反应一步制得，各反应物及外加剂的比例及反应条件对目标产物的纯度影响很大，例如反应温度、反应时间、酸醇比、酯化方法、带水剂用量、阻聚剂用量和催化剂用量等。试验综合考虑各种因素的影响和试验条件的限制对酯化率及不饱和单体损失率的影响，在确定聚合方法和加料顺序，以及带水剂用量固定不变的情况下（反应物总质量的30%），确定酯化反应的影响因素为反应温度、反应时间、酸醇比、催化剂用量和阻聚剂用量。每个因素各取 4 个水平值，设计出 $L_{16}(4^5)$ 正交试验。正交试验因素及水平见表 2-3，正交试验结果见表 2-4。

表 2-3 酯化反应水平及因素表

水平	因 素				
	A	B	C	D	E
	酸醇摩尔比	催化剂用量/%	阻聚剂用量/%	反应时间/h	反应温度/℃
1	1.5 : 1	2.5	0.5	6	120
2	2.0 : 1	3.0	1.0	7	125
3	2.5 : 1	3.5	1.5	8	130
4	3.0 : 1	4.0	2.0	9	135

注：催化剂用量以聚乙二醇单甲醚的物质的量为基准，阻聚剂用量以甲基丙烯酸的物质的量为基准。

表 2-4 正交试验结果

编号	A	B	C	D	E	酯化率/%	双键损失率/%
1	1.5 : 1	2.5	0.5	6	120	78.04	1.87
2	1.5 : 1	3.0	1.0	7	125	80.00	2.58
3	1.5 : 1	3.5	1.5	8	130	87.15	8.12
4	1.5 : 1	4.0	2.0	9	135	88.45	11.87
5	2.0 : 1	2.5	1.0	8	135	93.90	8.30
6	2.0 : 1	3.0	0.5	9	130	94.73	12.91
7	2.0 : 1	3.5	2.0	6	125	78.88	3.49
8	2.0 : 1	4.0	1.5	7	120	83.41	1.62

续表 2-4

编号	A	B	C	D	E	酯化率/%	双键损失率/%
9	2.5∶1	2.5	1.5	9	125	94.61	4.38
10	2.5∶1	3.0	2.0	8	120	90.12	3.51
11	2.5∶1	3.5	0.5	7	135	96.80	9.82
12	2.5∶1	4.0	1.0	6	130	94.41	7.12
13	3.0∶1	2.5	2.0	7	130	96.67	6.90
14	3.0∶1	3.0	1.5	6	135	97.34	6.51
15	3.0∶1	3.5	1.0	9	120	89.75	2.67
16	3.0∶1	4.0	0.5	8	125	92.61	13.40

正交试验数据极差表见表 2-5 与表 2-6。

表 2-5 酯化率的极差分析

水平	A	B	C	D	E
1	83.41	90.81	90.55	87.17	85.33
2	87.73	90.55	89.52	89.22	86.53
3	93.99	88.15	90.63	90.95	93.24
4	94.09	89.72	88.53	91.89	94.12
极差	10.68	2.66	2.10	4.72	8.79

表 2-6 双键损失率的极差分析

水平	A	B	C	D	E
1	6.11	5.36	9.50	4.75	2.42
2	6.58	6.38	5.17	5.23	5.96
3	6.21	6.03	5.16	8.33	8.76
4	7.37	8.50	6.44	7.96	9.13
极差	1.26	3.14	4.34	3.58	6.71

从表 2-5 和表 2-6 可以看出，对酯化率的影响因素从大到小分别为酸醇比、反应温度、反应时间、催化剂用量、阻聚剂用量；最佳的酯化条件为 $A_4B_1C_3D_4E_4$。即酸醇的摩尔比为 3.0∶1，催化剂对甲苯磺酸用量为聚乙二醇单甲醚质量的 2.5%，阻聚剂吩噻嗪用量为甲基丙烯酸质量的 1.5%，反应时间为 9h，反应温度为 135℃。而对于双键损失率的影响因素从大到小分别为反应温度、阻聚剂用量、反应时间、催化剂用量、酸醇比。最佳条件为 $A_1B_1C_3D_1E_1$，即酸醇的摩尔比为 1.5∶1，催化剂对甲苯磺酸用量为聚乙二醇单甲醚质量的 2.5%，阻聚剂吩噻嗪用量为甲基丙烯酸质量的 1.5%，反应时间为 6h，反应温度为 120℃。两组最佳反应条件的重复性试验见表 2-7。

表 2-7 在最佳反应条件的试验结果

最佳反应条件	酯化率/%	双键损失率/%
$A_4B_1C_3D_4E_4$	98.45	12.03
$A_1B_1C_3D_1E_1$	78.24	1.76

从两者的试验结果可以看出，酯化率很高时双键损失率很大，而双键损失率很小时酯化率却很低。许多酯化反应的影响因素同时对酯化率和双键损失率具有相互矛盾的影响。反应温度提高，有利于提高酯化率，但是过高的温度会导致双键损失率变大；反应时间延长，酯化率提高，但过长的反应时间也会加大双键的损失。而酸醇比加大，可以在双键损失程度较低的条件下增大酯化率。因此，选择酸醇比为 3.0∶1，反应温度 125℃，反应时间 9h，催化剂对甲苯磺酸用量为聚乙二醇单甲醚质量的 2.5%，阻聚剂吩噻嗪用量为甲基丙烯酸质量的 1.5%作为最佳酯化条件。该最佳条件下重复试验得出酯化率为 96.72%，双键损失率为 3.10%。与酯化率的最佳试验条件得到的结果相比，虽然酯化率由 98.45%降低到 96.72%，但双键的损失率却由 12.03%大幅度减少到 3.10%；与双键损失率的最佳试验条件得到的结果相比，虽然双键损失率由 1.76%增加到 3.10%，但酯化率却由 78.24%大幅度提高到 96.72%。可以弥补酯化率提高但是双键损失率过大或者双键损失率很小但是酯化率过低的不足。由此可见，该条件为最佳反应条件。

2.1.2.3 FTIR 分析

将上述制备的粗产品溶解于二氯甲烷中，用 5%的 NaOH 溶液洗涤、分液，重复 5~6 次，洗至水层为无色，以除去过量甲基丙烯酸、对甲苯磺酸和吩噻嗪；再用饱和 NaCl 洗涤、分液，重复 3~5 次，以除去未反应的聚乙二醇单甲醚，减压蒸馏除去溶剂，即得到纯净的 MAAPEGME1200[159]。将 MAAPEGME1200 单体提纯并干燥，所得的红外谱图如图 2-2 所示。

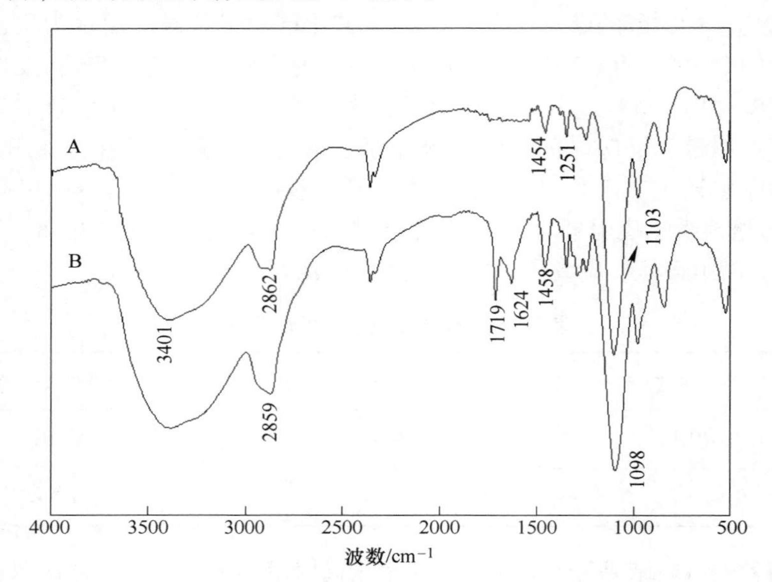

图 2-2 MPEG1200（聚乙二醇单甲醚）与 MAAPEGME（甲基丙烯酸聚乙二醇单甲醚）的红外光谱图

A—聚乙二醇单甲醚-1200；B—甲基丙烯酸聚乙二醇单甲醚-1200 酯

从图 2-2 中曲线 A 可以看出，在 $3401cm^{-1}$、$2862cm^{-1}$、$1454cm^{-1}$、$1251cm^{-1}$、$1103cm^{-1}$等处出现特征峰，$3401cm^{-1}$处出现醇羟基 R—OH 中—OH 伸缩振动峰，$2862cm^{-1}$处出现—CH_3 对称伸缩峰，$1454cm^{-1}$处出现—CH_2 箭式弯曲振动峰，$1103cm^{-1}$处出现饱和脂肪醚 C—O—C 或醇 C—OH 伸缩峰，$1251cm^{-1}$处出现脂肪醇 C—OH 伸缩峰，表明分子为饱和有机化合物，分子中存在羟基、甲基和醚基等基团；从图 2-2 中 B 可以看出，在 $2859cm^{-1}$处出现了—CH_3 对称伸缩峰，$1624cm^{-1}$处出现烯烃 C ═ C 伸缩振动峰，$1719cm^{-1}$处出现羧酸酯基—COOR 中 C ═ O 的伸缩振动峰，$1098cm^{-1}$处出现饱和脂肪醚 C—O—C 伸缩峰，$1458cm^{-1}$处出现—CH_2 箭式弯曲振动峰，由此可见，该分子为不饱和有机化合物，分子中含有碳碳双键，以及甲基、酯基和醚基等基团[160-162]。将以上图谱对比，B 曲线比 A 曲线增加了双键和酯基，证明该物质为甲基丙烯酸聚乙二醇单甲醚大单体。

综上，在酯化反应装置中连入玻璃水泵使反应过程中形成微小负压，使酯化反应过程中产生的小分子水能更快地移出反应体系的同时可以防止未来得及反应的甲基丙烯酸的溢出，提高了酯化率并且降低了双键损失率。在正交试验分析的基础上，得出合成中间体 MAAPEGME1200 大单体的最佳条件为：酸醇比为3.0：1，反应温度为125℃，反应时间为9h，催化剂对甲苯磺酸用量为聚乙二醇单甲醚质量的2.5%，阻聚剂吩噻嗪用量为甲基丙烯酸质量的1.5%，带水剂甲苯用量为反应物总质量的30%。在该条件下酯化率为96.72%，双键损失率为3.10%。

2.2 MPEGMAA-SAS-MAH-AMPS四元共聚聚羧酸系减水剂的制备及性能

调查数据表明，2007—2013年，我国聚羧酸系减水剂年产量占合成减水剂总量由14%增到52%，首次突破50%大关，在2015年达到73%，并且这一趋势还在加速[163]。近几年，国内外减水剂的主要研究内容包括：制备方法、减水机理、构效关系、聚合原料、应用性能[164-166]。酯类和醚类聚羧酸系减水剂在制备工艺和性能方面表现出各自的优势。聚酯型减水剂的减水效率较高，粉煤灰与其适应性良好，但是该类产品对工程上的沙石材料要求比较高，固含量低。聚醚型减水剂固含量高，同时具备掺量低、减水率高、成本低等优点，但原材料马来酸酐不易聚合。鉴于两种减水剂的优缺点，改性研究越来越受关注。

含有—CONHR和—SO_3H的AMPS广泛应用于油田、纺织、造纸、水处理、合成纤维、印染、塑料、吸水涂料、生物医学等领域，是一种常见的有机化工原料，将其作为减水剂的共聚或改性单体应用于建筑行业的研究越来越多[167]。本节以MPEGMAA、SAS、MAH和AMPS为聚合原料，在过硫酸铵-硫代硫酸钠氧化—还原引发体系下，采用原位接枝与共聚法，得到四元共聚物，其工艺参数可为减水剂改性技术的推广、应用及生产提供理论借鉴。同时，利用FTIR对MPEGMAA-SAS-MAH-AMPS减水剂的分子结构进行表征。

2.2.1 合成方法

将水浴锅升温到反应温度。在装有搅拌器的三口烧瓶中依次加入一定量的MPEGMAA、MAH、AMPS、SAS和少量的水，在水浴中搅拌使之全部溶解。将一定量的过硫酸铵和硫代硫酸钠加定量水溶解后分别装入恒压滴液漏斗中，待反应单体全部溶解后滴加两者，滴加体积约为总体积的2/3，滴加时间控制在30min之内。

反应一段时间后，继续滴加剩余约1/3体积的过硫酸铵和硫代硫酸钠溶液，滴加时间控制在15min之内。滴加完毕后恒温反应一段时间，用NaOH浓溶液中和至pH值约为6或7，即得产品。产品为褐色，反应总加水量按固含量为45%计算。聚合反应方程式如下：

$$aCH_2=\underset{COO(C_2H_4O)_nCH_3}{\overset{CH_3}{C}} + bCH_2=\overset{CH_2SO_3Na}{CH} + cCH=\underset{CONH(CH_3)_2CH_2SO_3H}{CH_2} + d\,\text{(CH=CH-CO-O-CO-CH=CH, 马来酸酐)} \longrightarrow \tag{2-6}$$

$$\left[CH_2-\underset{COO(C_2H_4O)_nCH_3}{\overset{CH_3}{C}}\right]_a\left[CH_2-\overset{CH_2SO_3Na}{CH}\right]_b\left[\underset{CONH(CH_3)_2CH_2SO_3H}{CH}-CH_2\right]_c\left[\overset{HOOC}{CH}-\overset{COOH}{CH}\right]_d$$

2.2.2 正交试验及分析

2.2.2.1 正交试验设计与结果

根据自由基聚合动力学原理，同时参考各类文献报道，结合前期实践经验，试验选择 $n_{MPEGMAA600}:n_{SAS}$，$n_{MPEGMAA600}:n_{MAH}$，$n_{MPEGMAA600}:n_{AMPS}$，氧化—还原体系引发剂（$n_{(NH_4)_2S_2O_8}:n_{Na_2S_2O_3}=1:0.4$）总质量占聚合单体总质量的百分比 $w_{(NH_4)_2S_2O_8\text{-}Na_2S_2O_3}$、聚合温度 T 和聚合时间 t 6 个因素，每个因素选择了 5 个水平。设计出 $L_{25}(5^6)$ 正交试验。各变量及水平关系设计见表 2-8，正交试验结果及极差分析见表 2-9 和表 2-10。

表 2-8 聚合反应水平及因素表

水平	因素					
	A	B	C	D	E	F
	$n_{MPEGMAA600}:n_{SAS}$	$n_{MPEGMAA600}:n_{MAH}$	$n_{MPEGMAA600}:n_{AMPS}$	$w_{(NH_4)_2S_2O_8\text{-}Na_2S_2O_3}$/%	T/℃	t/h
1	1:0.1	1:0.5	1:0.1	0.2	35	3
2	1:0.2	1:1.0	1:0.2	0.4	40	4
3	1:0.3	1:1.5	1:0.3	0.6	45	5
4	1:0.4	1:2.0	1:0.4	0.8	50	6
5	1:0.5	1:2.5	1:0.5	1.0	55	7

表 2-9 正交试验结果

编号	因素						转化率/%	水泥净浆流动度/mm	混凝土坍落度/mm
	A	B	C	D	E	F			
1	1:0.1	1:0.5	1:0.1	0.2	35	3	87.69	207	32

续表2-9

编号	因素						转化率/%	水泥净浆流动度/mm	混凝土坍落度/mm
	A	B	C	D	E	F			
2	1∶0.1	1∶1.0	1∶0.2	0.4	40	4	91.05	225	46
3	1∶0.1	1∶1.5	1∶0.3	0.6	45	5	90.88	227	43
4	1∶0.1	1∶2.0	1∶0.4	0.8	50	6	91.12	230	50
5	1∶0.1	1∶2.5	1∶0.5	1.0	55	7	86.32	211	30
6	1∶0.2	1∶0.5	1∶0.2	0.6	50	7	88.16	219	37
7	1∶0.2	1∶1.0	1∶0.3	0.8	55	3	87.75	226	43
8	1∶0.2	1∶1.5	1∶0.4	1.0	35	4	90.41	229	47
9	1∶0.2	1∶2.0	1∶0.5	0.2	40	5	90.52	224	46
10	1∶0.2	1∶2.5	1∶0.1	0.4	45	6	89.88	234	49
11	1∶0.3	1∶0.5	1∶0.3	1.0	40	6	84.07	213	33
12	1∶0.3	1∶1.0	1∶0.4	0.2	45	7	93.45	237	55
13	1∶0.3	1∶1.5	1∶0.5	0.4	50	3	92.29	229	48
14	1∶0.3	1∶2.0	1∶0.1	0.6	55	4	93.46	239	56
15	1∶0.3	1∶2.5	1∶0.2	0.8	35	5	88.06	225	41
16	1∶0.4	1∶0.5	1∶0.4	0.4	55	5	91.46	229	46
17	1∶0.4	1∶1.0	1∶0.5	0.6	35	6	92.87	228	47
18	1∶0.4	1∶1.5	1∶0.1	0.8	40	7	89.65	231	50
19	1∶0.4	1∶2.0	1∶0.2	1.0	45	3	86.27	218	36
20	1∶0.4	1∶2.5	1∶0.3	0.2	50	4	90.28	235	52
21	1∶0.5	1∶0.5	1∶0.5	0.8	45	4	86.44	210	25
22	1∶0.5	1∶1.0	1∶0.1	1.0	50	5	88.31	226	44
23	1∶0.5	1∶1.5	1∶0.2	0.2	55	6	89.82	225	46
24	1∶0.5	1∶2.0	1∶0.3	0.4	35	7	88.21	224	44
25	1∶0.5	1∶2.5	1∶0.4	0.6	40	3	86.62	218	34

表 2-10　各因素的极差分析

项目		因素					
		A	B	C	D	E	F
转化率/%	k_1	89.41	87.56	89.80	90.35	89.45	88.12
	k_2	89.34	90.69	88.67	90.58	88.38	90.33
	k_3	90.27	90.61	88.24	90.40	89.38	89.85
	k_4	90.11	89.92	90.61	88.60	90.03	89.55
	k_5	87.88	88.23	89.69	87.08	89.76	89.16
	R	2.39	3.13	2.37	3.50	1.65	2.21
水泥净浆流动度/mm	k_1'	220	215.6	227.4	225.6	222.6	219.6
	k_2'	226.4	228.4	222.4	228.2	222.2	227.6
	k_3'	228.6	228.2	225	226.2	225.2	226.2
	k_4'	228.2	227	228.6	224.4	227.8	226
	k_5'	220.6	224.6	220.4	219.4	226	224.4
	R'	8.6	12.8	8.2	8.8	5.6	8
混凝土坍落度/mm	k_1''	40.2	34.6	46.2	46.2	42.2	38.6
	k_2''	44.4	47	41.2	46.6	41.8	45.2
	k_3''	46.6	46.8	43	43.4	41.6	44
	k_4''	46.2	46.4	46.4	41.8	46.2	45
	k_5''	38.6	41.2	39.2	38	44.2	43.2
	R''	8	12.4	7.2	8.6	4.6	6.6

从表 2-10 的极差分析结果可以看出，从聚合单体转化率、水泥净浆流动度和混凝土坍落度 3 方面考虑，最佳试验条件均为 $A_3B_2C_4D_2E_4F_2$，即 $n_{MPEGMAA}:n_{SAS}:n_{MAH}:n_{AMPS}=1:0.3:1:0.4$，过硫酸铵-硫代硫酸钠引发体系质量占聚合单体总质量的 0.4%，聚合温度 50℃，聚合时间 4h。说明提高聚合单体转化率也能提高产品性能。在选择的 6 个影响因素中，影响水泥净浆流动度和混凝土坍落度的因素从大到小依次为：B>D>A>C>F>E，而影响转化率的因素从大到小依次为：D>B>A>C>F>E。造成影响力稍有不同的原因有两方面：（1）减水剂的性能

主要是功能性基团起作用；（2）根据自由基聚合速率公式 $\ln\frac{1}{1-C}=2k_p\left(\frac{f}{k_t k_d}\right)^{\frac{1}{2}}I_0^{\frac{1}{2}}(1-e^{-\frac{k_d t}{2}})$，引发剂浓度 I_0 与转化率 C 是正相关的。

MPEGMAA600 与 MAH 的摩尔比和引发剂用量是影响聚合单体转化率和产品性能最大的两个因素。原因有 3 方面：（1）MAH 不易聚合，聚合不完全易结晶析出，而 MPEGMAA 活性高，易爆聚致体系凝胶化，两者反应程度的大小直接影响转化率，从而影响产品性能；（2）聚合单体的用量比例可以影响产物大分子的微结构，例如空间排布的立体构型、相互键接的序列结构等，也可以影响产物相对分子质量和相对分子质量分布、聚合度、反应程度等；（3）用过硫酸铵-硫代硫酸钠氧化—还原体系，其产生自由基活性种的机理为：$S_2O_8^{2-}+S_2O_3^{2-}\longrightarrow SO_4^{2-}+SO_4^{2-}\cdot+S_2O_3^{2-}\cdot$，生成的双自由基反应活性大，在低温下也有较高的引发效率，克服了 MPEGMAA 易爆聚和 MAH 不易聚合的缺点。在试验条件范围内，聚合温度和聚合时间是对聚合单体转化率和产品性能影响最小的两个因素，一方面过硫酸铵-硫代硫酸钠氧化-还原引发体系活化能低，在较低温度下仍可引发单体聚合，有较高的聚合速率，低温也可以防止 MPEGMAA 爆聚；另一方面，氧化-还原引发体系诱导期短，在短时间内可分解出自由基引发单体聚合。

以相对分子质量分别为 600、1000、2000 的 MPEGMAA 为原料，在最优条件下进行对比试验，聚合单体转化率和产品性能测试结果见表 2-11。

表 2-11 对比试验结果

MPEGMAA 的相对分子质量	转化率/%	水泥净浆流动度/mm	混凝土坍落度/mm
600	93.67	255	50
1000	93.67	240	42
2000	93.68	231	38

在最佳反应条件下，以相对分子质量为 600、1000、2000 的 MPEGMAA 为原料的聚合单体转化率相差不多，约为 93.67%。以原料为 MPEGMAA600 制备的减水剂水泥净浆流动度为 255mm，混凝土坍落度为 50mm，性能要优于以 MPEGMAA1000 和 MPEGMAA2000 为原料制备的减水剂，且水泥净浆流动度和凝土坍落度随着 MPEGMAA 相对分子质量的增加而减小。一方面是因为 MPEGMAA、AMPS、MAH 和 SAS 作为聚合单体，可以将多种功能性基团（—CONHR、—COOH、—SO_3H、—$O(CH_2O)_nR$）同时引入共聚物分子链中；另一方面也说明减水剂高分子链侧链的长度对产品性能影响较大，MPEGMAA 的相对分子质量越大，减水剂的侧链就越长，这样虽然可以形成较大的空间位阻，

但也增加了侧链对功能性基团的包裹概率，减弱了功能性基团的减水作用。故选择 MPEGMAA600 为最适宜的反应大单体。

2.2.2.2 FTIR 分析

在最优条件下，对原料 MPEGMAA600、AMPS 及四元共聚减水剂 MPEGMAA-SAS-MAH-AMPS 进行红外表征，如图 2-3 所示。

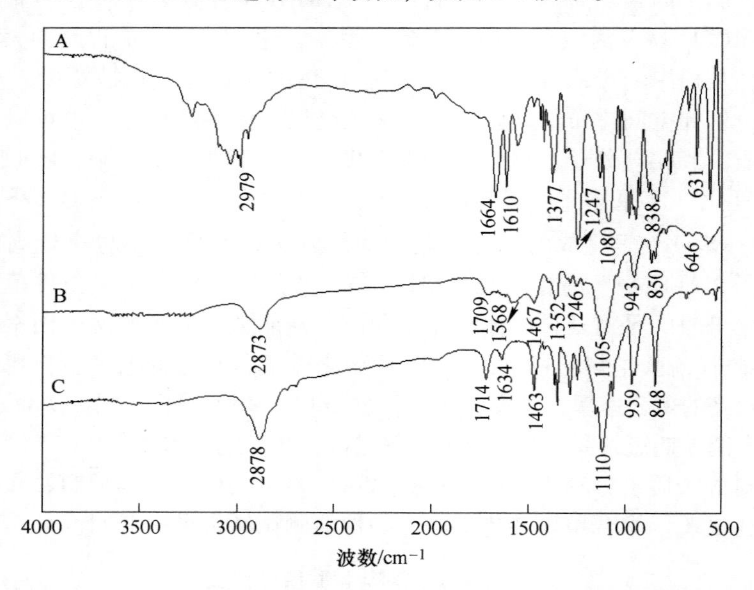

图 2-3 MPEGMAA600、AMPS 及 MPEGMAA-SAS-MAH-AMPS 的红外光谱图
A—AMPS；B—MPEGMAA-SAS-MAH-AMPS；C—MPEGMAA600

图 2-3 中曲线 B 与曲线 A 和曲线 C 对比可知，波数 $2873cm^{-1}$ 与曲线 C 中 $2878cm^{-1}$ 及曲线 A 中 $2979cm^{-1}$ 接近，为—CH_3 对称伸缩峰；$1709cm^{-1}$ 与曲线 C 中 $1714cm^{-1}$ 接近，为羧酸酯基—COOR 中 C ═ O 的伸缩振动峰；$1467cm^{-1}$ 与曲线 C 中 $1463cm^{-1}$ 接近，为—CH_2 箭式弯曲振动峰；$1352cm^{-1}$ 与曲线 A 中 $1377cm^{-1}$ 接近，为脂肪族 C—N 键的伸缩振动峰；$1246cm^{-1}$ 与曲线 A 中 $1247cm^{-1}$ 接近，为 S—C 键的面外摇摆振动峰；$1105m^{-1}$ 与曲线 A 中 $1080cm^{-1}$ 及曲线 C 中 $1110cm^{-1}$ 接近，为 O ═ S ═ O 双键的伸缩振动峰和饱和脂肪醚 C—O—C 伸缩峰；$943cm^{-1}$ 与曲线 C 中 $959cm^{-1}$，$850cm^{-1}$ 与曲线 C 中 $848cm^{-1}$、曲线 A 中 $838cm^{-1}$ 接近，为醚的 C—O 键的伸缩振动峰；$646cm^{-1}$ 与曲线 A 中 $631cm^{-1}$ 接近，为 N—H 键的弯曲振动峰。故共聚物链段中含有羧基、氨基、磺酸基、醚键等官能团。曲线 A 中 $1664cm^{-1}$、$1610cm^{-1}$ 和曲线 C 中 $1634cm^{-1}$ 为 C ═ C 双键的伸缩振动峰，而曲线 B 在波数 $1568 \sim 1709cm^{-1}$ 范围内 C ═ C 双键的特征峰很微弱，表明绝大部分单体已

参与聚合[168-170]。

综上，以 MPEGMAA600、SAS、MAH 和 AMPS 为聚合单体，过硫酸铵-硫代硫酸钠为氧化-还原引发剂，采用原位接枝与共聚法，利用正交试验设计，得出了最佳的合成工艺条件：$n_{MPEGMAA}:n_{SAS}:n_{MAH}:n_{AMPS}=1:0.3:1:0.4$，过硫酸铵-硫代硫酸钠引发体系质量占聚合单体总质量的 0.4%，聚合温度为 50℃，聚合时间为 4h。该条件下单体转化率为 93.67%，水泥净浆初始流动度为 255mm，混凝土初始坍落度为 50mm。

2.3　MPEGMAA/G-570/DEM/AMPS 聚羧酸系减水剂的制备及性能

近几年，聚羧酸系减水剂的应用得到空前的发展，但关于这方面的系统研究工作却相对滞后，尤其在减水剂的改性方面[171-172]。减水剂的改性方法分为化学改性和物理改性。化学改性常采用接枝共聚改性和嵌段共聚改性，目的是改变减水剂主链或侧链的分子结构、种类和长度。常见的改性剂原材料有磷酸盐、磺酸盐、氨盐、改性聚醚和聚酯等[173-175]。物理改性常采用复配（共混）改性，即按比例加入一些填料、助剂或共混几种良好相容性的减水剂或混凝土外加剂，目的是改进原减水剂的性能或形成具有新性能的聚合物体系。常见的复配体系包括减水剂（萘系、三聚氰胺系、氨基磺酸系、酯型和醚型聚羧酸系等）、消泡剂、引气剂等。用含有硅烷基团的偶联剂制得的减水剂适宜配制超高强混凝土，而同时带有功能性基团—CONHR 和—SO_3H 的 AMPS 也是一种常见的有机化工原料，将两者作为减水剂的共聚或改性单体应用于建筑行业的研究越来越多[176]。

因此，为了深入研究减水剂改性，满足原料的多样化的需求，本节以 MPEGMAA、G-570、DEM 和 AMPS 为聚合原料，在过硫酸钾-硫酸亚铁氧化-还原引发体系下，采用原位接枝与共聚法，得到四元共聚物，其工艺参数可为减水剂改性技术的开发、推广及应用提供理论参考。同时，利用 FTIR 对 MPEGMAA/G-570/DEM/AMPS 减水剂的分子结构进行表征；利用 XRD 和 TG-DTG 研究了其对水泥净浆水化行为的影响。

2.3.1　合成方法

将水浴锅升温到反应温度。在装有搅拌器的三口烧瓶中依次加入部分 MPEGMAA，全部的 G-570、AMPS 和 DEM 和少量的水，在水浴中搅拌使之全部溶解。将一定量的过硫酸钾和硫酸亚铁加定量水溶解后分别装入恒压滴液漏斗中，待反应单体全部溶解后滴加两者，滴加体积约为总体积的 1/3，滴加时间控制在 30min 之内。

反应一段时间后，继续滴加约 1/3 体积的过硫酸钾溶液和硫酸亚铁溶液，滴加时间控制在 30min 之内。完毕后滴加剩余的用少量水溶解的 MPEGMAA，滴加时间控制在 10min 之内。恒温反应一段时间，滴加剩余 1/3 体积的过硫酸钾溶液和硫酸亚铁溶液，滴加时间控制在 30min 之内。滴加完毕后恒温一段时间，用 NaOH 浓溶液中和至 pH 值约为 6 或 7，即得产品。产品为褐色，反应总加水量按固含量为 45%计算。聚合反应方程式如下：

$$a\underset{\displaystyle COO(C_2H_4O)_nCH_3}{\overset{\displaystyle CH_3}{C}}=CH_2+b\overset{\displaystyle H_5C_2OOC}{CH}=\overset{\displaystyle COOC_2H_5}{CH}+c\underset{\displaystyle CONHC(CH_3)_2CH_2SO_3H}{CH}=CH_2+d\overset{\displaystyle (OCH_3)_3Si(CH_2)_3OOC}{CH_2=\underset{\displaystyle CH_3}{C}}\longrightarrow$$

$$\left[\underset{\displaystyle COO(C_2H_4O)_nCH_3}{\overset{\displaystyle CH_3}{C}}-CH_2\right]_a\left[\overset{\displaystyle H_5C_2OOC}{CH}-\overset{\displaystyle COOC_2H_5}{CH}\right]_b\left[\underset{\displaystyle CONH(CH_3)_2CH_2SO_3H}{CH_2}\quad CH_2\right]_c\left[CH_2-\overset{\displaystyle (OCH_3)_3Si(CH_2)_3OOC}{\underset{\displaystyle CH_3}{C}}\right]_d \tag{2-7}$$

2.3.2 正交试验及分析

2.3.2.1 正交试验设计与结果

根据自由基聚合动力学原理，同时参考各类文献报道，结合前期实践经验，试验选择 MPEGMAA600 与 DEM 的摩尔比（A）、MPEGMAA600 与 AMPS 的摩尔比（B）、MPEGMAA600 与 G-570 的摩尔比（C）、氧化还原体系引发剂（过硫酸钾与硫酸亚铁摩尔比为 1∶0.4）总质量占聚合单体总质量的百分比（D）、聚合时间（E）和聚合温度（F）6 个因素，每个因素选择了 5 个水平。设计出 $L_{25}(5^6)$ 正交试验。各变量及水平关系设计见表 2-12，正交试验结果见表 2-13。

表 2-12 聚合反应水平及因素表

水平	因素					
	A	B	C	D	E	F
1	1.0∶0.6	1.0∶0.5	1.0∶0.1	0.1	40	5
2	1.0∶0.8	1.0∶1.0	1.0∶0.2	0.2	45	6
3	1.0∶1.0	1.0∶1.5	1.0∶0.3	0.3	50	7
4	1.0∶1.2	1.0∶2.0	1.0∶0.4	0.4	55	8
5	1.0∶1.4	1.0∶2.5	1.0∶0.5	0.5	60	9

表 2-13 正交试验结果

编号	因素						转化率/%
	A	B	C	D	E	F	
1	1.0∶0.6	1.0∶0.5	1.0∶0.1	0.1	40	5	85.21
2	1.0∶0.6	1.0∶1.0	1.0∶0.2	0.2	45	6	90.11
3	1.0∶0.6	1.0∶1.5	1.0∶0.3	0.3	50	7	92.45
4	1.0∶0.6	1.0∶2.0	1.0∶0.4	0.4	55	8	94.58
5	1.0∶0.6	1.0∶2.5	1.0∶0.5	0.5	60	9	90.04
6	1.0∶0.8	1.0∶0.5	1.0∶0.2	0.3	55	9	93.18
7	1.0∶0.8	1.0∶1.0	1.0∶0.3	0.4	60	5	88.59
8	1.0∶0.8	1.0∶1.5	1.0∶0.4	0.5	40	6	91.72
9	1.0∶0.8	1.0∶2.0	1.0∶0.5	0.1	45	7	90.28
10	1.0∶0.8	1.0∶2.5	1.0∶0.1	0.2	50	8	91.57
11	1.0∶1.0	1.0∶0.5	1.0∶0.3	0.5	45	8	93.56
12	1.0∶1.0	1.0∶1.0	1.0∶0.4	0.1	50	9	90.25
13	1.0∶1.0	1.0∶1.5	1.0∶0.5	0.2	55	5	88.14
14	1.0∶1.0	1.0∶2.0	1.0∶0.1	0.3	60	6	91.83
15	1.0∶1.0	1.0∶2.5	1.0∶0.2	0.4	40	7	93.68
16	1.0∶1.2	1.0∶0.5	1.0∶0.4	0.2	60	7	90.86
17	1.0∶1.2	1.0∶1.0	1.0∶0.5	0.3	40	8	91.86
18	1.0∶1.2	1.0∶1.5	1.0∶0.1	0.4	45	9	94.83
19	1.0∶1.2	1.0∶2.0	1.0∶0.2	0.5	50	5	90.72
20	1.0∶1.2	1.0∶2.5	1.0∶0.3	0.1	55	6	86.69
21	1.0∶1.4	1.0∶0.5	1.0∶0.5	0.4	50	6	89.48
22	1.0∶1.4	1.0∶1.0	1.0∶0.1	0.5	55	7	90.07
23	1.0∶1.4	1.0∶1.5	1.0∶0.2	0.1	60	8	89.04
24	1.0∶1.4	1.0∶2.0	1.0∶0.3	0.2	40	9	91.82
25	1.0∶1.4	1.0∶2.5	1.0∶0.4	0.3	45	5	90.24

续表 2-13

编号	因素						转化率/%
	A	B	C	D	E	F	
k_1	90.478	90.458	90.702	88.294	90.858	88.58	
k_2	91.068	90.176	91.346	90.5	91.804	89.966	
k_3	91.492	91.236	90.622	91.912	90.894	91.468	
k_4	90.992	91.846	91.53	92.232	90.532	92.122	
k_5	90.13	90.444	89.96	91.222	90.072	92.024	
R	1.362	1.67	1.57	3.938	1.732	3.542	

从表 2-13 的正交试验分析结果可以看出，各因素对转化率的影响从大到小依次为过硫酸钾-硫酸亚铁总质量占聚合单体总质量的百分比、聚合温度、聚合时间、MPEGMAA600 与 AMPS 的摩尔比、MPEGMAA600 与 G-570 的摩尔比和 MPEGMAA600 与 DEM 的摩尔比。最佳试验条件均为 $A_3B_4C_4D_4E_2F_4$，即 MPEGMAA 与 DEM、AMPS 及 G-570 的摩尔比为 1.0∶1.0∶2.0∶0.4，过硫酸钾-硫酸亚铁总质量占聚合单体总质量的 0.4%，聚合温度为 45℃，聚合时间为 8h。在该条件下重复试验并对其进行水泥净浆流动度测试，转化率为 91.71%，水泥初始净浆流动度为 225mm。

引发剂用量、聚合温度和聚合时间是顺次影响聚合单体转化率较大的 3 个因素。原因有 3 方面：（1）在聚合初期，转化率 C 满足 $\ln\frac{1}{1-C}=k_p\left(\frac{fk_d}{k_t}\right)^{\frac{1}{2}}I_0^{\frac{1}{2}}t$；而在聚合中、后期，转化率 C 满足 $\ln\frac{1}{1-C}=2k_p\left(\frac{f}{k_tk_d}\right)^{\frac{1}{2}}I_0^{\frac{1}{2}}(1-e^{-\frac{k_dt}{2}})$。说明转化率 C 与引发剂浓度 $I_0^{\frac{1}{2}}$ 呈线性关系，与聚合时间 t 成正比关系；（2）MPEGMAA 大分子链易卷曲致活性端基被包埋，链终止困难，链终止速率常数 k_t 下降，不利于链段重排，将加重凝胶效应，致体系凝胶化。根据聚合速率常数与温度的关系式 $k=Ae^{-\frac{E}{RT}}$，温度影响聚合速率常数，进而影响聚合速率和转化率；（3）用过硫酸钾-硫酸亚铁氧化还原体系，其产生自由基活性种的机理为：$S_2O_8^{2-}+Fe^{2+}\longrightarrow SO_4^{2-}+SO_4^{2-}\cdot+Fe^{3+}$，分解活化能为 50kJ/mol，低温下也能分解出自由基引发聚合，克服了 MPEGMAA 易凝胶化的缺点。

DEM 的用量是影响聚合单体转化率最小的因素。原因是 DEM 为链状的分子结构，同 MAH（马来酸酐）五元环共轭体系相比，更容易进行聚合反应。用

DEM 代替 MAH，可以克服 MAH 不易聚合的缺点。

2.3.2.2 FTIR 分析

对原料 MPEGMAA600、AMPS、G-570、DEM 及最优条件下合成的四元共聚减水剂 MPEGMAA/G-570/DEM/AMPS 进行红外表征，如图 2-4 所示。

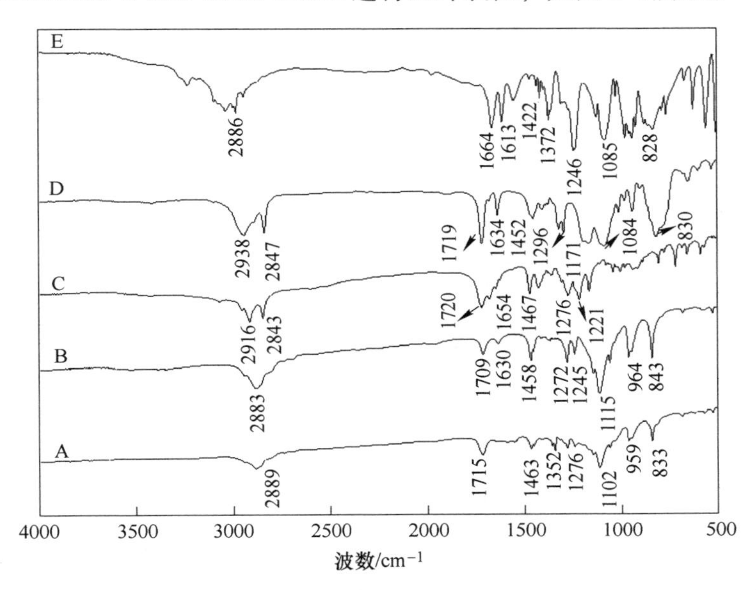

图 2-4 MPEGMAA、DEM、AMPS、G-570 及 MPEGMAA/G-570/DEM/AMPS 的红外光谱图
A—MPEGMAA/G-570/DEM/AMPS；B—MPEGMAA；C—DEM；D—G-570；E—AMPS

将图 2-4 中曲线 A 与曲线 B、C、D、E 对比可知，波数 2889cm^{-1}与曲线 B 中 2883cm^{-1}、曲线 C 中 2916cm^{-1}和 2843cm^{-1}、曲线 D 中 2938cm^{-1}和 2847cm^{-1}、曲线 E 中 2886cm^{-1}接近，为—CH_3 对称伸缩峰；1715cm^{-1}与曲线 B 中 1709cm^{-1}、曲线 C 中 1720cm^{-1}、曲线 D 中 1719cm^{-1}接近，为羧酸酯基—COOR 中 C ═ O 的伸缩振动峰；1463cm^{-1}与曲线 B 中 1458cm^{-1}、曲线 C 中 1467cm^{-1}、曲线 D 中 1452cm^{-1}、曲线 E 中 1422cm^{-1}接近，也为—CH_2 箭式弯曲振动峰；1352cm^{-1}与曲线 E 中 1372cm^{-1}接近，为脂肪族 C—N 键的伸缩振动峰；1276cm^{-1}与曲线 B 中 1272cm^{-1}和 1245cm^{-1}、曲线 C 中 1276cm^{-1}和 1221cm^{-1}、曲线 D 中 1296cm^{-1}接近，为酯中 C—O—C 的伸缩振动峰，同时与曲线 E 中 1246cm^{-1}接近，也为 S—C 键的面外摇摆振动峰；1102cm^{-1}、959cm^{-1}和 833cm^{-1}与曲线 B 中 1115cm^{-1}、964cm^{-1}和 843cm^{-1}接近，为脂肪醚 C—O—C 伸缩峰，同时与曲线 D 中 1171cm^{-1}、1084cm^{-1}和 830cm^{-1}接近，也为 Si—O 键的伸缩振动峰，而 1102cm^{-1}、833cm^{-1}也与曲线 E 中 1085cm^{-1}、828cm^{-1}接近，也为 O ═ S ═ O 的伸缩振动峰。故共聚物

链段中含有酯基、氨基、磺酸基、醚键、硅氧键等基团。曲线 B 中 $1630cm^{-1}$、曲线 C 中 $1654cm^{-1}$、曲线 D 中 $1634cm^{-1}$、曲线 E 中 $1664cm^{-1}$ 和 $1613cm^{-1}$ 均为 C ═ C 双键的伸缩振动峰，而曲线 A 在波数 $1500 \sim 1700cm^{-1}$ 范围内 C ═ C 双键的特征峰很微弱，表明绝大部分单体已参与聚合。

2.3.2.3 XRD 分析

将加入该减水剂的不同龄期的普通硅酸盐水泥石进行 XRD 表征，如图 2-5 所示。

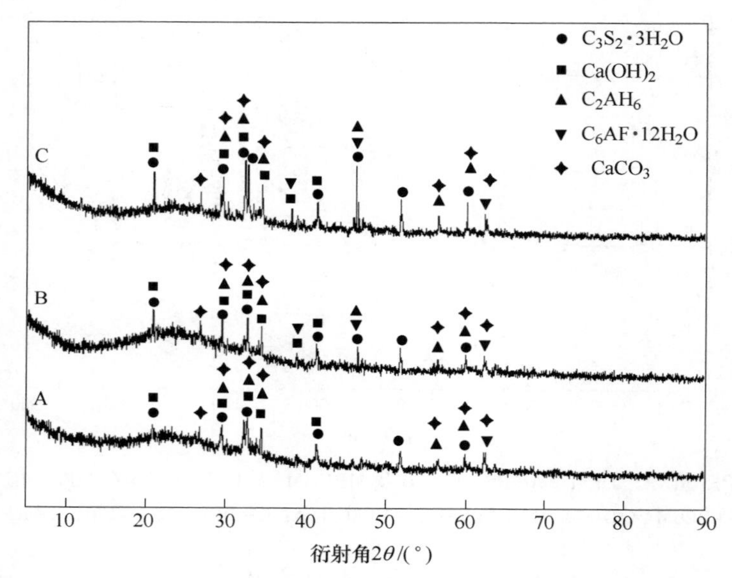

图 2-5 不同龄期水泥石的 XRD 图

A—加入减水剂的水泥石龄期 1 天；B—不加减水剂的水泥石龄期 1 天；
C—加入减水剂的水泥石龄期 3 天

由图 2-5 可以看出，水泥的 5 种主要水化产物的特征衍射峰均存在。硬化水泥石龄期为 1 天时，B 曲线在衍射角为 20.7°和 29.4°的衍射峰强度比 A 曲线对应衍射峰强度要大，且增加了衍射角为 38.8°和 46.4°的两条衍射峰。说明该减水剂可以抑制 C_3A、C_3S 和 C_2S 的主要水化产物 $C_3S_23H_2O$ 和 C_2AH_6 的生成，延缓了初期水泥水化[177]。当龄期为 3 天时，C 曲线在衍射角为 20.7°、39.9°、46.4°和 60.0°的衍射峰强度比 B 曲线对应衍射峰强度要大。说明减水剂加快了水泥中后期的水化程度，水化产物的含量增多。但减水剂并不能改变水化产物的组成。

综上，以 MPEGMAA600、G-570、DEM 和 AMPS 为聚合单体，过硫酸钾-硫酸亚铁为氧化-还原引发剂，利用正交试验设计，得出了最佳的合成工艺条件：MPEGMAA 与 DEM、AMPS 及 G-570 的摩尔比为 1.0 ∶ 1.0 ∶ 2.0 ∶ 0.4，过硫酸钾-硫酸亚铁总质量占聚合单体总质量的 0.4%，聚合温度为 45℃，聚合时间为 8h。该条件下单体转化率为 91.71%，水泥净浆初始流动度为 225mm。通过 FTIR 表征，MPEGMAA/G-570/DEM/AMPS 共聚物链段中含有酯基、氨基、磺酸基、醚键、硅氧键等基团。通过对硬化水泥石 XRD 分析，该减水剂可以延缓水泥初期水化，加快水泥中后期的水化程度，但并不能改变水化产物的组成。

2.4 MPEGMAA-AMPS-HEMA 酯类聚羧酸系减水剂的制备及性能

近几年，国内外市场大部分聚羧酸系减水剂产品为聚酯型，这类减水剂的优点是与粉煤灰和水泥的适应性好，混凝土保坍性能佳。其合成过程分为两个阶段：（1）采用溶剂酯化法、熔融酯化法、酯交换法、开环聚合法、直接醇化法、卤化法或马来酸酐酯化法制备中间大分子单体（活性单体）[178-180]；（2）采用可聚合单体直接共聚法或者聚合后功能化法，以中间大分子单体为聚合主体并辅以带有功能性基团的小分子单体，在溶液中共聚而得到聚酯型产品[181-184]。常见的酯化原料包括聚乙二醇单甲醚、聚乙二醇、聚丙二醇、甲基丙烯酸、丙烯酸和马来酸酐等；功能性小分子原料包括甲基丙烯磺酸钠、N-羟甲基丙烯酰胺、甲代烯丙基硫酸钠、甲氧基聚乙二醇丙烯酸酯、丙烯酸甲酯和丙烯酸羟丙酯等。AMPS 和 HEMA 为抗泥阳离子型小分子单体，以其作为功能性侧链所制得的聚羧酸系减水剂可减弱对砂、石等集料泥含量的敏感性。因此，采用恰当的分析法优化合成技术参数，对开发特定功能化的高效聚羧酸系减水剂非常重要。

响应面优化法是一种综合试验设计和数学建模的方法[185]。该法通过残差、预测值、实际值和因素等数据点、等高线、相应曲面揭示因素之间的关系，并由回归方程分析计算得出最优工艺参数，广泛应用在农业、畜牧、生态环境、食品加工等领域[186-187]。但该法应用于建筑行业，尤其是混凝土外加剂领域的研究非常少。本节以 MPEGMAA、AMPS 和 HEMA 为聚合原料，在单因素分析的基础上优化工艺参数，建立二次方程预测模型并揭示合成因素之间的交互作用，同时采用 FTIR 对 MPEGMAA-AMPS-HEMA 减水剂的分子结构进行表征。研究成果为减水剂预测模型的工程应用提供理论参考。

2.4.1 合成方法

将 H_2O_2 和 $FeSO_4$ 配制成一定质量分数的滴定液，分别记为 1 和 2。在装有搅拌器、温度计、冷凝管、恒压滴液漏斗的四口烧瓶中依次加入 MPEGMAA、AMPS、HEMA 和少量的水，将水浴锅升温到反应温度，搅拌溶解后滴加 1 和 2，滴加体积约为总体积的 2/3，滴加时间控制在 20min 之内。

反应一段时间后，滴加剩余约 1/3 体积的 1 和 2，滴加时间控制在 10min 之内。完毕后恒温一段时间，用 NaOH 浓溶液中和至 pH 值约为 6 或 7，即得产品。反应总需水量按固含量为 45%计算。聚合反应方程式如下：

$$a\,CH_2{=}\underset{\displaystyle COO(C_2H_4O)_nCH_3}{\overset{\displaystyle CH_3}{C}} + b\,CH_2{=}\underset{}{\overset{\displaystyle COOCH_2CH_2OH}{C}}{-}CH_3 + c\,\underset{\displaystyle CONH(CH_3)_2CH_2SO_3H}{CH}{=}CH_2 \longrightarrow \tag{2-8}$$

$$-\!\!\left[CH_2-\underset{\displaystyle COO(C_2H_4O)_nCH_3}{\overset{\displaystyle CH_3}{C}}\right]_a\!\!-\!\!\left[CH_2-\underset{\displaystyle CH_3}{\overset{\displaystyle COOCH_2CH_2OH}{CH}}\right]_b\!\!-\!\!\left[\underset{\displaystyle CONH(CH_3)_2CH_2SO_3H}{CH}-CH_2\right]_c\!\!-$$

2.4.2　单因素试验

对转化率及水泥净浆流动度有影响的主要因素有引发剂用量、单体用量、聚合温度、聚合时间等，具体情况分析如下。

2.4.2.1　引发剂用量的影响

根据自由基聚合反应速率方程 $\ln\frac{1}{1-C}=k_p\left(\frac{fk_d}{k_t}\right)^{\frac{1}{2}}I^{\frac{1}{2}}t$ 和 $\ln\frac{1}{1-C}=2k_p\left(\frac{f}{k_tk_d}\right)^{\frac{1}{2}}I_0^{\frac{1}{2}}\left(1-e^{-\frac{k_dt}{2}}\right)$，引发剂的浓度影响单体转化率，也就影响着减水剂的分散性能。在 $n_{MPEGMAA}:n_{AMPS}:n_{HEMA}=1.0:1.0:1.0$、聚合时间为 5h、聚合温度为 55℃ 的条件下，考察了氧化还原体系引发剂（$n_{H_2O_2}:n_{FeSO_4}=1:0.7$）用量（按总质量占聚合单体总质量的百分比计算）对转化率及水泥净浆流动度的影响，结果如图 2-6 所示。

由图 2-6 可知，随着 H_2O_2 和 $FeSO_4$ 总用量的增加，单体转化率和水泥净浆流动度均呈现先增大后减小的趋势，当 $w=0.6\%$左右时，转化率和净浆流动度均达到最大值。这是因为根据自由基链引发速率 $R_i=2fk_dI$，随着引发剂浓度的增加，链引发速率加快，单体自由基的生成速率也随之加快，活性中心增多，转化率变大；当 w 较大时，单位体积内自由基的浓度也较大，易出现自终止或引发效率降低（由笼蔽效应和诱导分解引起），聚合速率降低，转化率下降。

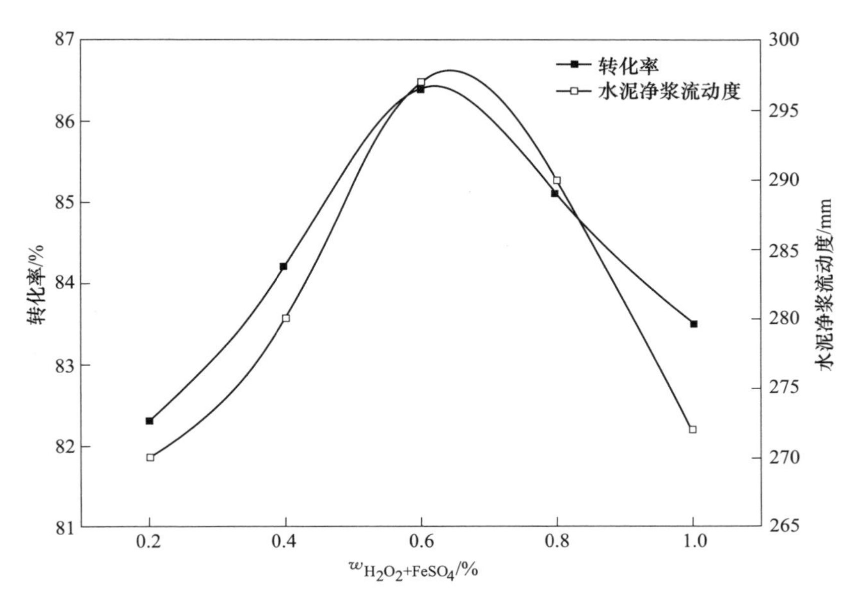

图 2-6　H_2O_2 和 $FeSO_4$ 总用量对转化率和水泥净浆流动度的影响

2.4.2.2　单体用量的影响

依据减水剂分子结构，离子型主链接枝含活性基团（$—SO_3H$、—COOH、—CONHR、$—COO(C_2H_4O)_nR$）的非离子型侧链，不同的侧链对减水剂分散性能功能的影响不完全相同。在 $m_{MPEGMAA}=20g(0.01mol)$，$w_{H_2O_2+FeSO_4}=0.6\%$、聚合时间为5h、聚合温度为55℃的条件下，考察了 APMS 与 HEMA 的摩尔比对转化率及水泥净浆流动度的影响，结果如图 2-7 所示。

由图 2-7 可知，随着 APMS 与 HEMA 摩尔比的增加，单体转化率变化不大，均在 83.5%左右；水泥净浆流动度呈现增大趋势，当摩尔比大于 1 时，增大趋势减缓。这是因为：（1）根据自由基聚合速率方程，转化率与单体浓度无关；（2）自由基逐步缩聚反应，反应初期单体已迅速转变为低聚体，反应中、后期低聚体慢慢聚合为高聚体，故单体用量对聚合速率的影响不显著；（3）AMPS 同时含有—CONHR 和$—SO_3H$，其用量的增加有利于改善减水剂的分散性能。

2.4.2.3　聚合温度的影响

聚合总反应速率常数和各基元反应速率常数的关系为 $k=k_p\left(\frac{k_d}{k_t}\right)^{\frac{1}{2}}$，遵循 Arrhenius 方程 $k=Ae^{-\frac{E}{RT}}$，故聚合温度影响着转化率和分散性能。在 $n_{MPEGMAA}$:

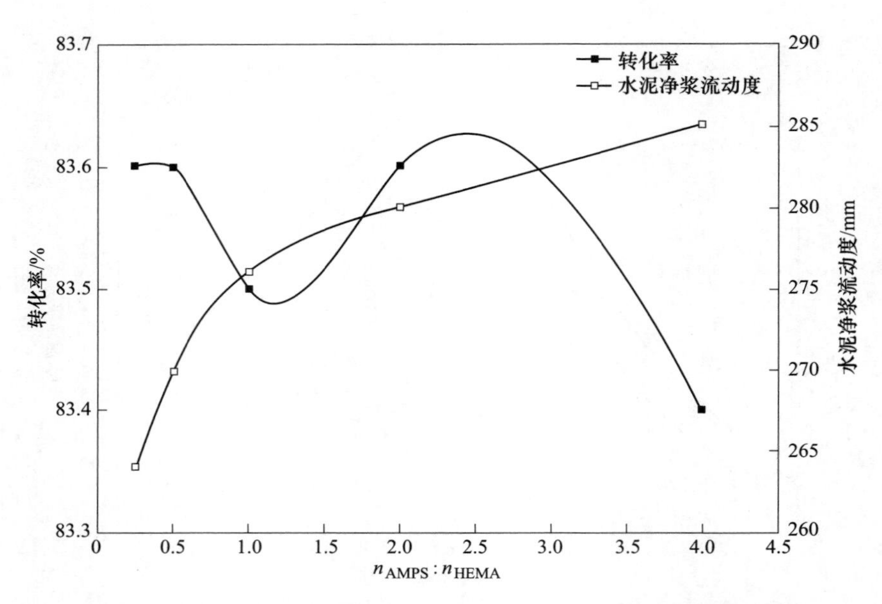

图 2-7　AMPS 与 HEMA 的摩尔比对转化率和水泥净浆流动度的影响

n_{HEMA} ：n_{AMPS} = 1.0 ：1.0 ：1.0、$w_{H_2O_2+FeSO_4}$ = 0.6%、聚合时间为 5h 的条件下，考察了聚合温度对转化率及水泥净浆流动度的影响，结果如图 2-8 所示。

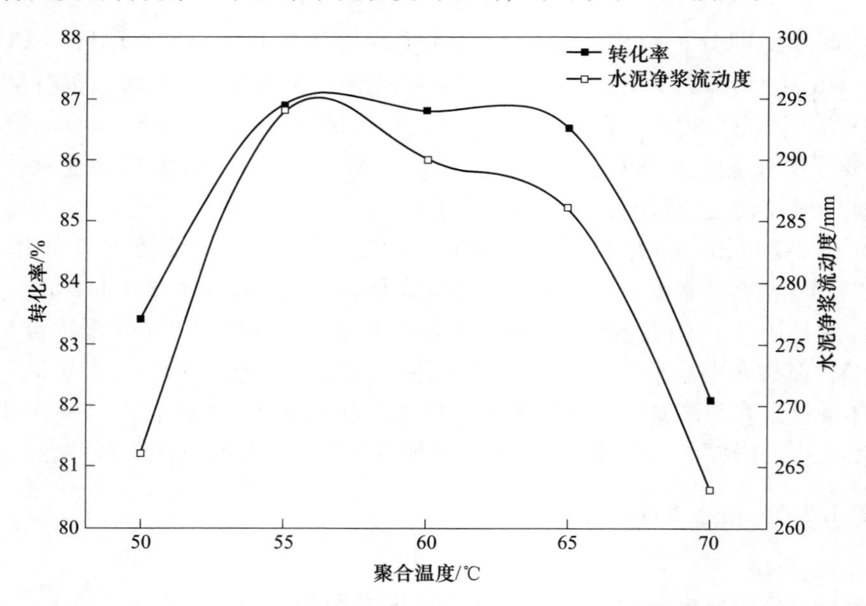

图 2-8　聚合温度对转化率和水泥净浆流动度的影响

由图 2-8 可知，随着温度的升高，单体转化率和水泥净浆流动度均呈现先增大后减小的趋势，当温度在 55~65℃范围内时，转化率和净浆流动度的变化值很小。原因如下：（1）对于 H_2O_2-Fe^{2+} 氧化还原引发体系，分解活化能 E_a(40kJ/mol）较小，在低温下也能引发单体聚合；（2）链引发过程中单体与·OH 发生加成反应生成单体自由基的过程为链引发过程的决速步骤，温度升高，分解速率常数和引发效率均增加；（3）温度过高，产生凝胶现象，团聚物包裹反应单体使转化率很难测出，同时团聚物无分散作用，净浆流动度降低。

2.4.2.4 聚合时间的影响

根据自由基聚合速率公式，聚合时间影响单体转化率，也就影响着减水剂的分散性能。在 $n_{MPEGMAA}:n_{AMPS}:n_{HEMA}=1.0:1.0:1.0$、$w_{H_2O_2+FeSO_4}=0.6\%$、聚合时间为 5h、聚合温度为 55℃的条件下，考察了聚合时间对转化率及水泥净浆流动度的影响，结果如图 2-9 所示。

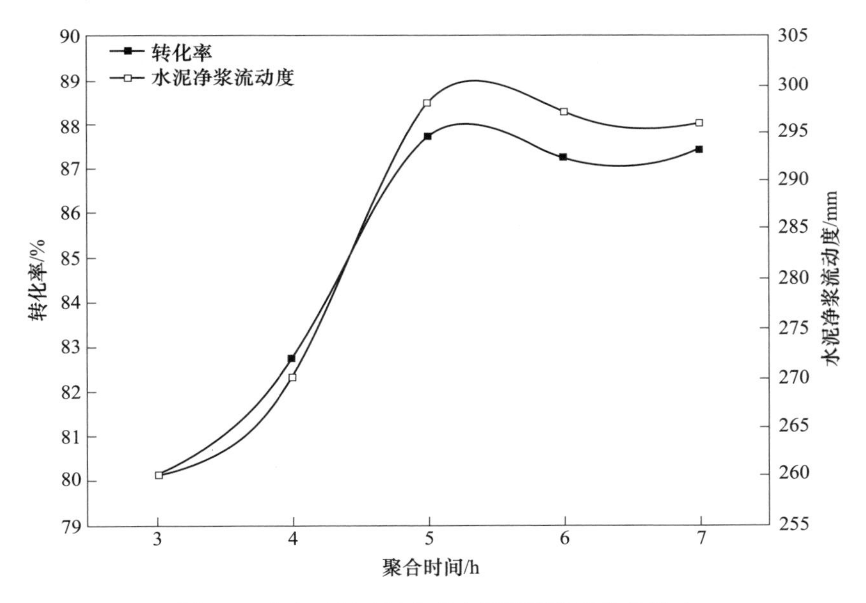

图 2-9 聚合时间对转化率水泥净浆流动度的影响

由图 2-9 可知，聚合时间对转化率和水泥净浆流动度的影响规律是一致的，随着聚合时间的增加，两者也随之增加；当聚合时间大于 5h 时，变化减缓并趋于平衡。原因是反应时间越长，体系中自由单体的浓度越低，反应程度越大。聚合时间太短，引发剂诱导期过长，没有足够的自由基参与反应。当进入聚合降速期时，反应程度随反应时间的延长变化不大。

通过单因素试验，确定了 MPEGMAA-AMPS-HEMA 酯类聚羧酸系减水剂的最佳合成条件：$n_{MPEGMAA}$ ∶ n_{AMPS} ∶ n_{HEMA} = 1.0 ∶ 1.0 ∶ 1.0、$\omega_{H_2O_2+FeSO_4}$ = 0.6%、聚合时间为5h、聚合温度为55℃。由于各因素对转化率和分散性的影响是交互的，并不孤立。因此，通过响应面法优化试验，分析各因素之间的交互作用是必要的。

2.4.3　工艺优化试验

2.4.3.1　响应面试验设计及显著性分析

单因素试验确定了响应面法试验设计的因素和水平范围，试验选择$w_{H_2O_2+FeSO_4}$(A)、n_{AMPS} ∶ n_{HEMA}(B)、聚合温度（C）和聚合时间（D）4个因素，每个因素选择了3个水平，选择转化率（X）和水泥净浆流动度（Y）为评价指标，设计4因素、3水平、29个试验点的响应面分析。响应面因素及水平关系设计见表2-14。采用Design-Expert 8.0.6统计软件对试验结果进行回归分析拟合，响应值见表2-15，方差分析见表2-16和表2-17。

表2-14　聚合反应水平及因素表

水平	因素			
	$W_{H_2O_2+FeSO_4}$/% A	n_{AMPS} ∶ n_{HEMA} B	聚合温度/℃ C	聚合时间/h D
-1	0.5	0.5	50	4
0	0.6	1	55	5
1	0.7	2	60	6

表2-15　响应面设计及结果

标准序号	试验序号	A	B	C	D	X/%	Y/mm
16	1	0	1	1	0	84.2	284
2	2	1	-1	0	0	86.9	280
1	3	-1	-1	0	0	80.1	280
21	4	0	-1	0	-1	84.5	281
29	5	0	0	0	0	85.5	288
9	6	-1	0	0	-1	78.6	284
17	7	-1	0	-1	0	81.5	281

续表 2-15

标准序号	试验序号	A	B	C	D	X/%	Y/mm
4	8	1	1	0	0	80.6	280
10	9	1	0	0	−1	82.5	289
24	10	0	1	0	1	82.0	280
18	11	1	0	−1	0	81.9	283
5	12	0	0	−1	−1	83.5	289
11	13	−1	0	0	1	78.5	284
15	14	0	−1	1	0	80.5	290
12	15	1	0	0	1	82.4	286
20	16	1	0	1	0	80.7	286
6	17	0	0	1	−1	85.5	288
8	18	0	0	1	1	80.5	280
27	19	0	0	0	0	87.3	290
23	20	0	−1	0	1	80.0	280
22	21	0	1	0	−1	83.0	277
14	22	0	1	−1	0	80.5	287
25	23	0	0	0	0	90.0	289
13	24	0	−1	−1	0	80.6	282
19	25	−1	0	1	0	77.4	289
7	26	0	0	−1	1	85.5	286
3	27	−1	1	0	0	80.0	277
26	28	0	0	0	0	85.0	293
28	29	0	0	0	0	84.5	291

表 2-16 转化率的方差分析

方差来源	平方和	自由度	均方	F 值	P 值	显著性
模型	178.42	14	12.74	2.74	0.0347	显著
A	29.77	1	29.77	6.40	0.0241	显著

续表 2-16

方差来源	平方和	自由度	均方	*F* 值	*P* 值	显著性
B	0.44	1	0.44	0.095	0.7628	
C	1.84	1	1.84	0.40	0.5395	
D	6.31	1	6.31	1.36	0.2637	
AB	9.61	1	9.61	2.07	0.1726	
AC	2.10	1	2.10	0.45	0.5124	
AD	-2.842×10^{-14}	1	-2.842×10^{-14}	-6.109×10^{-15}	1.0000	
BC	3.61	1	3.61	0.78	0.3933	
BD	3.06	1	3.06	0.66	0.4308	
CD	12.25	1	12.25	2.63	0.1270	
A^2	82.55	1	82.55	17.74	0.0009	极显著
B^2	28.40	1	28.40	6.10	0.0269	显著
C^2	30.47	1	30.47	6.55	0.0227	显著
D^2	17.50	1	17.50	3.76	0.0729	
残差	65.14	14	4.65			
失拟项	45.00	10	4.50	0.89	0.5992	不显著
纯误差	20.13	4	5.03			
总离差	243.55	28				

注：1. 显著的 *P* 值小于 0.05；2. 极显著的 *P* 值小于 0.001。

表 2-17　水泥净浆流动度的方差分析

方差来源	平方和	自由度	均方	*F* 值	*P* 值	显著性
模型	409.78	14	29.27	2.71	0.0360	显著
A	6.75	1	6.75	0.63	0.4422	
B	5.33	1	5.33	0.49	0.4935	
C	6.75	1	6.75	0.62	0.4422	
D	12.00	1	12.00	1.11	0.3095	
AB	2.25	1	2.25	0.21	0.4591	

续表 2-17

方差来源	平方和	自由度	均方	F 值	P 值	显著性
AC	6.25	1	6.25	0.58	0.6549	
AD	2.25	1	2.25	0.21	0.6548	
BC	30.25	1	30.25	2.80	0.1162	
BD	4.00	1	4.00	0.37	0.4592	
CD	6.25	1	6.25	0.58	0.5524	
A^2	88.00	1	88.00	8.16	0.0127	显著
B^2	258.13	1	258.13	23.92	0.0002	极显著
C^2	1.22	1	1.22	0.11	0.7419	
D^2	60.67	1	60.67	5.62	0.0326	显著
残差	151.05	14	10.79			
失拟项	136.25	10	13.63	3.68	0.1103	不显著
纯误差	14.80	4	3.70			
总离差	560.83	28				

注：1. 显著的 P 值小于 0.05；2. 极显著的 P 值小于 0.001。

F 值反映了各因素对试验结果影响的紧密程度。由表 2-16 和表 2-17 可知，转化率的影响因素由大到小排序为：A>D>C>B，引发剂用量的影响力最大，单体用量比的影响力最小；水泥净浆流动度的影响因素由大到小排序为：D>A>C>B，聚合时间的影响力最大，单体用量比的影响力最小。说明转化率和减水剂分散性能与引发剂用量和聚合时间正相关。这与第 2.4.2 节的分析结论相一致。P 值反映了模型的拟合程度和拟合方程。$P_{转化率}=0.0347<0.5$ 及 $P_{净浆流动度}=0.0360<0.5$，表明二次方程模型回归效果显著。拟合后得到编码方程：$X=86.46+1.58A-0.19B-0.39C-0.72D-1.55AB+0.72AC+0.0001AD+0.95BC+0.88BD-1.75CD-3.57A^2-2.09B^2-2.17C^2-1.64D^2$，$Y=290.20+0.75A-0.67B+0.75C-D+0.75AB-1.25AC-0.75AD-2.75BC+BD-1.25CD-3.68A^2-6.31B^2-0.43C^2-3.06D^2$。剔除不显著项，调整得到编码方程：$X=86.46+1.58A-3.57A^2-2.09B^2-1.64D^2$，$Y=290.20+3.68A^2-6.31B^2-0.43C^2$。

2.4.3.2 二次方程模型拟合程度分析

通过分析整个模型的拟合情况，可判断结果的可靠性。结果如图 2-10~图 2-17 所示。由图 2-10 可知，残差分布在一条直线两侧，说明残差为正态分布。由图 2-11 可知，点分布无规律，说明二次方程模型拟合程度良好。由图 2-12 可知，点波动杂乱无章，折线变化无规律，说明二次方程模型具有合理性。由图 2-13

可知，点分布在 $y=x$ 直线两侧，说明预测值和实际值相差不大。由图 2-14～图 2-17 可知，大部分残差随机分布在±2 范围内，说明二次方程模型对数据无针对性。以上结果证明该二次方程模型可用来初步分析和预测转化率和水泥净浆流动度。

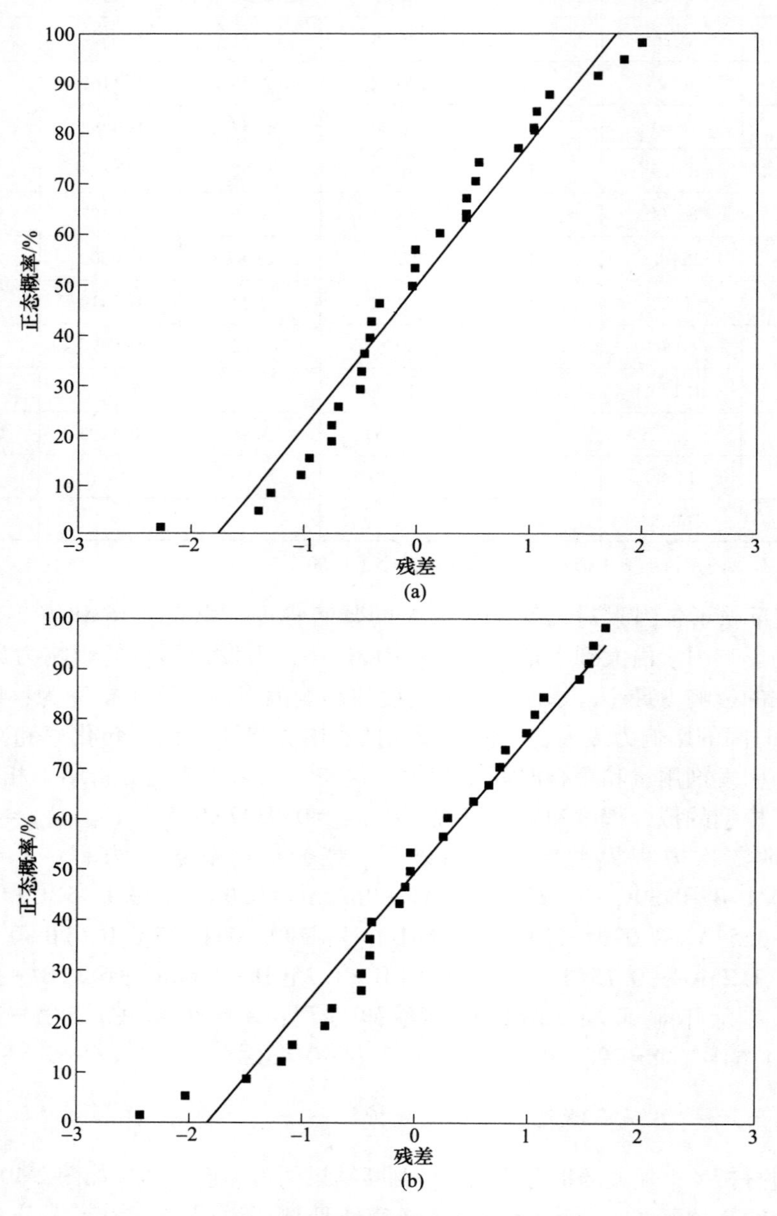

图 2-10　残差正态概率分布图

（a）转化率；（b）水泥净浆流动度

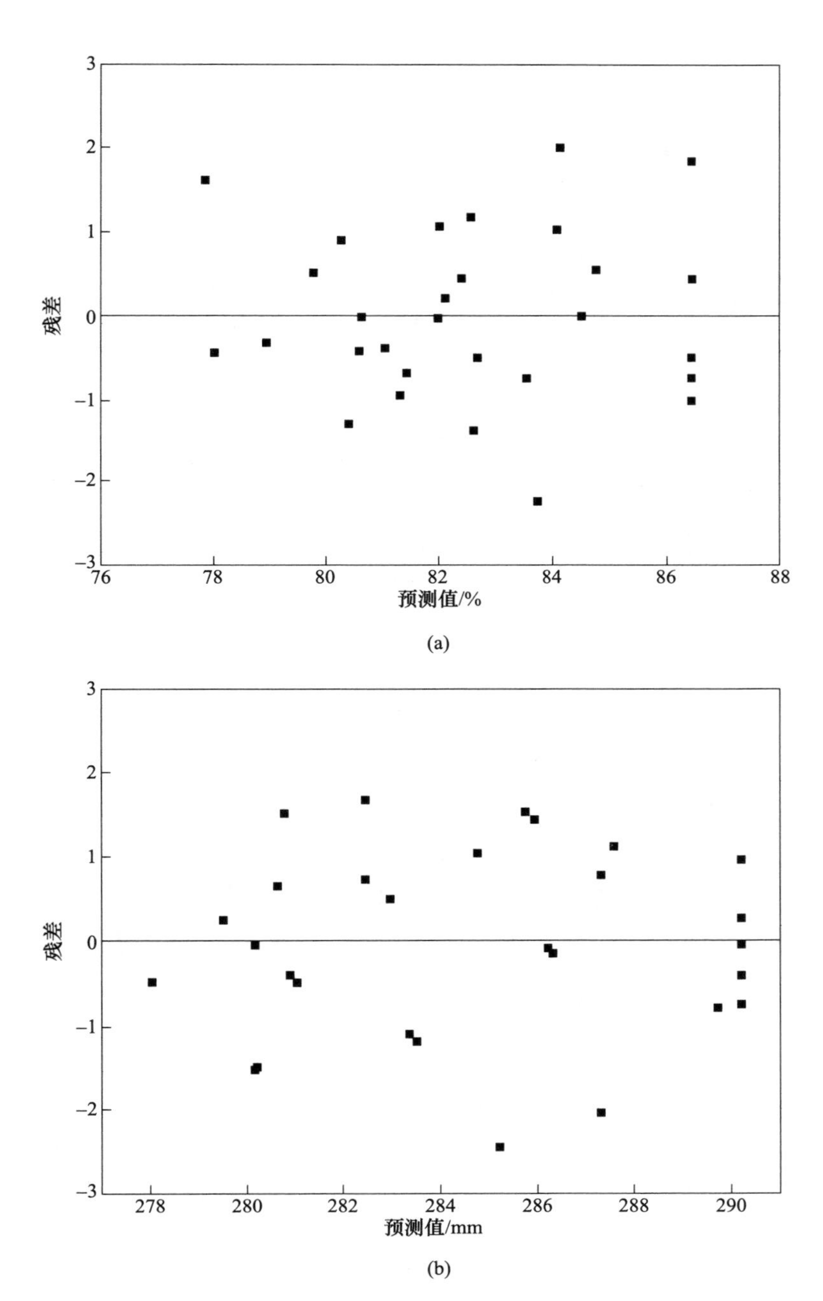

图 2-11 残差和预测值关系图
（a）转化率；（b）水泥净浆流动度

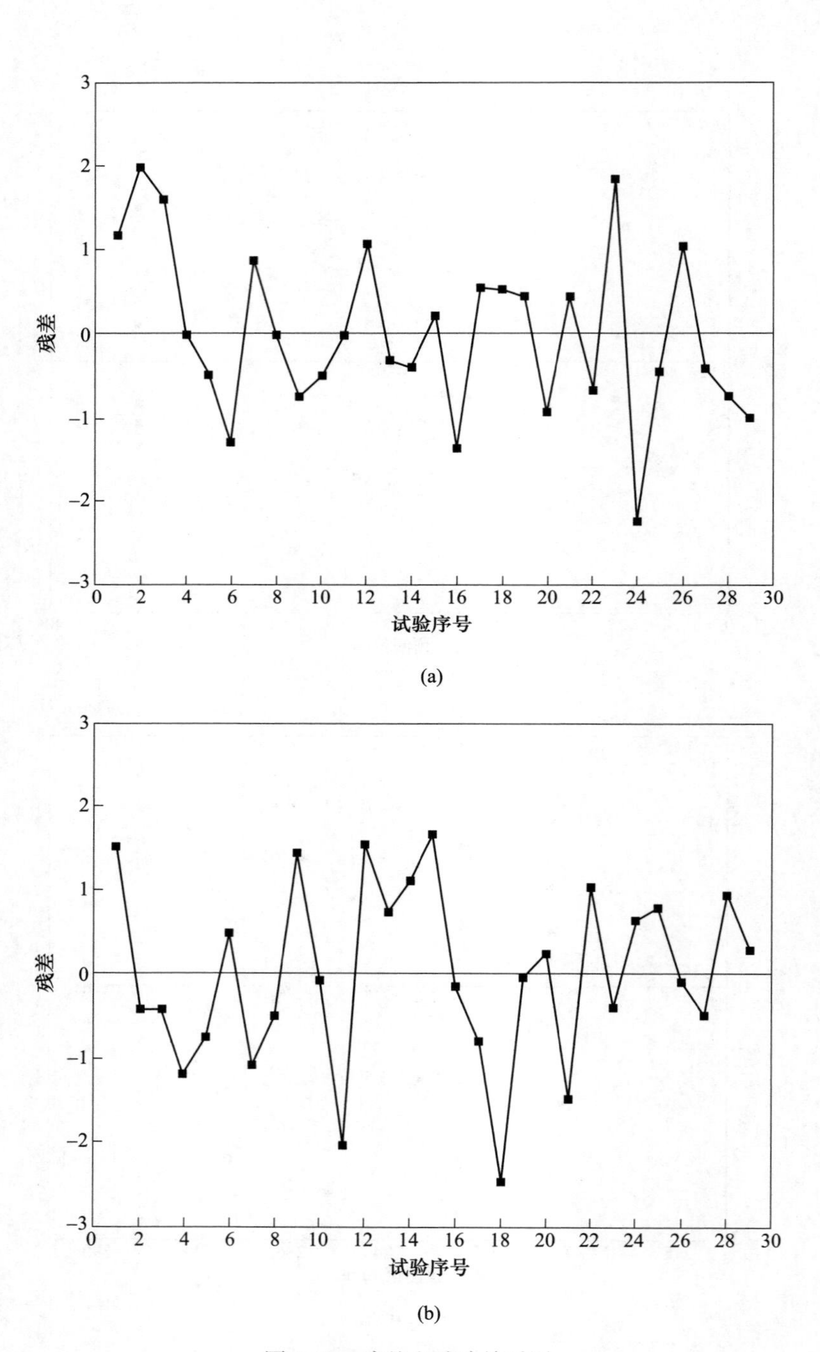

图 2-12　残差和试验关系图
（a）转化率；（b）水泥净浆流动度

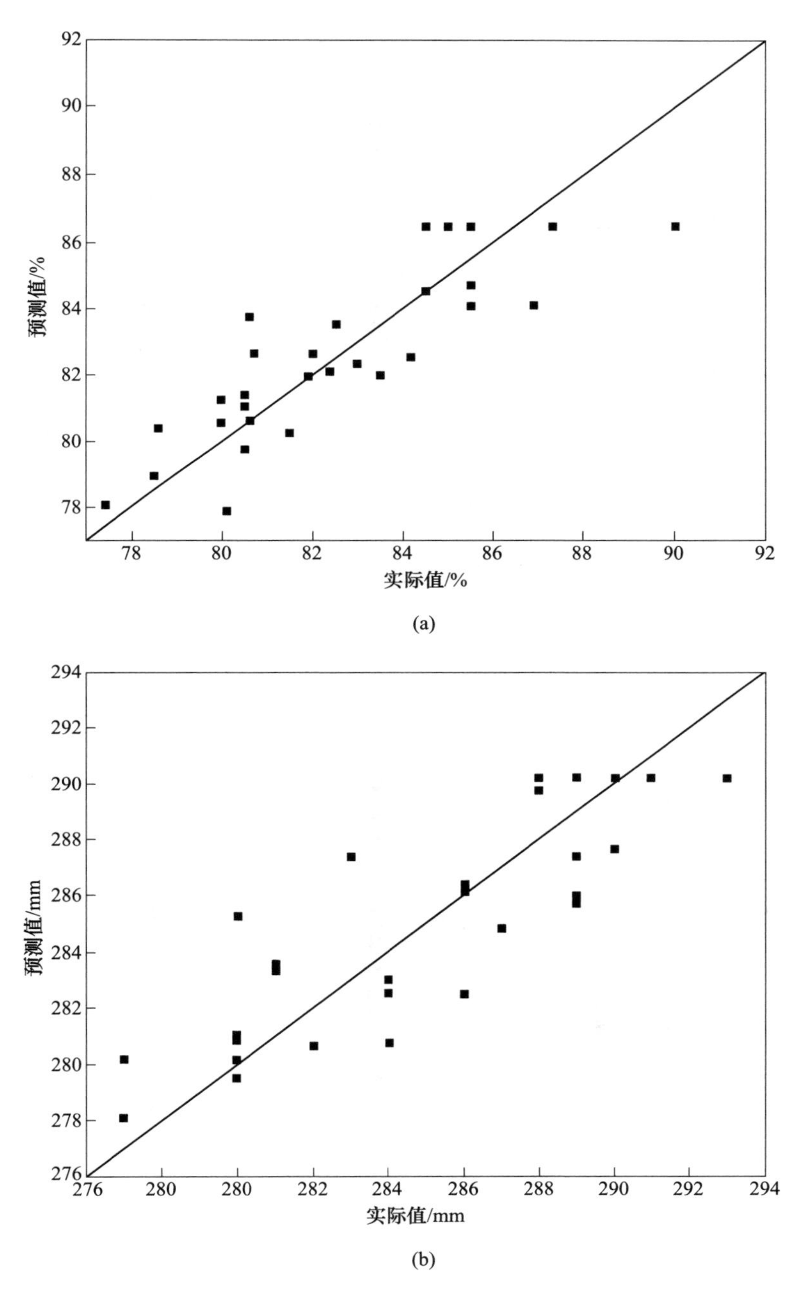

图 2-13 预测值和实际值关系图

(a) 转化率；(b) 水泥净浆流动度

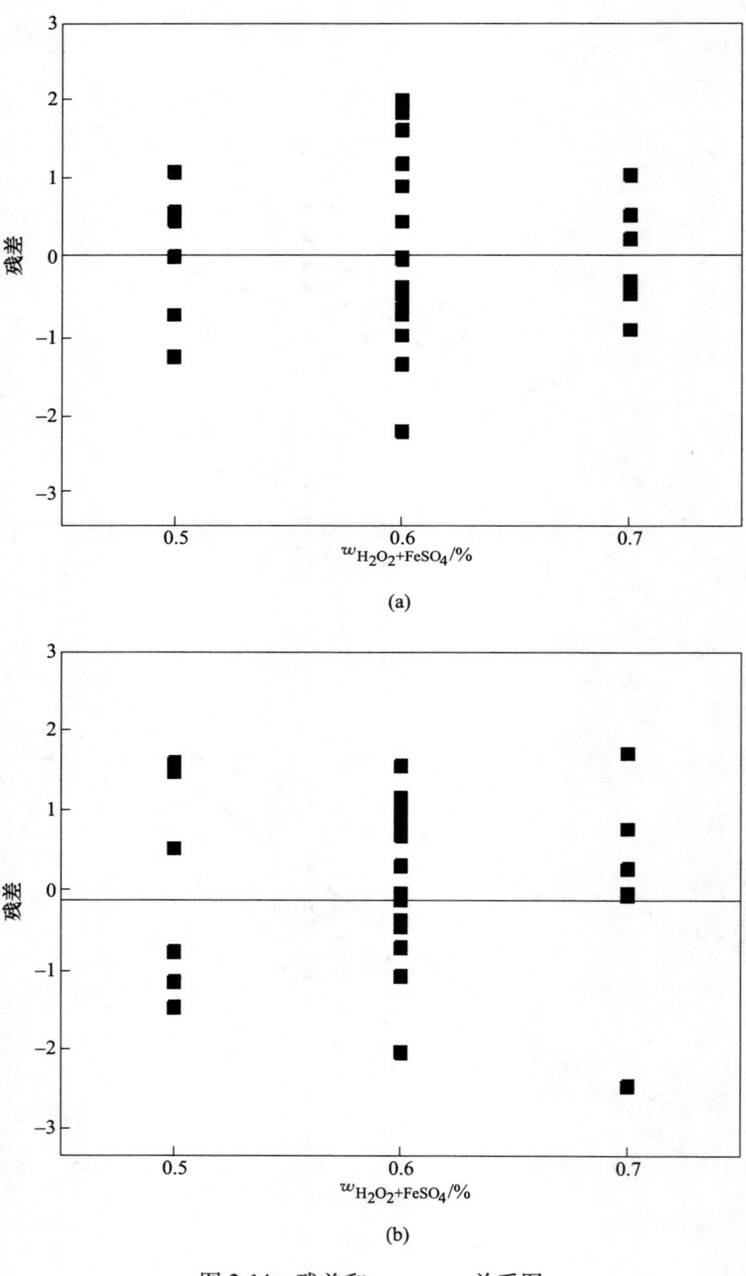

图 2-14　残差和 $w_{H_2O_2+FeSO_4}$ 关系图

（a）转化率；（b）水泥净浆流动度

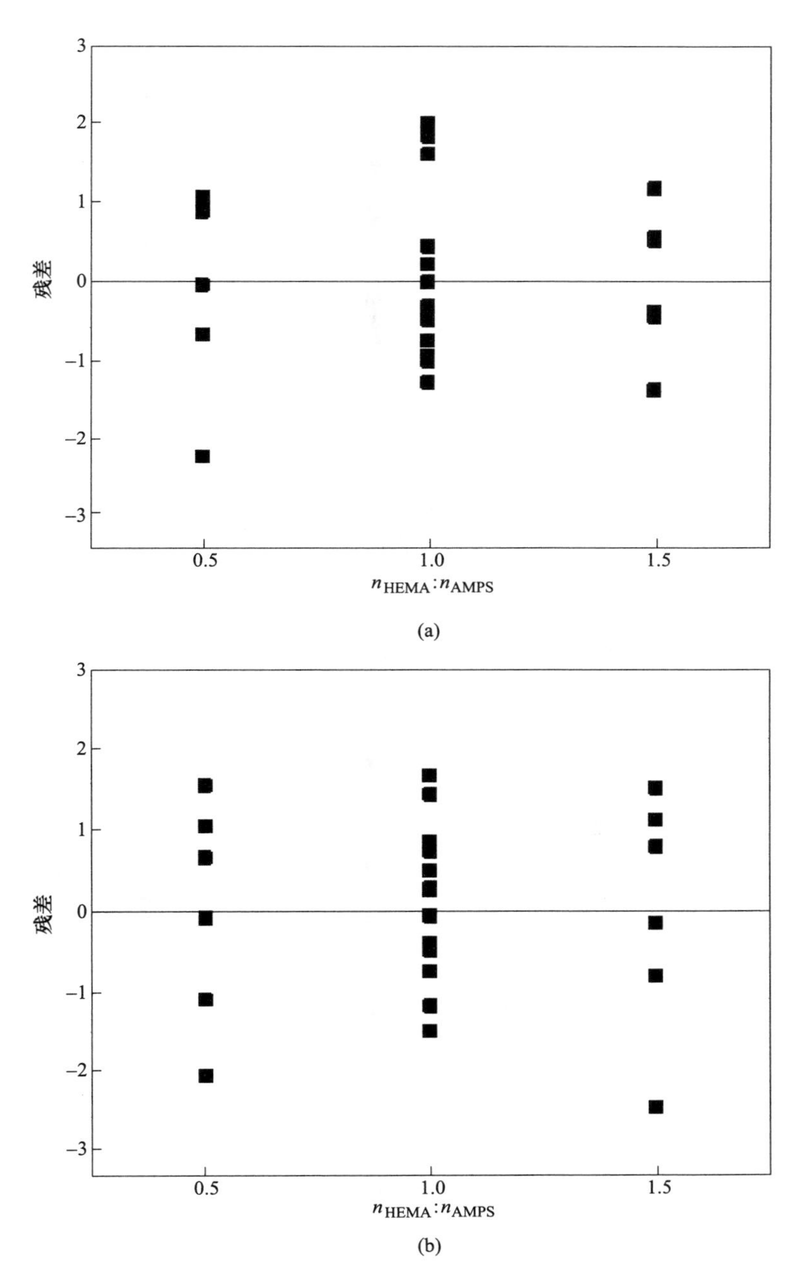

图 2-15 残差和 n_{AMPS} ∶ n_{HEMA} 关系图

（a）转化率；（b）水泥净浆流动度

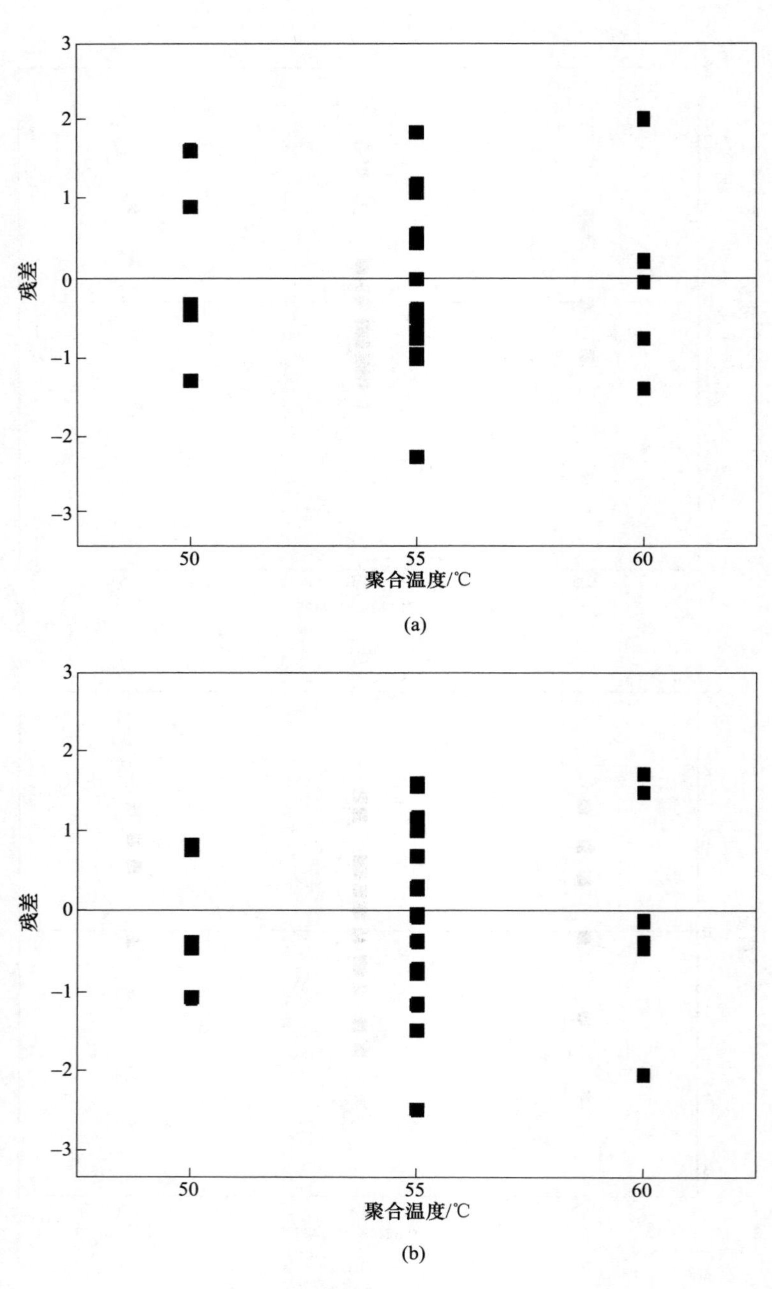

图 2-16　残差和聚合温度关系图

（a）转化率；（b）水泥净浆流动度

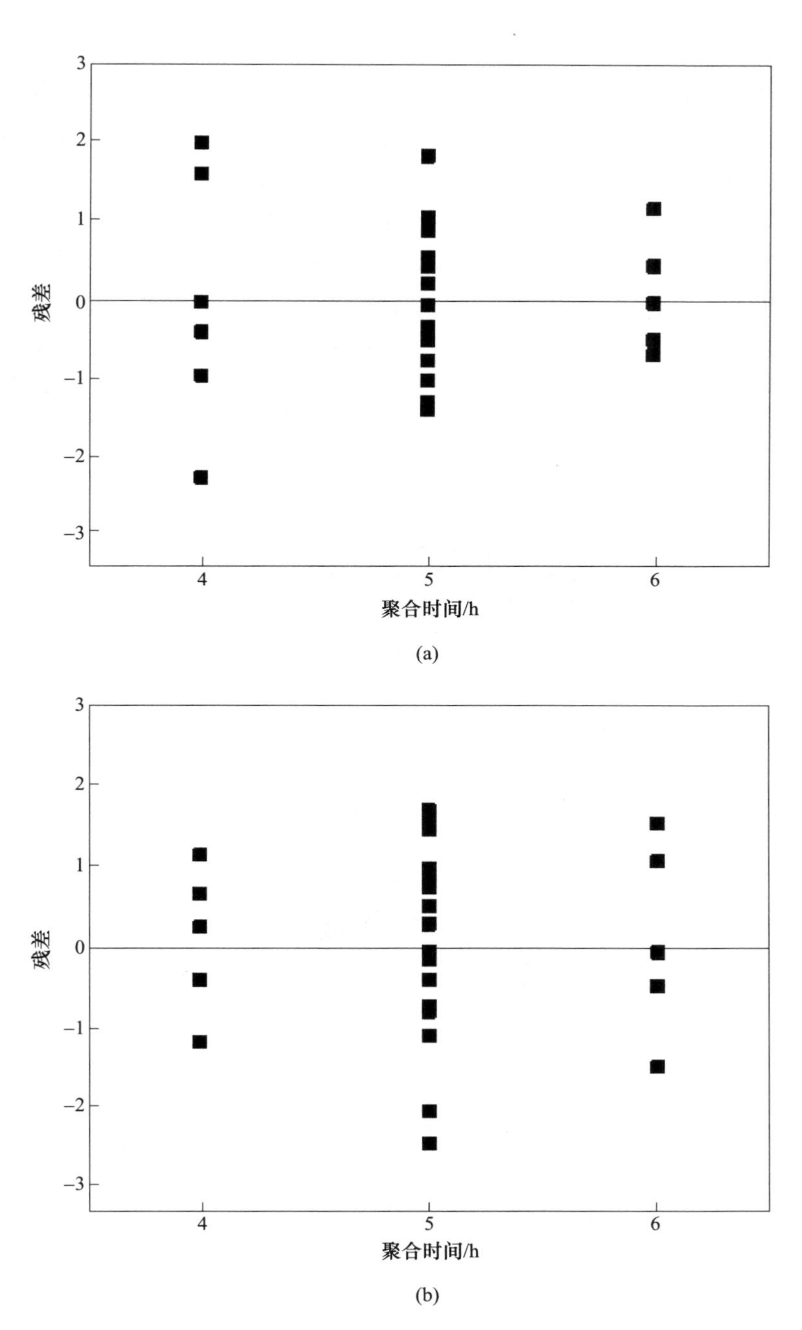

图 2-17 残差和聚合时间关系图
（a）转化率；（b）水泥净浆流动度

2.4.3.3　响应面与等高线分析

为了更直观地研究各因素之间的交互作用对转化率和水泥净浆流动度影响的变化规律，绘制出响应面与等高线图，如图 2-18～图 2-29 所示。响应曲面越陡峭，等高线越趋于椭圆，交互作用越明显。由图可知，对于转化率，按交互作用明显程度排序：聚合时间与聚合温度>n_{AMPS} ∶ n_{HEMA}与 $w_{H_2O_2+FeSO_4}$>n_{AMPS} ∶ n_{HEMA}与聚合温度>$w_{H_2O_2+FeSO_4}$与聚合时间>$w_{H_2O_2+FeSO_4}$与聚合温度>n_{AMPS} ∶ n_{HEMA}与聚合时间，即聚合时间和聚合温度交互作用的影响程度最大，$\omega_{H_2O_2+FeSO_4}$和聚合时间交互作用的影响程度最小；对于水泥净浆流动度，按交互作用明显程度排序：n_{AMPS} ∶ n_{HEMA}与聚合温度>n_{AMPS} ∶ n_{HEMA}与 $w_{H_2O_2+FeSO_4}$>$w_{H_2O_2+FeSO_4}$与聚合时间>聚合时间与聚合温度>n_{AMPS} ∶ n_{HEMA}与聚合时间>$w_{H_2O_2+FeSO_4}$与聚合温度，即 n_{AMPS} ∶ n_{HEMA}和聚合温度交互作用

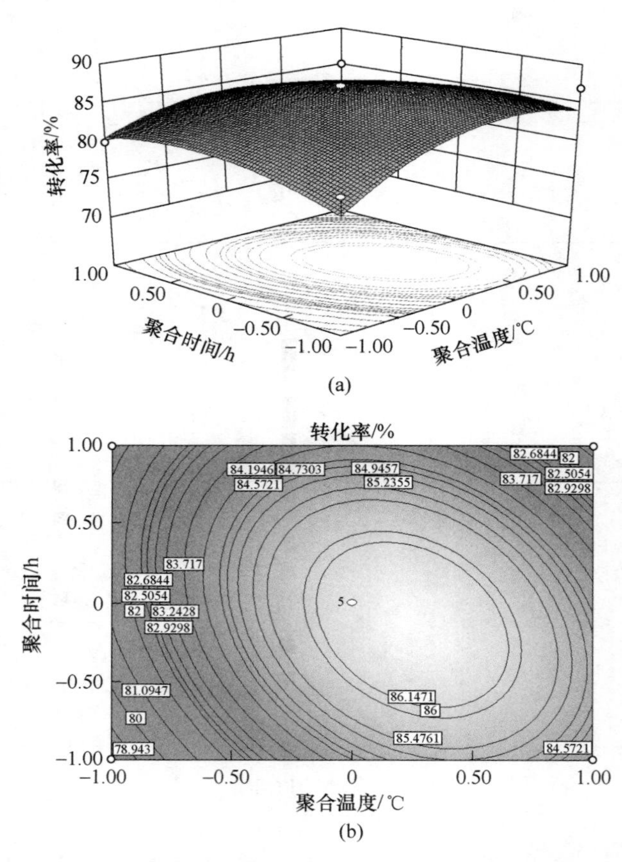

图 2-18　聚合时间与聚合温度交互作用对转化率影响的响应面与等高线图
（a）响应面；（b）等高线

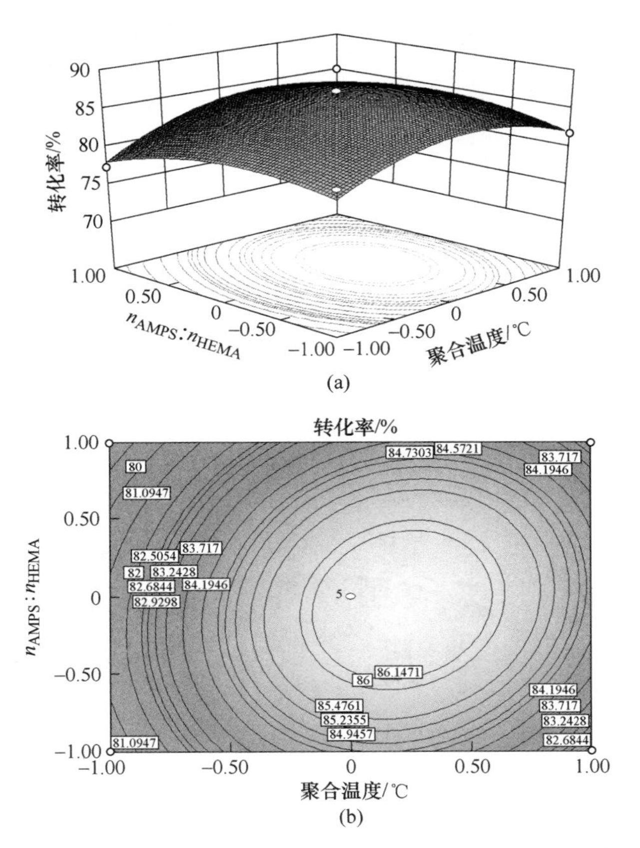

图 2-19 n_{AMPS} : n_{HEMA}与聚合温度交互作用对转化率影响的响应面与等高线图

（a）响应面；（b）等高线

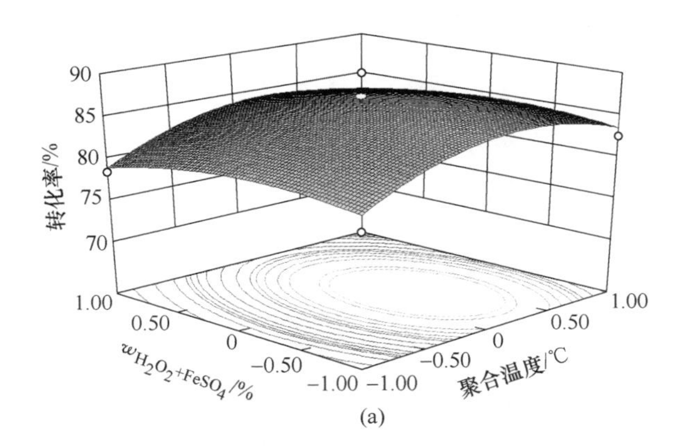

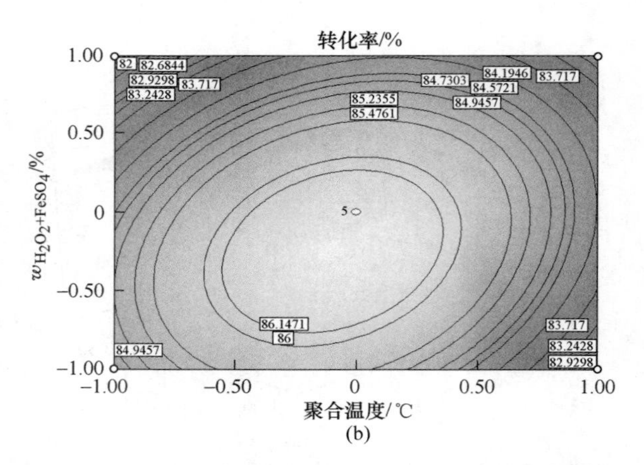

(b)

图 2-20　$w_{H_2O_2+FeSO_4}$与聚合温度交互作用对转化率影响的响应面与等高线图

（a）响应面；（b）等高线

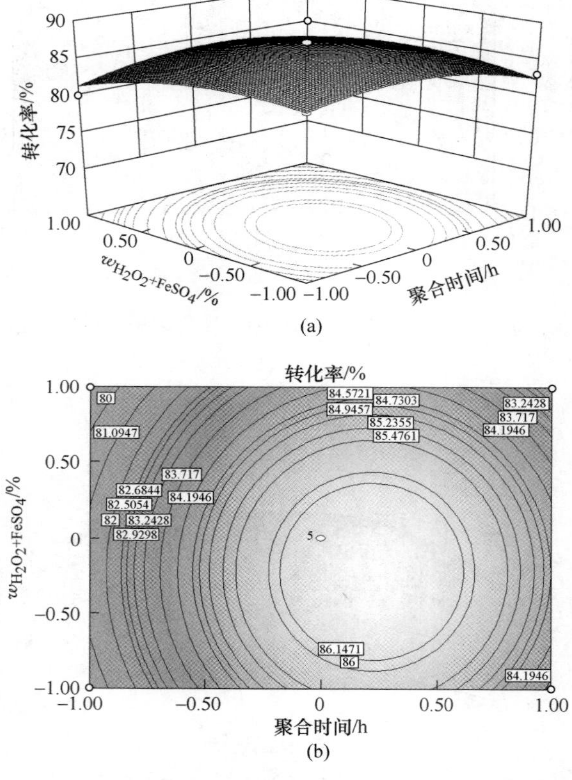

(b)

图 2-21　$w_{H_2O_2+FeSO_4}$与聚合时间交互作用对转化率影响的响应面与等高线图

（a）响应面；（b）等高线

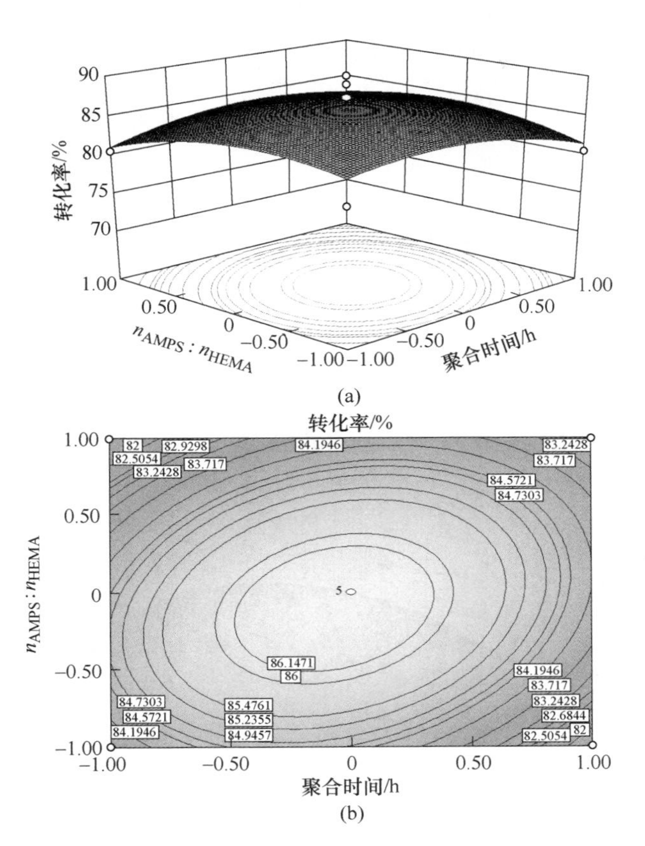

图 2-22 n_{AMPS} : n_{HEMA}与聚合时间交互作用对转化率影响的响应面与等高线图

（a）响应面；（b）等高线

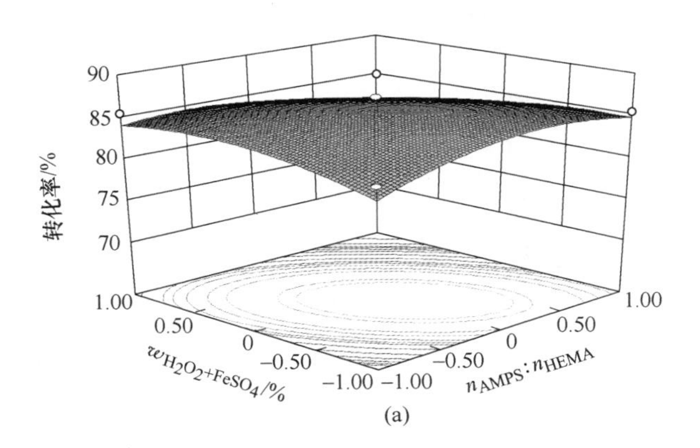

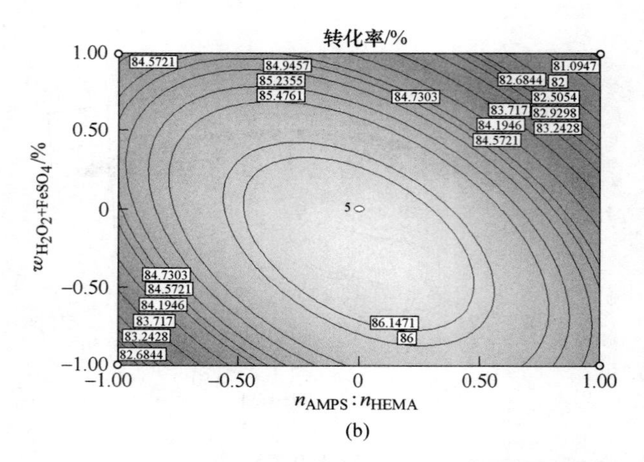

图 2-23 $n_{AMPS}:n_{HEMA}$与$w_{H_2O_2+FeSO_4}$交互作用对转化率影响的响应面与等高线图

（a）响应面；（b）等高线

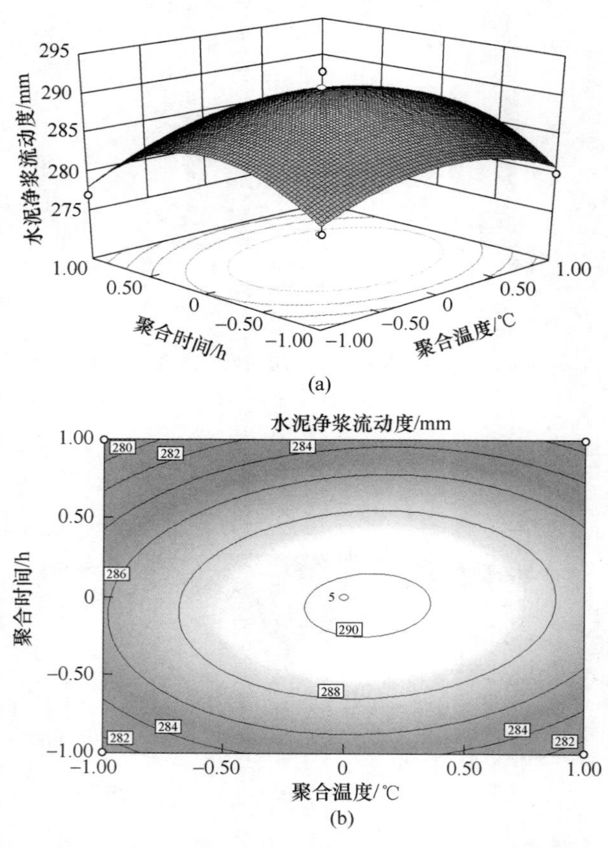

图 2-24 聚合时间与聚合温度交互作用对水泥净浆流动度影响的响应面与等高线图

（a）响应面；（b）等高线

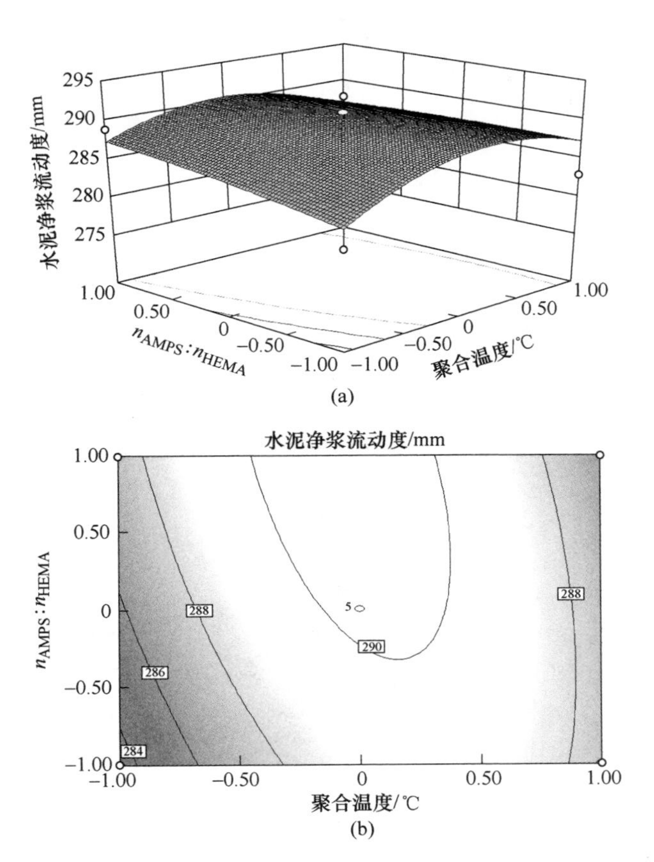

图 2-25 $n_{AMPS}:n_{HEMA}$与聚合温度交互作用对水泥净浆流动度影响的响应面与等高线图

（a）响应面；（b）等高线

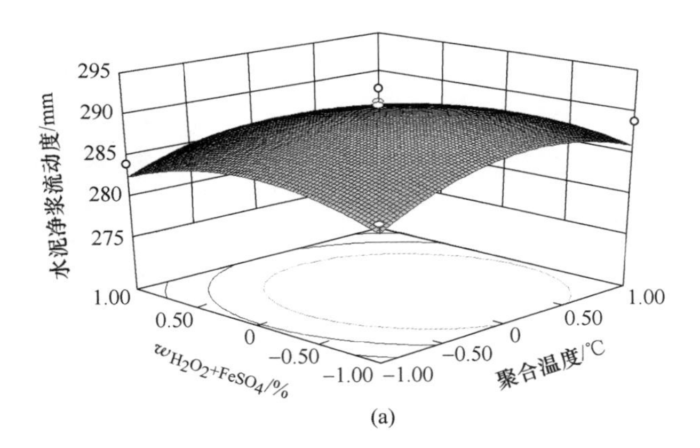

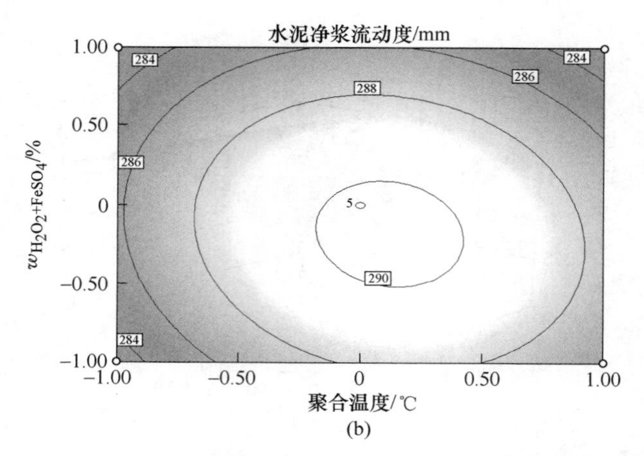

图 2-26　$w_{H_2O_2+FeSO_4}$与聚合温度交互作用对水泥净浆流动度影响的响应面与等高线图

（a）响应面；（b）等高线

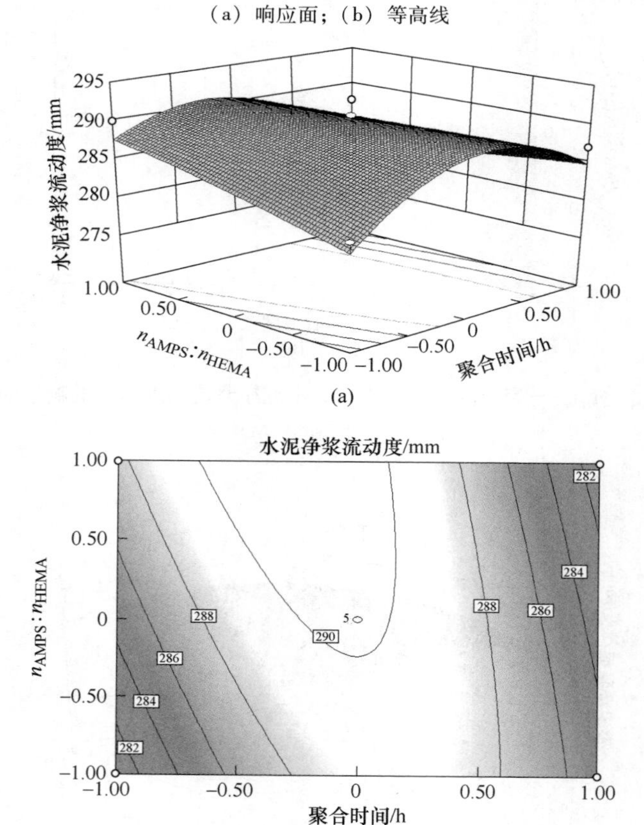

图 2-27　n_{AMPS}：n_{HEMA}与聚合时间交互作用对水泥净浆流动度影响的响应面与等高线图

（a）响应面；（b）等高线

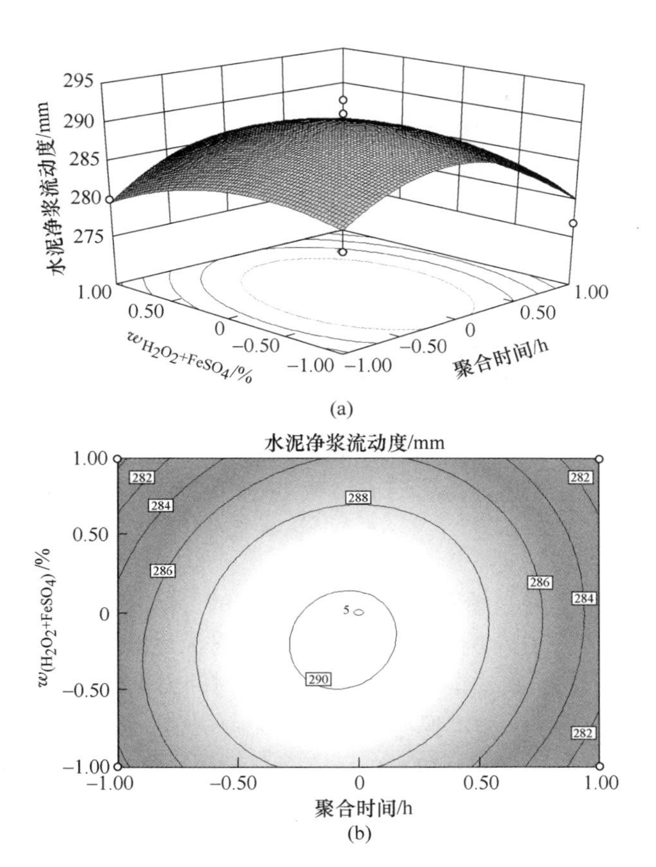

图 2-28 $w_{H_2O_2+FeSO_4}$与聚合时间交互作用对水泥净浆流动度影响的响应面与等高线图

（a）响应面；（b）等高线

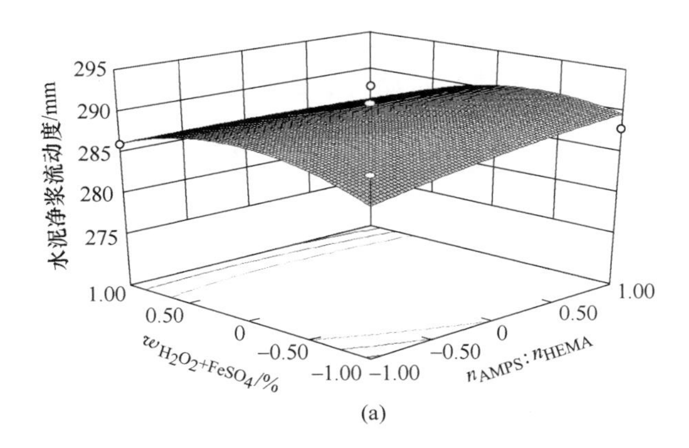

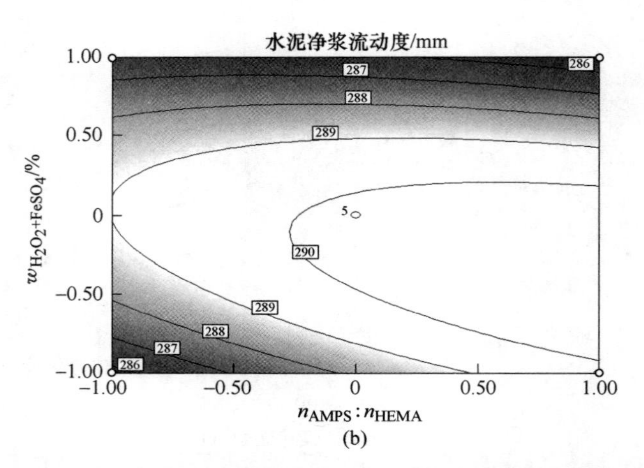

图 2-29 n_{AMPS} ∶ n_{HEMA} 与 $w_{H_2O_2+FeSO_4}$ 交互作用对水泥净浆流动度影响的响应面与等高线图

（a）响应面；（b）等高线

的影响程度最大，$w_{H_2O_2+FeSO_4}$ 和聚合温度交互作用的影响程度最小。通过对二次方程线性规划求解，以转化率为响应值，各水平最终优化结果为：$n_{MPEGMAA}$ ∶ n_{AMPS} ∶ n_{HEMA} = 1.0 ∶ 1.02 ∶ 1.0、$w_{H_2O_2+FeSO_4}$ = 0.62%、聚合时间为 4.8h、聚合温度为 56.4℃，转化率预测值为 86.79%；以水泥净浆流动度为响应值，各水平最终优化结果为：$n_{MPEGMAA}$ ∶ n_{AMPS} ∶ n_{HEMA} = 1.0 ∶ 1.17 ∶ 1.0、$w_{H_2O_2+FeSO_4}$ = 0.57%、聚合时间为 4.9h、聚合温度为 55.9℃，水泥净浆流动度为 290.5mm。

2.4.3.4 响应面验证试验

为验证模型及回归方程的可靠和准确性，采用上述优化条件进行验证试验，见表 2-18。由表 2-18 可知，与理论值相比，转化率试验平均值为 86.93%，相对误差 0.16%；水泥净浆流动度试验平均值为 291mm，相对误差 0.17%。因此，通过设计优化得到的工艺条件准确可靠，对试验具有指导性意义。

表 2-18 验证试验结果分析

平行次数	转化率				水泥净浆流动度			
	试验值/%	试验平均值/%	理论值/%	相对误差/%	试验值/mm	试验平均值/mm	理论值/mm	相对误差/%
1	87.07	86.93	86.79	0.16	288	291	290.5	0.17
2	86.98				294			
3	86.74				292			

2.4.3.5 FTIR 分析

对 MPEGMAA-AMPS-HEMA 减水剂进行 FTIR 表征，如图 2-30 所示。

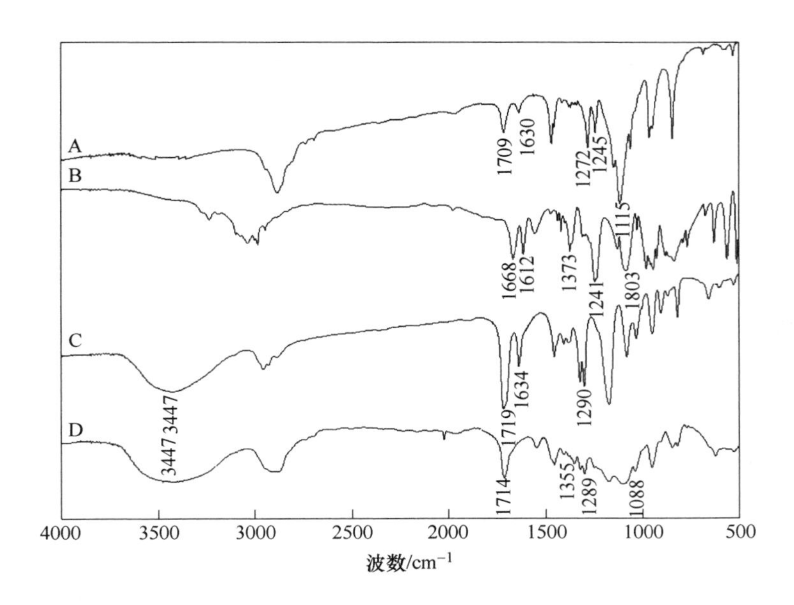

图 2-30 MPEGMAA、AMPS、HEMA 及 MPEGMAA-AMPS-HEMA 的红外光谱图
A—MPEGMAA；B—AMPS；C—HEMA；D—MPEGMAA-AMPS-HEMA

主要官能团的特征峰红外吸收频率归属如下：醇中 O—H 键伸缩振动峰为 3447cm^{-1}；羧酸酯中 C ═ O 的伸缩振动峰为 1719cm^{-1}、1714cm^{-1}、1709cm^{-1}；胺中 C—N 键的伸缩振动峰为 1373cm^{-1}、1355cm^{-1}；羧酸酯中 C—O—C 的伸缩振动峰为 1290cm^{-1}、1289cm^{-1}、1272cm^{-1}、1245cm^{-1}；磺酸中 S—C 键面外摇摆振动峰为 1289cm^{-1}、1241cm^{-1}；磺酸中 O ═ S ═ O 的伸缩振动峰为 1088cm^{-1}、1083cm^{-1}；脂肪醚 C—O—C 伸缩振动峰为 1115cm^{-1}、1088cm^{-1}；C ═ C 双键的伸缩振动峰为 1668cm^{-1}、1634cm^{-1}、1630cm^{-1}、1612cm^{-1}，故减水剂链段中含有酯基、氨基、磺酸基、羟基、醚键等基团。因图 2-30 中 D 曲线在波数 1500～1700cm^{-1}范围内 C ═ C 双键的特征峰很微弱，表明减水剂中几乎没有聚合单体残留。

综上，通过响应面试验设计，二次方程线性规划求解，以转化率为响应值，各水平最终优化结果为：$n_{MPEGMAA} : n_{AMPS} : n_{HEMA} = 1.0 : 1.02 : 1.0$、$w_{H_2O_2+FeSO_4} = 0.62\%$、聚合时间 4.8h、聚合温度 56.4℃，转化率预测值为 86.79%，验证试验值为 86. 93%；以水泥净浆流动度为响应值，各水平最终优化结果为：$n_{MPEGMAA}$ ∶ n_{AMPS} ∶ n_{HEMA} = 1. 0 ∶ 1. 17 ∶ 1. 0、$w_{H_2O_2+FeSO_4}$ = 0. 57%、聚合时间为 4. 9h、聚合温度为 55. 9℃，水泥净浆流动度为 290. 5mm，验证试验值为 291mm。通过 FTIR 表征，MPEGMAA-AMPS-HEMA 减水剂链段含有酯基、氨基、磺酸基、醚键等基团。

3 聚醚型聚羧酸系减水剂的合成及性能

聚酯型聚羧酸系减水剂固含量较低，主要以甲基丙烯酸和不饱和酯大分子单体共聚而成，而活性大分子单体的合成步骤增加了减水剂成本。而聚醚型聚羧酸系减水剂主要是烯丙基聚乙二醇辅以马来酸酐、丙烯酸等小分子单体的共聚物，梳型主链带有密集的羧基集团，支链上带有非离子聚乙二醇链，提高了减水剂性能。本章主要探讨了 APEG-MAH-ALS、APEG-RCS-AMPS 等聚醚型聚羧酸系减水剂的合成方法，主要的试剂和仪器同表 2-1，所用热重分析仪型号为 SⅡ TG/DTA 7300，生产厂家为日本精工公司。

3.1 APEG-MAH-ALS 聚羧酸系减水剂的制备及性能

聚醚型聚羧酸系减水剂因其减水率高、掺量低、保坍性好、适应性强等特点被广泛地应用于建筑施工行业中，其优良的分散性和分散保持性已经成为未来减水剂发展的主要方向。据统计，我国聚羧酸减水剂年产量已超过 100 万吨，在市场中所占的比重越来越大，目前市场上大多数聚羧酸系减水剂主要有两类，分别是甲基丙烯酸和聚乙二醇单甲醚甲基丙烯酸酯大分子单体共聚物及马来酸酐和烯丙基聚乙二醇共聚物，两类聚合物都为梳型接枝长链共聚物，主链上带有密集的羧基集团，支链上带有非离子聚乙二醇链。由于聚酯类聚羧酸盐水泥减水剂固含量较低，原料成本较高，而马来酸酐来源广泛，价格便宜，单体结构对称，难以自聚，含有—CONHR 和—SO_3H 的 AMPS 广泛应用于油田、纺织、造纸、水处理、合成纤维、印染、塑料、吸水涂料、生物医学等领域，是一种常见的有机化工原料，将其作为减水剂的共聚单体应用于建筑行业的研究越来越多。故以马来酸酐、烯丙基聚乙二醇、2-丙烯酰胺-2-甲基丙磺酸为原料的聚醚类聚羧酸系水泥减水剂渐渐成为研究的热点。

近几年，国内外减水剂的主要研究内容包括：

（1）合成方法。聚合方法分为可聚合单体直接共聚法、聚合后功能化法和原位接枝与共聚法；酯化中间体的制备方法分为直接酯化法（溶剂酯化法和熔融酯化法）、酯交换法、开环聚合法、直接醇化法、卤化法和马来酸酐酯化法[188-189]。

（2）减水机理。包括 DLVO 理论、Depletion 理论、空间位阻效应和水化膜润滑作用。

(3) 构效关系。即相对分子质量、侧链长度、功能性基团（$—NH_2$、$—COOH$、$—OH$、$—O(CH_2O)_nR$ 等）的种类及含量对减水剂应用性能的影响[190-191]。

(4) 聚合原料。聚氧乙烯类、丙烯酸酯类、聚氧烷基醚系列、苯乙烯、（甲基）丙烯酸、马来酸酐、聚乙二醇等是最常见的反应原材料。

由于聚羧酸系减水剂生产技术的不成熟及工业化成本较高，使得我国第二代减水剂（萘系）的使用量仍占据市场的主导地位。

本节以烯丙基聚氧乙烯醚（APEG）、马来酸酐（MAH）、烯丙基磺酸钠（ALS）为原料，过硫酸铵为引发剂，在水体系下进行的自由基聚合，探讨了各个条件对产品性能的影响，得出了最佳的合成工艺和条件。

3.1.1 合成方法

在装有搅拌器、回流冷凝管、滴液漏斗的三口烧瓶中依次加入一定量的蒸馏水、APEG 和 ALS，待其全部溶解后加入一定量 APS。升温至反应温度后滴加 MAH 和 APS 的混合溶液，反应一定时间后补加一定量 APS，继续反应至反应结束，用30%的氢氧化钠溶液中和至 pH 值为 6.4~6.6，即得到产品，聚合反应方程式如下：

$$CH_2{=}CH{-}CH_2{-}O{-}[CH_2{-}CH_2{-}O]_n{-}H + \underset{\text{(HC=CH, O=C—O—C=O)}}{\text{MAH}} + CH_2{=}C(CH_3){-}SO_3Na \longrightarrow {-}[CH_2{-}CH(CH_2{-}O{-}[CH_2{-}CH_2{-}O]_n{-}H)]_a{-}[CH(COONa){-}CH(COONa)]_b{-}[CH_2{-}C(CH_3)(SO_3Na)]_c{-} \tag{3-1}$$

3.1.2 单因素试验

对减水剂分散性能有影响的主要因素有反应温度、反应时间、MAH 用量、ALS 用量、APS 加料方式、固含量、APEG 的相对分子质量等，具体分析情况如下。

3.1.2.1 反应温度的影响

反应温度是影响聚合反应的最重要的被控变量之一，反应温度控制的好坏直接影响产品的质量和等级。反应温度对产品性能的影响如图 3-1 所示。从图中可以看出，聚合反应温度较低时得到的产品性能较差，即在水泥初始流动度和水泥净浆损失度方面，聚合反应温度较高时得到的产品均优于聚合反应温度较低时得到的产品。这是因为反应温度较高时，其单体的转化率较高，得到的产品小分子单体残余量少，故性能良好；而当反应温度过低时，过低的转化率导致产品性能较差。故选择反应温度为 35℃。

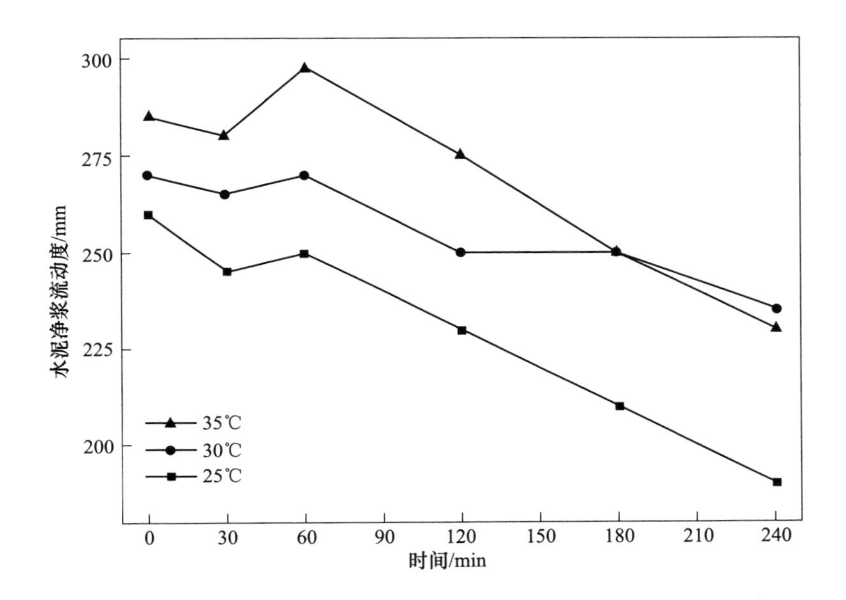

图 3-1 反应温度对水泥净浆流动度损失的影响

3.1.2.2 反应时间的影响

对于自由基聚合反应，反应时间的长短影响着聚合物相对分子质量的分布。因此选择一个适当的反应时间有利于控制产物相对分子质量及反应速度，提高产品性能。反应时间对产品性能的影响如图 3-2 所示，从图 3-2 中可以看出，随着反应时间的增加，当反应时间为 2h 时合成出来的产品性能最佳，其无论在水泥初始流动度还是净浆流动度损失方面均高于其他反应时间合成出来的产品。这是因为当反应时间过短，产物相对分子质量分布较宽，且单体转化率较低，小分子残余量大，导致产品性能较低；当反应时间过长时，可以看出在水泥初始流动度方面与反应时间为 2h 的产品相差不多，但是在净浆流动度损失方面有差异，这是因为反应时间的长短导致高分子链段排列形式发生某些变化，这些高分子链段的变化导致产品性能略有差异。故选择反应时间为 2h。

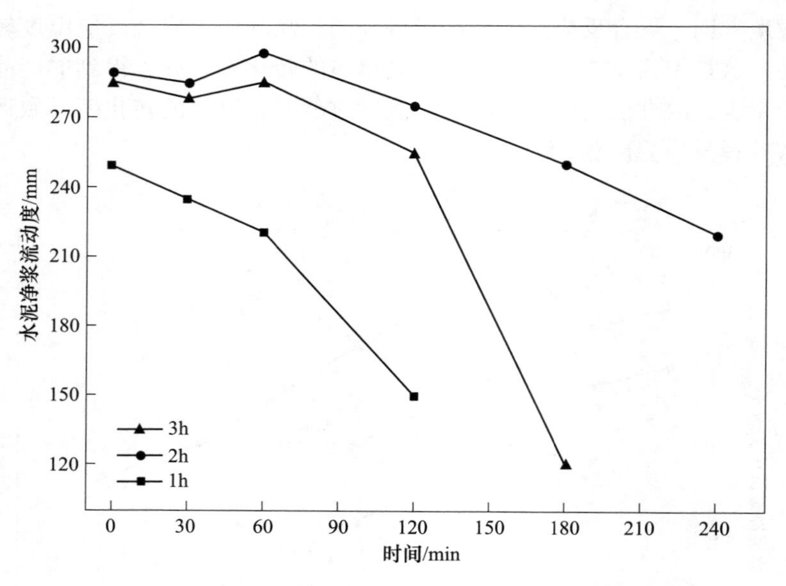

图 3-2　反应时间对水泥净浆流动度损失的影响

3.1.2.3　MAH 用量的影响

大分子单体是一种分子末端带有可参与聚合的官能团的线性低聚物，大分子单体与小分子单体共聚可形成以大分子单体为接枝链、小分子的聚合链为主链的接枝共聚物[188]。在聚羧酸盐减水剂合成过程中，可以 MAH 与 APEG 直接聚合，当合成的减水剂分子具有足够的适当的羧基量时，其性能最佳。MAH 用量对产品性能的影响如图 3-3 和图 3-4 所示，从图中可以看出，水泥的初始流动度随着 APEG 与 MAH 摩尔比用量的增加呈现先增大后减小的趋势，而当 APEG 与 MAH 摩尔比为 1∶3.2 时，产品的性能最佳，水泥的损失净浆流动度损失最小。这是因为当 MAH 与 APEG 摩尔比用量过小时，减水剂大分子链中羧基的数量不足，不容易吸附在水泥颗粒表面；高分子链中的羟基可以与游离的 Ca^{2+} 生成不稳定的络合物，可以对水泥初期水化起到抑制作用，羟基不足量时这种作用便不明显；并且高分子链中的羟基容易以氢键的形式与水分子缔合，在水泥颗粒表面形成一层稳定的溶剂化水膜，阻止了水泥颗粒间的直接接触。当 MAH 与 APEG 摩尔比用量过大时，体系中仍有未聚合的带有羧基的顺丁烯二酸钠盐晶体析出，浪费原料；当产品作用在水泥粒子上时，未聚合的带有羧基的顺丁烯二酸钠盐也能作用在水泥粒子上，由于减水剂高分子链的长度较大，减少了对羧基支链的束缚，故羧基可以锚固在较远的水泥粒子上，而未聚合的带有羧基的顺丁烯二酸钠盐分子链的长度远远低于减水剂高分子链，故产品的性能下降。故选择 APEG 与 MAH 的摩尔比为 1∶3.2。

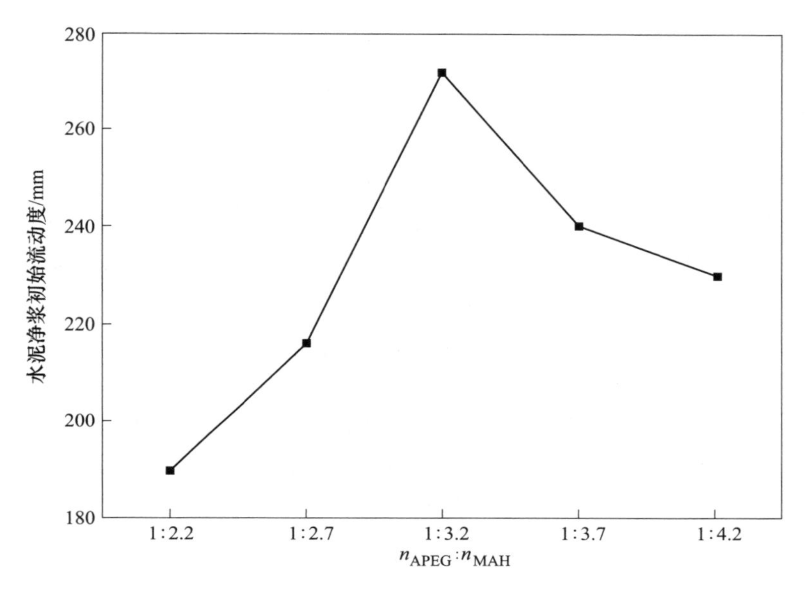

图 3-3 APEG 与 MAH 的摩尔比对初始流动度的影响

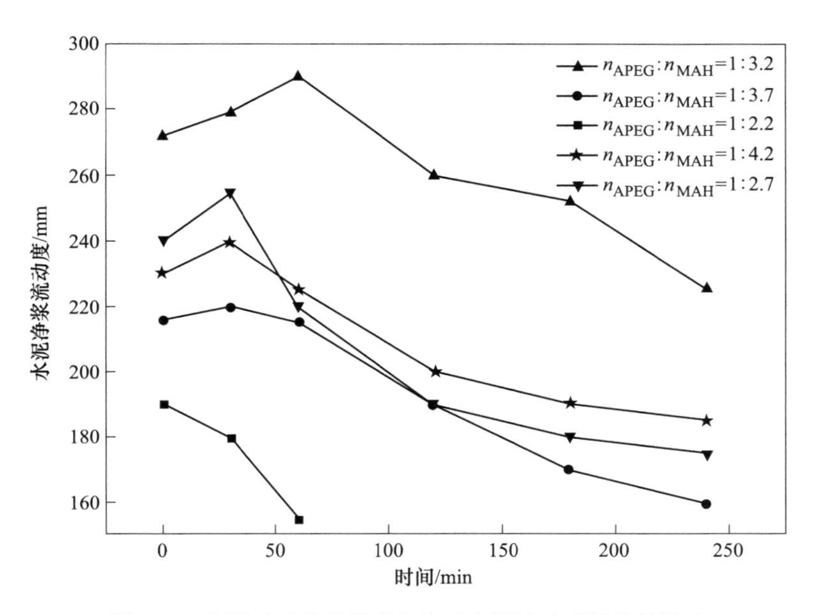

图 3-4 APEG 与 MAH 的摩尔比对水泥流动度损失的影响

3.1.2.4 ALS 用量的影响

磺酸基是聚羧酸减水剂中的一种重要的主导官能团。国内常用的磺酸基单体有 2-丙烯酰胺-2-甲基丙磺酸（AMPS）、乙烯基磺酸钠（SAS）、ALS（AALS）、乙烯基磺酸钠（SVS）、苯乙烯磺酸钠（StSS）。试验用 ALS 作为聚合单体，图 3-5 和图 3-6 是 ALS 用量对产品性能的影响。从图中可以看出，当 APEG 与 ALS 的摩尔比为 1∶0.17 时，产品的性能最佳，这与 PESPC 中 ALS 的用量是一致的。从图中可以看出，水泥的初始流动度随着 ALS 用量的增加呈现先增加后减小的趋势。当 APEG 与 ALS 摩尔比为 1∶0.17 时，水泥的净浆流动度在 240min 内损失最小。这是因为，磺酸基在共聚物分子中含量少、电荷密度较低、静电斥力较弱，分散效果差。随着 ALS 用量的增加，水泥初始流动度增大；当 ALS 增量过大时，磺酸盐转化率降低、静电斥力增加得反而不明显。另外，聚羧酸减水剂是通过静电斥力和空间位阻的共同作用实现分散的，MAH 的加入必然会增加侧链羧基的数量（对比甲基丙烯酸），故空间位阻作用明显，而 ALS 用量加大必然会减少侧链的接枝数量，位阻作用随之下降。故选定 n_{APEG}∶n_{ALS}为 1∶0.17。

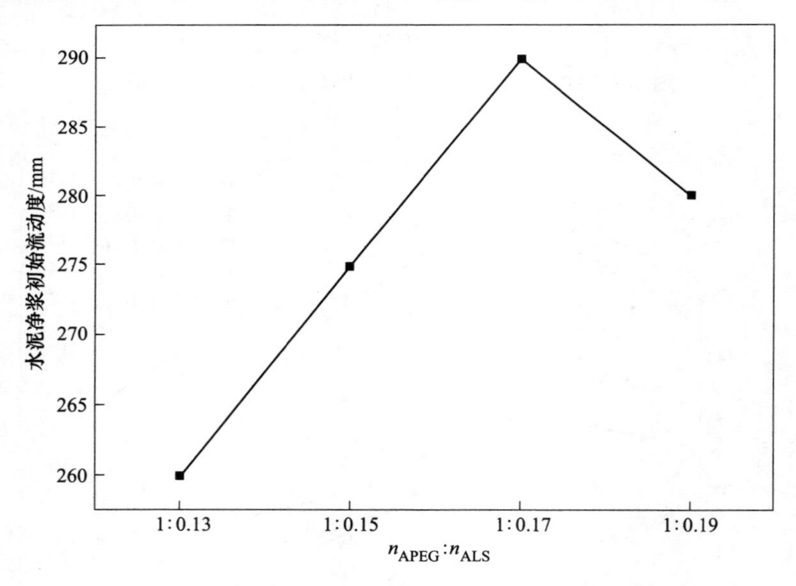

图 3-5 APEG 与 ALS 的摩尔比对初始流动度的影响

3.1.2.5 APS 加料方式的影响

引发剂的加料方式直接关系着高分子聚合物相对分子质量的大小和单体转化率的高低。引发剂加料方式对产品性能的影响如图 3-7 所示。从图 3-7 中可以看

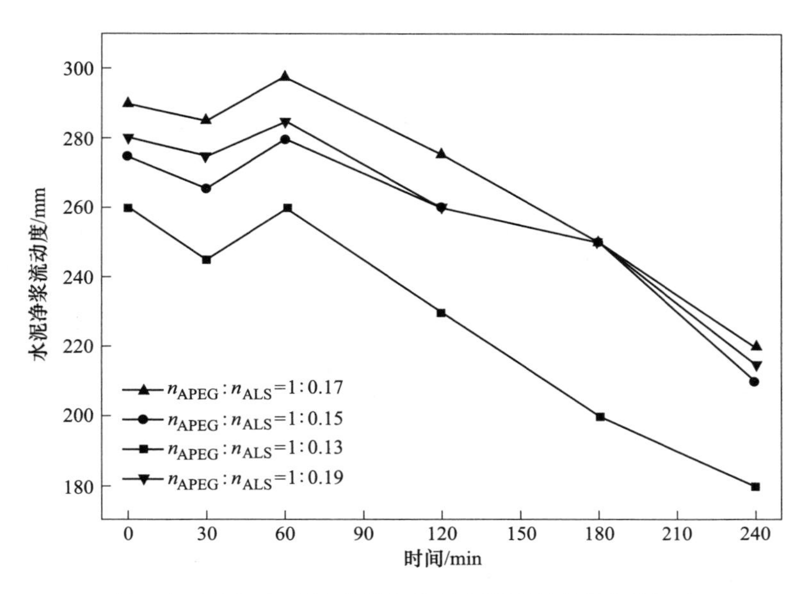

图 3-6　APEG 与 ALS 的摩尔比对水泥流动度损失的影响

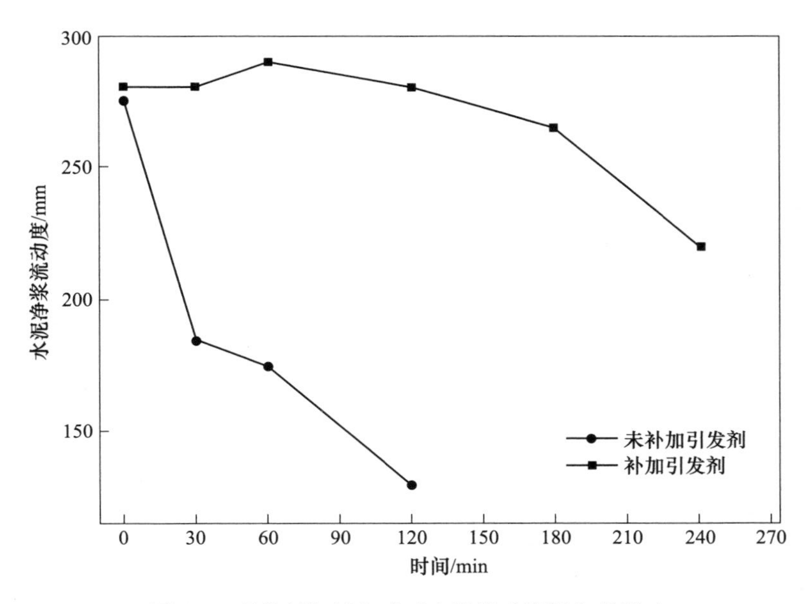

图 3-7　引发剂加料方式对水泥流动度损失的影响

出，通过补加引发剂这种加料方式合成出的产品其水泥初始流动度可以达到 280mm，且在 2h 内无流动度损失；而没有补加引发剂合成出的产品水泥初始流动度为 275mm，在 0.5h 内流动度开始损失，且损失很大。即补加引发剂得到的产品性能要远远优于没有补加引发剂得到的产品。这是因为在聚合工艺中改变加料方式，后期补加的引发剂可以引发未聚合的单体聚合，提高单体转化率，使聚合物相对分子质量分布均匀，其性能较佳。

3.1.2.6 固含量的影响

提高的固含量是研究的一个重要目的。试验中在提高了固含量的同时还考察了不同固含量对产品性能的影响，如图 3-8 所示。从图中可以看出，固含量为50%的产品初始流动度可以达到 290mm，2h 以内无损失，其性能要优于固含量小于和大于 50%的产品性能。试验中还发现，当固含量大于 60%时聚合反应产生凝胶，这是因为引发剂浓度过大导致爆聚的缘故。因此控制聚合物的固含量为50%为宜。

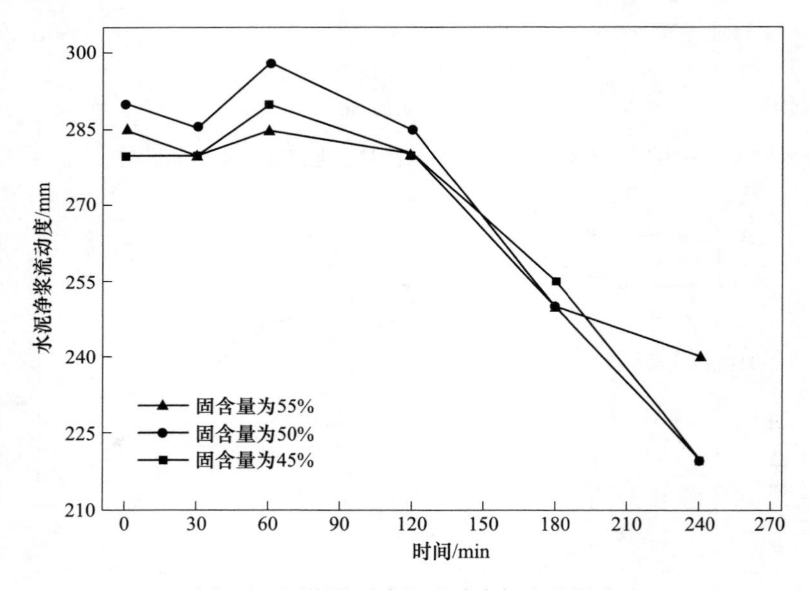

图 3-8 固含量对水泥流动度损失的影响

3.1.2.7 APEG 的相对分子质量的影响

高分子链的聚合度对聚合物相对分子质量影响很大，从而影响产品的性能。为了考察聚醚相对分子质量对聚醚类减水剂性能的影响，进行了如下试验：固定聚合反应工艺条件，以不同相对分子质量的 APEG 单体为原料，合成了四种聚醚类减水剂，其中包括 APEG1200 为原料合成的减水剂、APEG2000 为原料合成的减水剂、APEG2400 为原料合成的减水剂、APEG1200 与 APEG2400 复配为原料合成的减水剂。聚醚类减水剂对矿渣硅酸盐水泥（P·S）与普通硅酸盐水泥

(P·O)应用性能的影响如图 3-9 和图 3-10 所示，从图中可以看出，对于P·S水泥，水泥初始流动度是随着聚醚相对分子质量的增加而减小，即 APEG1200>APEG2000>APEG1200 和 APEG2000 装配料（$n_{APEG1200}$ ∶ $n_{APEG2400}$ = 2 ∶ 1）>APEG2400；水泥净浆流动度损失的趋势几乎是一致的，即水泥的净浆流动度在 1h 左右达到最大，2h 以后开始损失。对于P·O水泥，水泥初始流动度是随着聚醚相对分子质量的增加而减小，即 APEG1200 > APEG2000 > APEG1200 和 APEG2000 装配料（$n_{APEG1200}$ ∶ $n_{APEG2400}$ = 2 ∶ 1）>APEG2400；水泥净浆流动度损失的趋势几乎是一致的，即水泥的净浆流动度在 1h 左右达到最大，2h 以后开始损失。并且减水剂对于P·S水泥的适应性要优于对于P·O水泥的适应性。一方面是因为对于P·S水泥，粒化高炉矿渣是经超细粉磨制成的，直径为 6~8μm，颗粒形状越接近球体；另一方面是因为减水剂高分子链侧链的长度对水泥净浆流动度影响很大，如果 APEG 的相对分子质量过大，聚羧酸的侧链就越长，这样虽然可以形成较大的空间位阻，但是也增加了聚醚侧链对羧基和磺酸基的包裹作用概率，减弱了羧基和磺酸基的作用，故水泥的流动度反而下降。因此选择 APEG1200 为最合适的反应大单体。

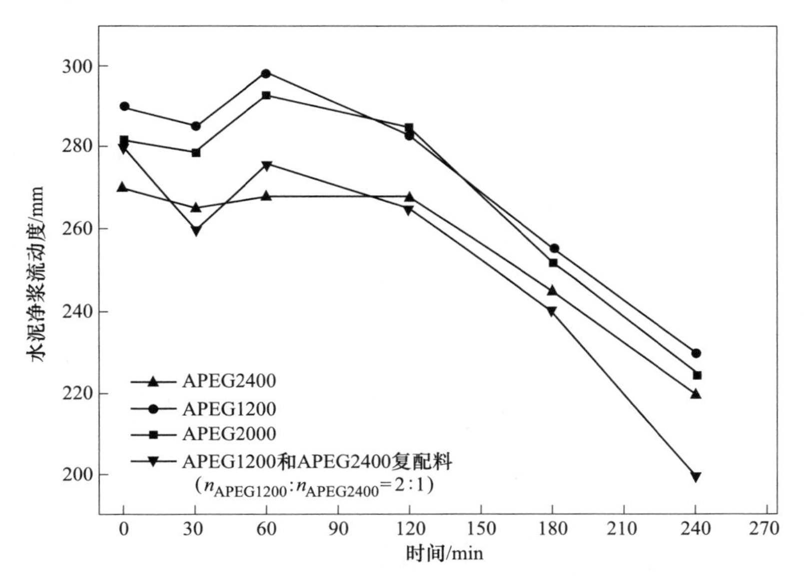

图 3-9 不同相对分子质量 APEG 对P·S水泥净浆流动度损失的影响

综上，以 APEG、MAH、ALS 为聚合单体，通过优化反应时间、反应温度、是否补加引发剂、MAH 用量、ALS 用量等工艺参数，得出合成出减水剂的最佳工艺条件：反应温度为 35℃，反应时间为 2h，n_{APEG} ∶ n_{MAH} ∶ n_{ALS} = 1 ∶ 3.2 ∶ 0.17，后期补加引发剂，合成出的目标产物性能最佳。该减水剂具有很好的分散性，对

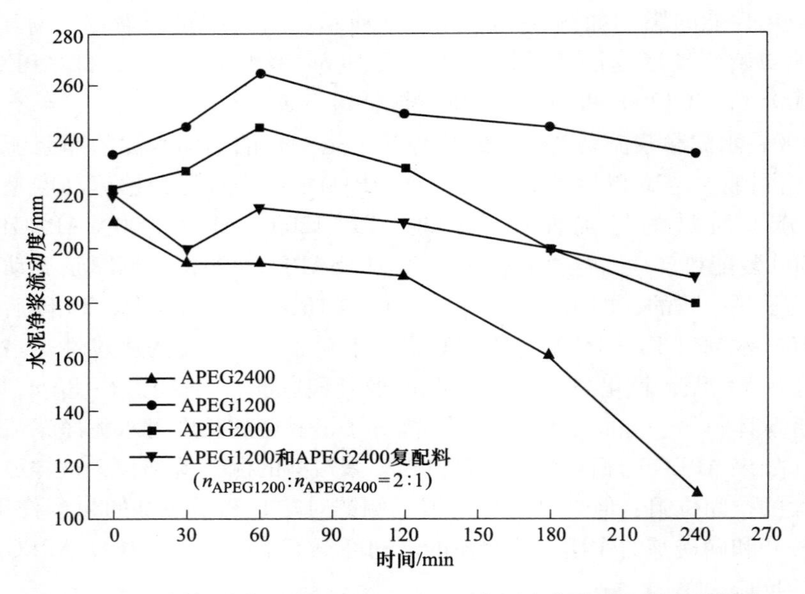

图 3-10 不同相对分子质量 APEG 对P·O水泥净浆流动度损失的影响

于P·S水泥，初始流动度为 290mm；对于P·O水泥，初始流动度为 235mm。且在 2h 以内均无流动度损失。对两种水泥的适应性很好。减水剂的固含量可以达到 50%以上，其中固含量为 50%的产品性能最佳。对于P·S水泥和P·O水泥，水泥初始流动度和净浆流动度损失是随着聚合单体 APEG 相对分子质量的增加而减小，即 APEG1200> APEG2000>APEG1200 和 APEG2400 复配料（$n_{APEG1200}$ ：$n_{APEG2400}$ = 2 ∶ 1）>APEG2400，即水泥的净浆流动度在 1h 左右达到最大，2h 以后开始损失。且减水剂对于P·S水泥的适应性要优于对于P·O水泥的适应性。

3.2 APEG-RCS-AMPS 聚羧酸系减水剂的制备及性能

聚羧酸系减水剂在性能方面的表现优于其他系列的减水剂，加之分子结构可控性强并易于修饰、原料及成品绿色环保、合成技术成熟等特点，已进入快速推广应用时期。机遇和挑战是并存的，聚羧酸系减水剂在使用过程中与水泥的不相容性（不适应性）的缺点经常性、反复性出现[192-193]。造成该问题的主要因素如下：

（1）减水剂种类。聚羧酸系减水剂可分为聚酯型、聚醚型、改性聚酯型、改性聚醚型和复配型。每一类减水剂的分子结构、生产工艺、性能效果等都不同。

（2）水泥品种和品质。水泥的生产工艺和原材料影响了水泥的矿物质含量[194]。不同水泥的细度、颗粒级配、比表面积、碱含量等性能指标不同。

（3）骨料。含泥量、级配、细度、配合比、泥块量等主要控制项目不同。

（4）外因。温度、湿度、风速、预拌混凝土放置时间等不确定因素。

目前，解决该问题的主要技术措施是：

（1）控制或优化水泥的细度、级配、碱和硫酸盐含量等，调整水泥熟料的比例。

（2）根据混凝土配料体系选择合适的减水剂。

（3）合理加入掺合材料。掺合材料包括粉煤灰、矿渣、火山灰、硅粉、沸石粉、石灰石粉等[195-197]。

在种类繁多的掺合材料中，粉煤灰、矿渣粉和硅粉是使用最广泛的活性矿物掺合料。三者特殊的颗粒特征和化学组成可以减少水泥用量，从而影响了减水剂和水泥的相容性。因此，本节以聚 APGE-RCS-AMPS 为酚基改性醚类聚羧酸系减水剂，粉煤灰、矿渣粉和硅粉为单掺合材料，研究了种类和掺量对水泥及混凝土性能的影响，并分别测定三者对减水剂的饱和吸附量。同时，通过 XRD 和 TG-DTG 对加与不加矿物掺料的水泥石进行了微观分析，从理论上为矿物掺料对减水剂和水泥的适应性的影响提供支撑。研究结果为施工过程中解决水泥和减水剂不相容性的问题提供方法借鉴。

3.2.1 合成方法

在装有搅拌器、分水器、冷凝管的三口烧瓶中依次加入摩尔比为 2∶1 的壬基酚聚氧乙烯醚（NPE）和马来酸酐（MAH），置于油浴锅中，待 70℃溶化后加入对甲基苯磺酸，加入量为 NPE 和 MAH 总质量的 4%，待全部溶解后升温至 220℃，N_2 保护下反应 6h 即得马来酸壬基酚聚氧乙烯醚双酯（RCS），为淡黄色黏稠液体。反应原理如下：

$$\text{C}_9\text{H}_{19}\text{-C}_6\text{H}_4\text{-O(CH}_2\text{CH}_2)_n\text{OH} + \text{maleic anhydride} \xrightarrow[220^\circ\text{C}]{\text{TsOH}} \text{C}_9\text{H}_{19}\text{-C}_6\text{H}_4\text{-O(CH}_2\text{CH}_2)_n\text{OOCCH{=}CHCOO(CH}_2\text{CH}_2)_n\text{O-C}_6\text{H}_4\text{-C}_9\text{H}_{19} \tag{3-2}$$

将 $Na_2S_2O_8$ 和 Na_2SO_3 配制成质量分数为50%的滴定液，分别记为 1 和 2。在装有搅拌器、温度计、冷凝管、恒压滴液漏斗的四口烧瓶依次加入摩尔比为 1∶1∶0.5 的 RCS、APEG 和 2-丙烯酰胺基-2-甲基丙磺酸（AMPS），用定量的蒸馏水（加入的体积与 RCS、APEG 和 AMPS 三者的总质量相等）溶解后置于微波超声波化学反应仪中，超声功率 800W，超声频率 25kHz，微波功率 600W，微波频率 2450MHz，于 50℃下同时滴加 1 和 2，10min 内滴完，反应 1h 后用饱和 NaOH

溶液中和至 pH 值为 6~7，产品为黄色黏稠液体，固含量约为 50%。反应原理如下：

$$a\underset{\displaystyle \text{CONHC(CH}_3)_2\text{CH}_2\text{SO}_3\text{H}}{\text{CH}}{=}\text{CH}_2 + b\text{CH}_2{=}\overset{\displaystyle \text{CH}_2\text{O(C}_2\text{H}_4\text{O})_n\text{H}}{\text{CH}} + c\underset{\displaystyle \text{M}}{\text{CH}}{=}\underset{\displaystyle \text{M}}{\text{CH}} \xrightarrow[50℃]{\text{Na}_2\text{S}_2\text{O}_8\text{-Na}_2\text{SO}_3} \left[\underset{\displaystyle \text{CONHC(CH}_3)_2\text{CH}_2\text{SO}_3\text{H}}{\text{CH}}-\text{CH}\right]_n\left[\text{CH}_2-\overset{\displaystyle \text{CH}_2\text{O(C}_2\text{H}_4\text{O})_n\text{H}}{\text{CH}}\right]_b\left[\text{CH}-\text{CH}\right]_c$$

$$\text{M}{=}\text{COO(CH}_2\text{CH}_2)_n\text{O}-\text{C}_6\text{H}_4-\text{C}_9\text{H}_{19}$$

(3-3)

3.2.2　相容性测试

3.2.2.1　减水剂分散性能测试

矿物掺料对水泥与减水剂相容性可通过水泥净浆初始流动度及经流损失来评价。采用内掺法，按掺量 0%~100% 11 个梯度分别将粉煤灰、矿渣粉和微硅粉部分或全部代替水泥进行水泥净浆流动性测定，结果如图 3-11~图 3-13 所示，矿物掺料的性能指标见表 3-1~表 3-4。

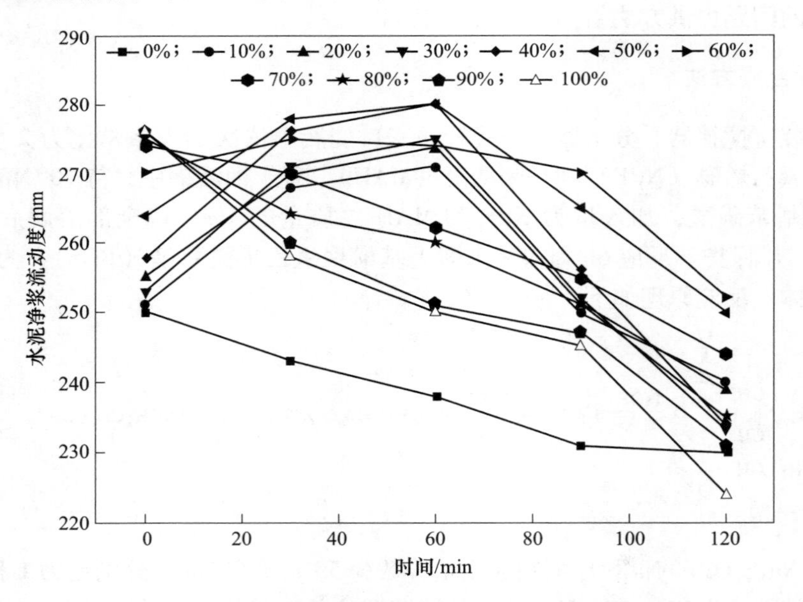

图 3-11　不同掺量粉煤灰对水泥净浆流动度的影响

由图 3-11 可知，随着粉煤灰掺量的增加，水泥净浆初始流动度也逐渐增大，当粉煤灰完全代替水泥时，水泥净浆初始流动度增大到 276mm。当掺量在 10%~60%之间时，经时净浆流动度随掺量的增加呈先增大后减小的趋势，60min 达到最大值，90min 内净浆流动度损失较小；当掺量大于 60%时或等于 0%时，经时净浆流动度呈减小的趋势，净浆流动度损失较大。说明小掺量的粉煤灰对水泥和 RCS/APGE/AMPS 减水剂相容性起到促进作用，大掺量的粉煤灰反而不利于水泥与减水剂的相容性。原因是粉煤灰含有活性玻璃体（主要包括 SiO_2、Al_2O_3、f-CaO），该玻璃体呈球状，表面光滑，有良好的致密性。小掺量时，对于吸附了减水剂的水泥粒子来说，活性玻璃体起到了隔离、润滑和分散作用，使水泥颗粒不易聚集絮凝，改善了水泥的和易性和相容性。除此之外，在弱酸性条件下，粉煤灰不能与碱土金属氢氧化物发生化学反应生成具有水硬胶凝性能的化合物，延缓了水化进程，改善了水泥相容性[198]。大掺量时，虽然水泥净浆初始流动度尚佳，但流动度损失较大，这是由于含碳量的增加使粉煤灰吸附减水剂分子和水分子的能力大于水泥颗粒，降低了水泥的经时流动性的同时增大了絮凝概率。故掺量小于 60%为宜。

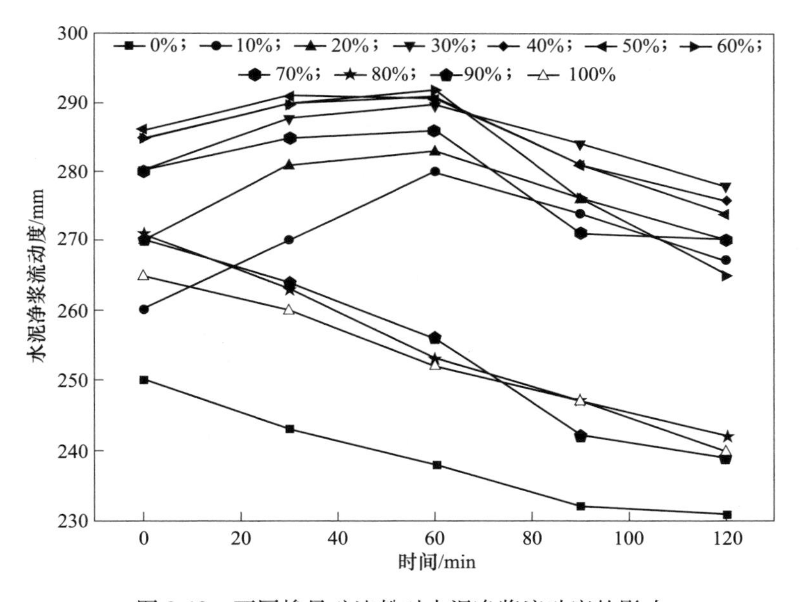

图 3-12 不同掺量矿渣粉对水泥净浆流动度的影响

由图 3-12 可知，水泥的初始净浆流动度随着矿渣粉掺量的增加而增加，掺量小于 80%时，经时流动度随时间的变化规律是一致的，呈先增大后减小的趋势；掺量范围为 30%~70%时，经时流动度差别不大，说明保水性好；掺量大于 80%时，净浆流动度损失较大。表明矿渣粉可以改善减水剂和水泥的相容性。原因是矿渣粉具有较高的玻璃体含量和与水泥相近的细度，可以代替水分子填充在水泥颗粒之间，提高水泥颗粒之间的分散程度，增加分散性[199]；同时置换出的自由水可以延缓水泥的絮凝速度，改善水泥和减水剂之间的相容性。由于矿渣粉自身具有活性成分，具有一定的水硬性，当掺量较大时，水化程度加速，消耗了自由水，使矿渣粉之间、水泥之间、矿渣粉和水泥之间产生团聚结构，不利于净浆流动度的保持。故掺量选择30%~70%为宜。

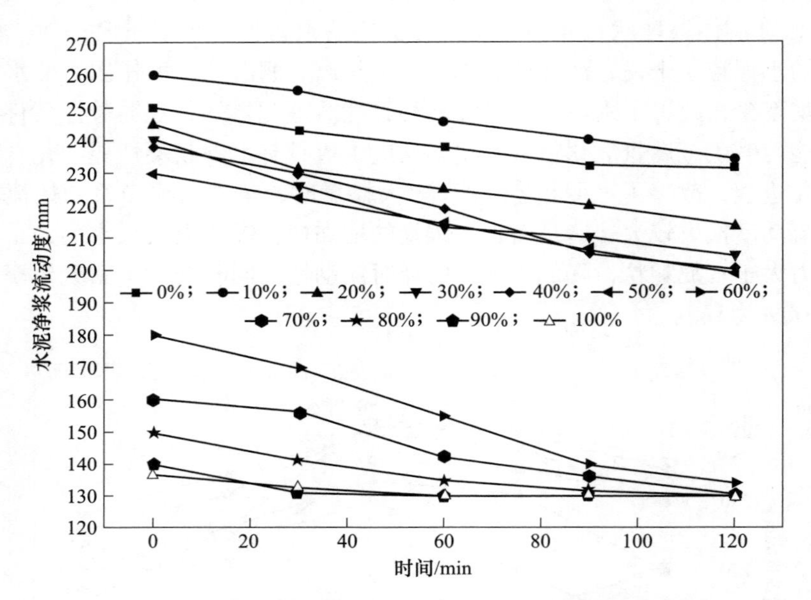

图 3-13　不同掺量微硅粉对水泥净浆流动度的影响

由图 3-13 可知，掺入微硅粉的水泥经时流动度随着水化时间的延长而减小，当掺量小于 10%时，水泥初始净浆流动度和经时流动度大于不掺微硅粉的空白水泥，而掺量大于 10%时，情况恰好相反。说明低掺量的微硅粉对水泥和 RCS/APGE/AMPS 减水剂的相容性起到促进作用。原因是微硅粉 SiO_2 含量大于 90%，且细度小于水泥。掺量较低时，球状 SiO_2 填充在水泥粒子之间，置换出自由水的同时降低了水泥颗粒团聚的概率，改善了水泥和减水剂的相容性；掺量较大时，比表面积大的微硅粉大量吸附自由水和减水剂分子，导致水泥团聚，降低了净浆的流动性。故掺量选择小于 10%为宜。

表 3-1　水泥的品质指标

不溶物/%	烧失量/%	细度/$m^2 \cdot kg^{-1}$	三氧化硫含量/%	安定性	碱含量/%	氧化镁含量/%	凝结时间/min		抗压强度/MPa		抗折强度/MPa	
							初凝	终凝	3天	28天	3天	38天
0.70	2.86	367	2.13	合格	0.59	4.62	160	290	22.3	49.8	5.9	9.4

表 3-2 微硅粉的性能指标

颜色	二氧化硅含量/%	细度/$m^2 \cdot g^{-1}$	填充密度/$g \cdot L^{-1}$	pH 值	烧失量/%
深灰	93.2	20	215	9	3.1

表 3-3 粉煤灰的性能指标

等级	烧失量/%	细度/$m^2 \cdot kg^{-1}$	需水量比/%	含水量/%	三氧化硫含量/%	氧化钙含量/%	安定性/mm
Ⅱ	3.68	356	96	0.8	0.73	4.17	4

表 3-4 矿渣粉的性能指标

等级	密度/$g \cdot cm^{-3}$	流动度比/%	细度/$m^2 \cdot kg^{-1}$	含水量/%	三氧化硫含量/%	烧失量/%	玻璃体含量/%	活性指数/%	
								7 天	28 天
S95	2.8	96	420	0.8	2.1	2.8	90	85	110

3.2.2.2 混凝土坍落度及力学性能测试

水泥和减水剂适应性的好坏可通过混凝土坍落度及抗压强度表现出来，因此，将掺有粉煤灰、矿渣粉和微硅粉的不同胶凝材料的混凝土进行坍落度和抗压强度测试，试验结果见表 3-5。

表 3-5 掺有粉煤灰、矿渣粉和微硅粉的混凝土坍落度和抗压强度

编号	水泥	粉煤灰	矿渣粉	微硅粉	砂	石	水	减水剂	坍落度/mm		抗压强度/MPa	
									初始	1h	3 天	28 天
0	385	0	0	0	775	1050	184	22	210	190	15.5	30.5
1	346	39	0	0	775	1050	184	22	211	191	14.8	29.2
2	308	77	0	0	775	1050	184	22	215	194	14.1	28.6
3	269	116	0	0	775	1050	184	22	213	195	13.4	28.1
4	231	154	0	0	775	1050	184	22	218	200	12.8	27.5
5	192	193	0	0	775	1050	184	22	224	200	12.3	26.7
6	154	231	0	0	775	1050	184	22	230	194	11.6	26.0
7	116	269	0	0	775	1050	184	22	234	183	11.1	25.4

续表 3-5

编号	水泥	粉煤灰	矿渣粉	微硅粉	砂	石	水	减水剂	坍落度/mm		抗压强度/MPa	
									初始	1h	3 天	28 天
8	77	308	0	0	775	1050	184	22	235	180	10.5	24.2
9	39	346	0	0	775	1050	184	22	236	171	10.1	23.1
10	0	385	0	0	775	1050	184	22	236	170	9.5	22.3
11	346	0	39	0	775	1050	184	22	210	200	14.6	29.1
12	308	0	77	0	775	1050	184	22	220	203	13.5	28.4
13	269	0	116	0	775	1050	184	22	230	210	13.0	27.8
14	231	0	154	0	775	1050	184	22	235	201	12.6	27.0
15	192	0	193	0	775	1050	184	22	236	201	11.5	26.3
16	154	0	231	0	775	1050	184	22	235	196	11.0	25.9
17	116	0	269	0	775	1050	184	22	230	191	10.7	25.2
18	77	0	308	0	775	1050	184	22	221	167	10.2	23.7
19	39	0	346	0	775	1050	184	22	220	162	9.4	22.5
20	0	0	385	0	775	1050	184	22	215	167	9.1	22.1
21	346	0	0	39	775	1050	184	22	210	176	20.1	40.5
22	308	0	0	77	775	1050	184	22	195	155	22.8	45.6
23	269	0	0	116	775	1050	184	22	190	143	25.6	50.2
24	231	0	0	154	775	1050	184	22	188	173	28.2	56.4
25	192	0	0	193	775	1050	184	22	180	144	23.8	49.5
26	154	0	0	231	775	1050	184	22	130	85	23.8	47.6
27	116	0	0	269	775	1050	184	22	110	72	21.1	40.0
28	77	0	0	308	775	1050	184	22	100	65	18.9	37.8
29	39	0	0	346	775	1050	184	22	90	60	17.4	34.7
30	0	0	0	385	775	1050	184	22	87	60	16.2	32.4

注：表中混凝土材料用料单位为 kg/m^3。

由表 3-5 可以看出，在砂、石、水和减水剂用量一定的条件下，随着粉煤灰和矿渣粉掺量的增加，混凝土初始坍落度增大，1h 后的坍落度损失较小，具有较好的保坍性，对混凝土的和易性起到改善作用；随着微硅粉的加入，与基准混凝土相比，混凝土初始坍落度下降，1h 后的坍落度损失较明显。主要原因是粉煤灰和矿渣粉的活性玻璃成分较高，而微硅粉的比表面积较大。这与矿物掺料对水泥净浆流动度的影响的分析结果是一致的。3 天和 28 天抗压强度由大到小为掺硅灰混凝土>基准混凝土>掺粉煤灰和矿渣混凝土，随粉煤灰和矿渣掺量的增加强度逐渐下降，随硅灰掺量的增加强度先增大后减小。说明粉煤灰和矿渣作为替代水泥的胶凝材料，很难提高混凝土的密实程度，抗压强度较低；但硅粉颗粒粒度小，适量的硅粉可以填充混凝土孔道，改善了孔结构，抗压强度增高，但过量的硅粉可以吸收大量的水分和减水剂，且无法代替水泥在混凝土中的“胶凝”作用，抗压强度降低[200]。

3.2.2.3 矿物掺料对减水剂吸附行为

水泥及矿物掺料对减水剂的吸附随着时间的延长而趋于平衡，考察胶凝材料对减水剂的吸附情况可反映出某种吸附形态，进而间接地反映出颗粒之间的作用效果。文献报道[201]，减水剂与胶凝材料表面的吸附行为符合 Langmuir 等温吸附。掺有粉煤灰、矿渣粉、微硅粉的水泥和空白水泥的吸附曲线如图 3-14 所示。

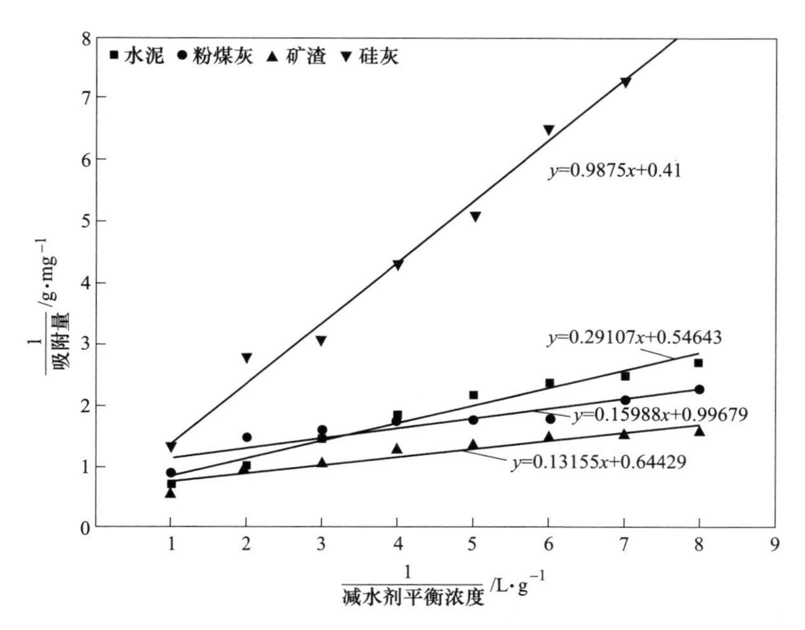

图 3-14 掺与不掺掺合料的水泥对减水剂的吸附曲线

根据 Langmuir 等温吸附方程 $\frac{1}{\tau}=\frac{1}{\tau_\infty}+\frac{1}{\tau_\infty KC}$，由拟合曲线可求出粉煤灰、矿渣粉、微硅粉和水泥的饱和吸附量分别为 1.00mg/g、1.55mg/g、2.44mg/g 和 1.83mg/g。说明当减水剂掺量一定时，微硅粉的加入阻碍了减水剂与水泥的作用，抑制了减水剂在水泥表面的吸附，粉煤灰和矿渣粉的加入并不妨碍减水剂与水泥的作用，反而起到分散水泥颗粒的效果。

3.2.2.4 FTIR 表征

对 RCS-APGE-AMPS 型减水剂进行 FTIR 表征，如图 3-15 所示，特征峰红外吸收频率归属见表 3-6。由图 3-15 和表 3-6 可知，减水剂共聚物链段中含有羧基、酯基、酰胺基、磺酸基、苯环等基团。波数在 1600～1700cm^{-1}范围内脂肪族 C ═ C 双键的特征峰很微弱，表明减水剂中几乎没有聚合单体残留。

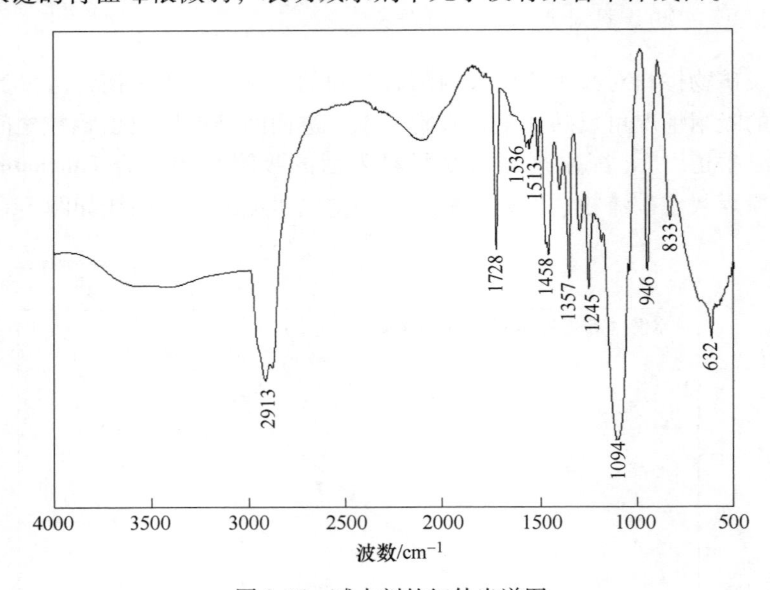

图 3-15 减水剂的红外光谱图

表 3-6 特征峰红外吸收频率归属表

波数/cm^{-1}	基团归属	振动类型
2913	甲基	ν_{C-H}
1728	羧基	$\nu_{C=O}$
1536、1536、1458	苯基	ν_{C-C}
1357	酰胺基、酚醚	ν_{C-N}、ν_{C-O}

续表 3-6

波数/cm^{-1}	基团归属	振动类型
1245	硫碳键、酯基	$w_{S—C}$、$\nu_{C—O}$
1103	磺酸基、酚醚	$\nu_{S=O}$、$\nu_{C—O}$
946	脂肪醚	$\nu_{C—O}$
834	苯基	$\gamma_{C—H}$
632	苯基、酰胺基	$\delta_{C—H}$、$\gamma_{N—H}$

3.2.2.5 XRD 测试

为了进一步了解掺入矿物料的水泥水化过程中的物相变化，将粉煤灰、矿渣粉、硅粉、空白水泥石、掺入60%粉煤灰的水泥石、掺入30%矿渣粉的水泥石和掺入10%微硅粉的水泥石进行 XRD 表征，如图 3-16 和表 3-7、图 3-17 和表 3-8，以及图 3-18~图 3-22 所示。其中，龄期为 1 天、3 天、7 天和 28 天，减水剂折固掺量为 1%。

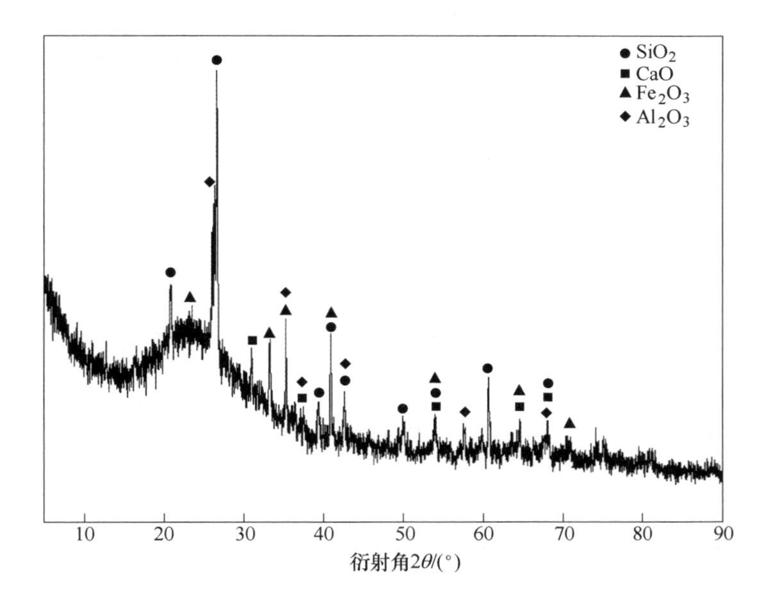

图 3-16 粉煤灰的 XRD 图

表 3-7 粉煤灰化学成分的衍射峰位置表

化学成分	衍射角/(°)
SiO_2	20. 8，26. 1，39. 3，40. 5，42. 4，49. 9，54. 1，60. 6，67. 8
CaO	31. 2，37. 5，54. 1，64. 6，67. 8
Fe_2O_3	33. 2，35. 1，40. 5，54. 1，64. 6，71. 1
Al_2O_3	25. 4，35. 1，37. 5，42. 4，57. 5，67. 8

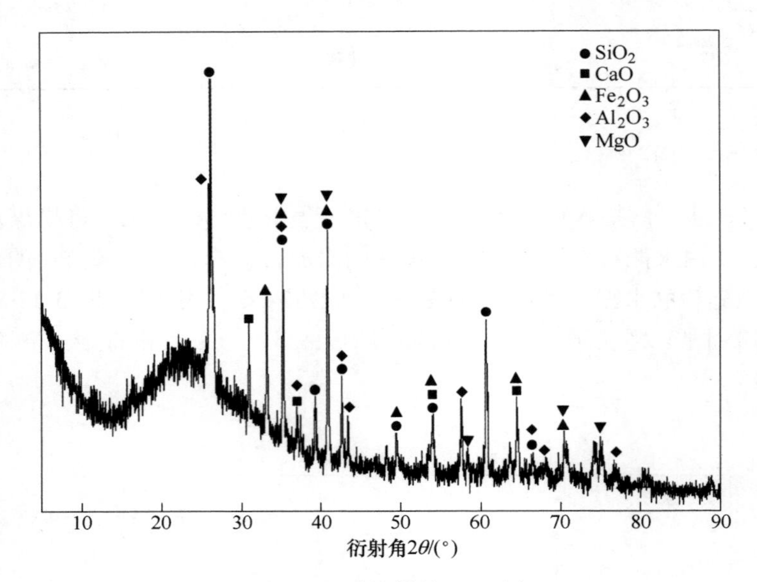

图 3-17 矿渣粉的 XRD 图

表 3-8 矿渣粉化学成分的衍射峰位置表

化学成分	衍射角/(°)
SiO_2	26. 1，35. 4，39. 2，40. 7，42. 6，49. 3，54. 0，60. 4，66. 4
CaO	31. 1，37. 2，54. 0，64. 6
Fe_2O_3	33. 2，35. 1，40. 7，49. 3，54. 0，64. 6，71. 1
Al_2O_3	25. 4，35. 4，37. 2，42. 6，43. 4，57. 8，66. 4，68. 3，76. 7
MgO	35. 4，40. 7，58. 3，71. 1，75. 1

由图 3-16 和表 3-7 及图 3-17 和表 3-8 可以看出，粉煤灰的主要晶相组成为 SiO_2、CaO、Fe_2O_3 和 Al_2O_3，矿渣粉的主要晶相组成为 SiO_2、CaO、Fe_2O_3、Al_2O_3 和 MgO。衍射角在 20°～30°范围内，两者均出现尖而宽的衍射峰，这是玻

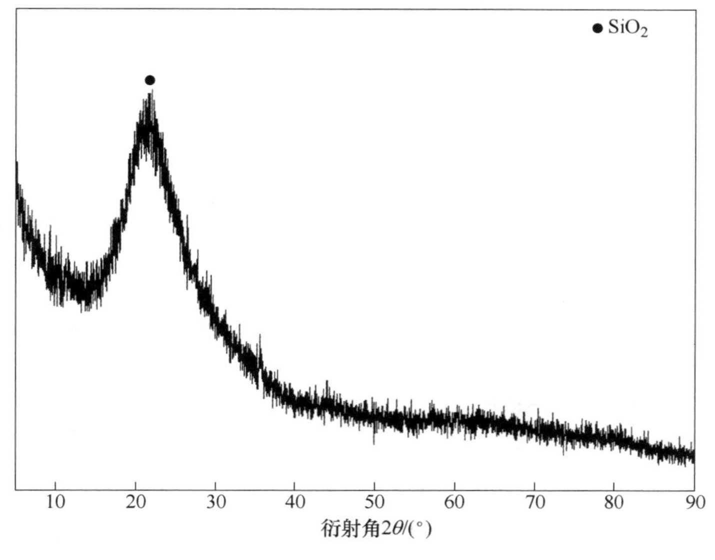

图 3-18 微硅粉的 XRD 图

璃体的特征峰。由图 3-18 微硅粉的 XRD 衍射线可知，在衍射角 10°~90°范围内，只在 21.0°出现宽而阔的衍射单峰，该峰为 SiO_2 的特征峰，表面微硅粉主要晶相组成为 SiO_2。玻璃体及 SiO_2 的存在影响着粉煤灰、矿渣粉和微硅粉的应用性能。

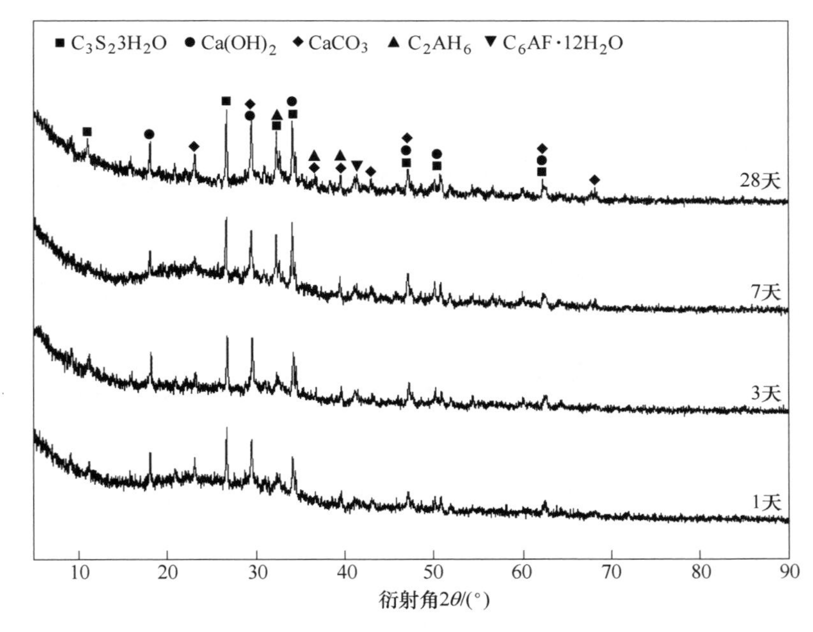

图 3-19 空白水泥石的 XRD 图

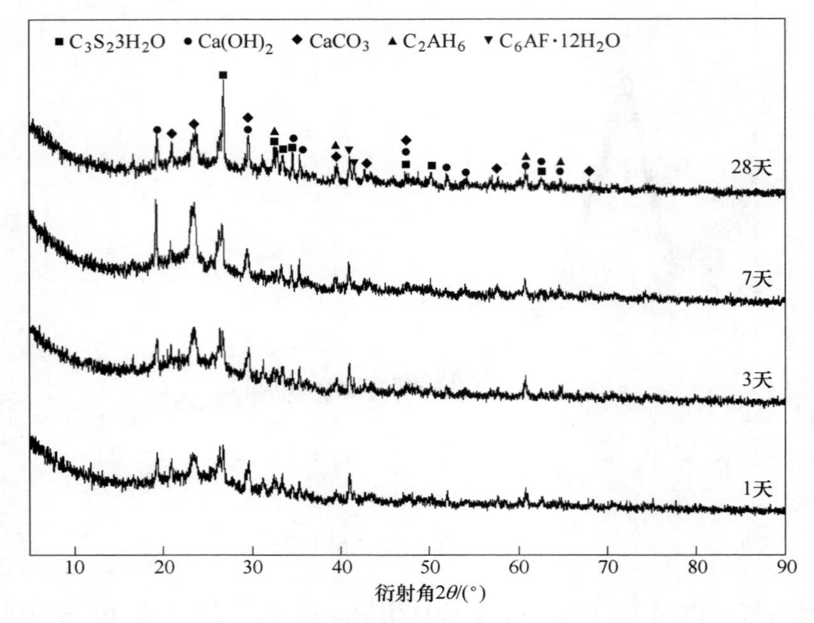

图 3-20　掺粉煤灰水泥石的 XRD 图

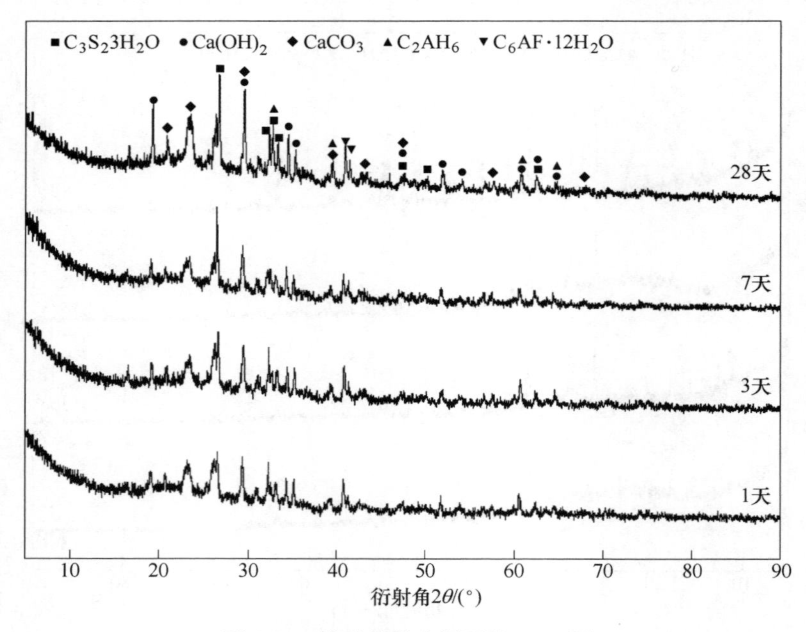

图 3-21　掺矿渣粉水泥石的 XRD 图

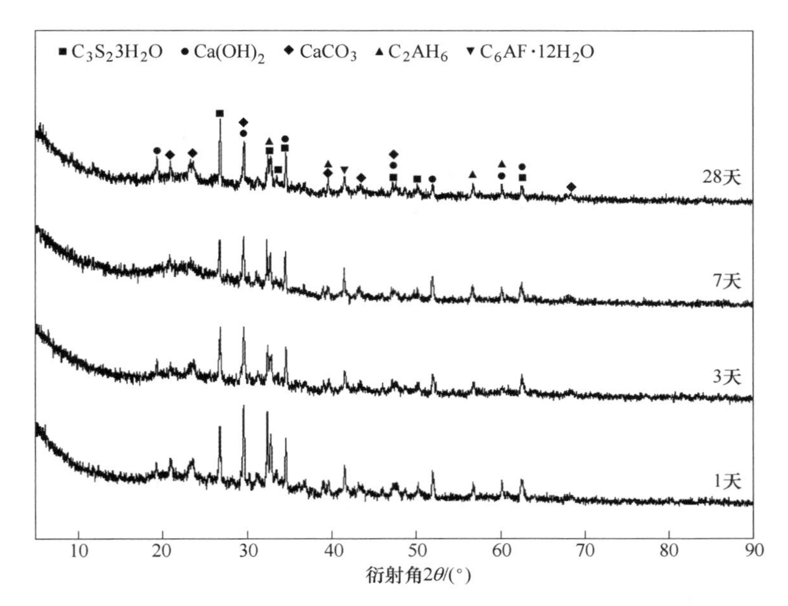

图 3-22 掺微硅粉水泥石的 XRD 图

从图 3-19~图 3-22 可以看出，掺入矿物料后，不同龄期的每条曲线上均有水泥的 5 种主要水化产物的特征衍射峰存在。28 天时，衍射图谱几乎相同，再结合表 3-9，说明到水化后期，3 种矿物料的加入都没有影响水泥的水化过程，即没有影响减水剂与水泥的相容性。对比图 3-19~图 3-21 可发现，随着龄期的延长，每种水化产物对应衍射峰的强度逐渐变大，衍射峰位逐渐清晰；将图 3-20 和图 3-21 与图 3-19 同龄期衍射曲线对比发现，图 3-20 和图 3-21 的水化产物衍射峰宽而阔，强度较大。说明粉煤灰和矿渣粉的加入不但可以达到相同的水化结果，而且对水化过程起到一定的促进作用。主要原因是粉煤灰和矿渣粉均含有玻璃体成分，活性较高。从图 3-22 可以看出，随着龄期的延长（1~7 天），每种水化产物对应衍射峰的强度逐渐变小，水化速度减慢，说明在水化的早期和中期，微硅粉的加入抑制了水泥的水化过程。主要原因是微硅粉含有大量的 SiO_2，比表面积大，在水化的早期和中期，微硅粉大量吸附自由水和减水剂，而到了水化后期，水泥石结构的改变加之部分 SiO_2 参与水化，吸附自由水和减水剂被释放出来，故没有影响水化结果。

表 3-9 28 天水化产物的衍射峰位置

水化产物	衍射角/(°)			
	空白水泥石	掺粉煤灰水泥石	掺矿渣粉水泥石	掺微硅粉水泥石
$C_3S_23H_2O$	10.9，26.6，32.5，34.1，47.1，47.1，50.5，62.3	26.7，32.7，33.4，34.6，47.4，49.9，62.6	26.7，32.2，33.1，34.5，47.2，50.1，62.4	26.8，32.7，33.5，34.6，47.4，50.0，62.6

续表 3-9

水化产物	衍射角/(°)			
	空白水泥石	掺粉煤灰水泥石	掺矿渣粉水泥石	掺微硅粉水泥石
$Ca(OH)_2$	18.1，28.8，34.1，47.1，50.5，62.3	18.1，29.1，34.6，35.5，47.4，51.5，53.7，60.6，62.6，64.8	18.3，29.5，34.5，35.4，47.2，51.8，54.0，60.7，62.6，64.6	18.3，29.5，34.6，47.4，51.9，60.0，62.6
C_3AH_6	32.5，36.7，39.4	32.7，39.5，60.6，64.8	32.2，39.4，60.7，64.6	32.7，39.1，56.6，60.0
C_6AF12H_2O	41.4	4.09，41.6	40.9，41.5	41.6
$CaCO_3$	23.1，28.8，36.7，39.4，42.9，47.1，62.3，68.0	21.1，23.4，29.1，39.5，42.8，47.4，58.0，67.8	21.1，23.3，29.2，39.4，43.0，47.2，58.0，68.0	20.9，23.3，29.5，39.1，43.1，47.4，68.0

3.2.2.6　TG 测试

由于 28 天混凝土的性能接近于长期性能，为了进一步说明矿物掺料对水化结果的影响，将空白水泥石、掺入 60%粉煤灰的水泥石、掺入 30%矿渣粉的水泥石和掺入 10%微硅粉的水泥石进行 TG 表征，如图 3-23～图 3-26 所示，其中龄期为 28 天、减水剂折固掺量为 1%。

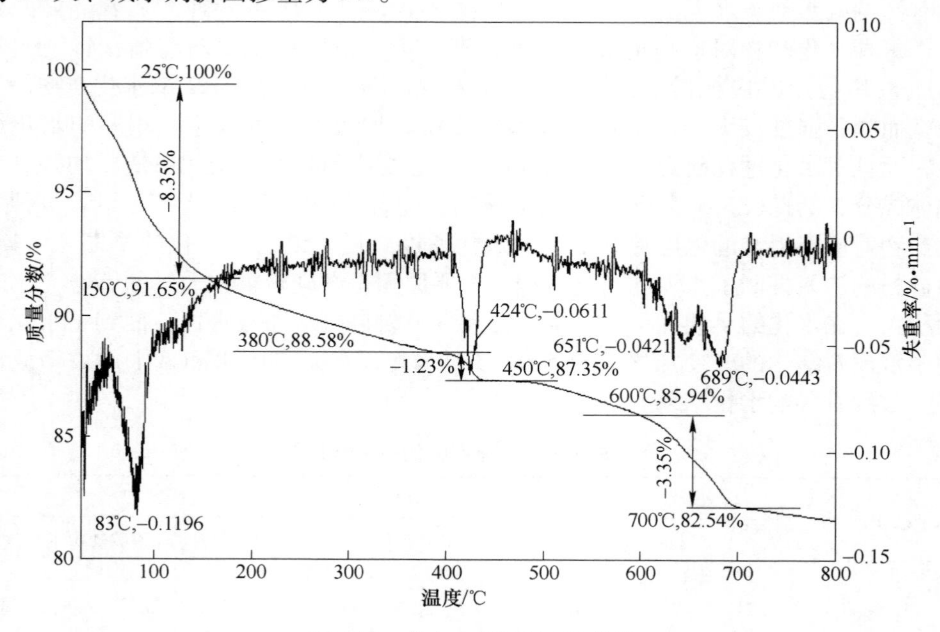

图 3-23　空白水泥石的 TG 曲线

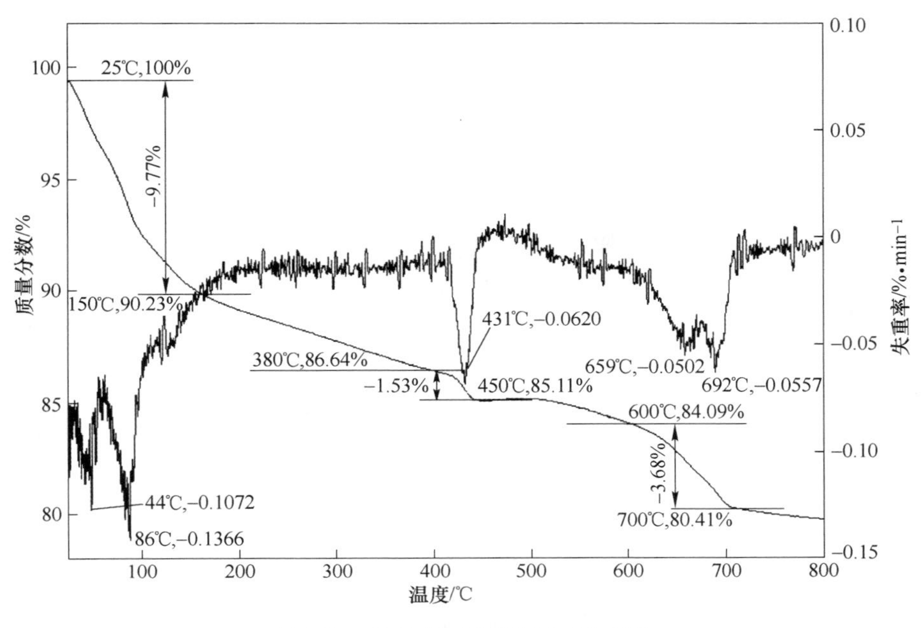

图 3-24 掺粉煤灰水泥石的 TG 曲线

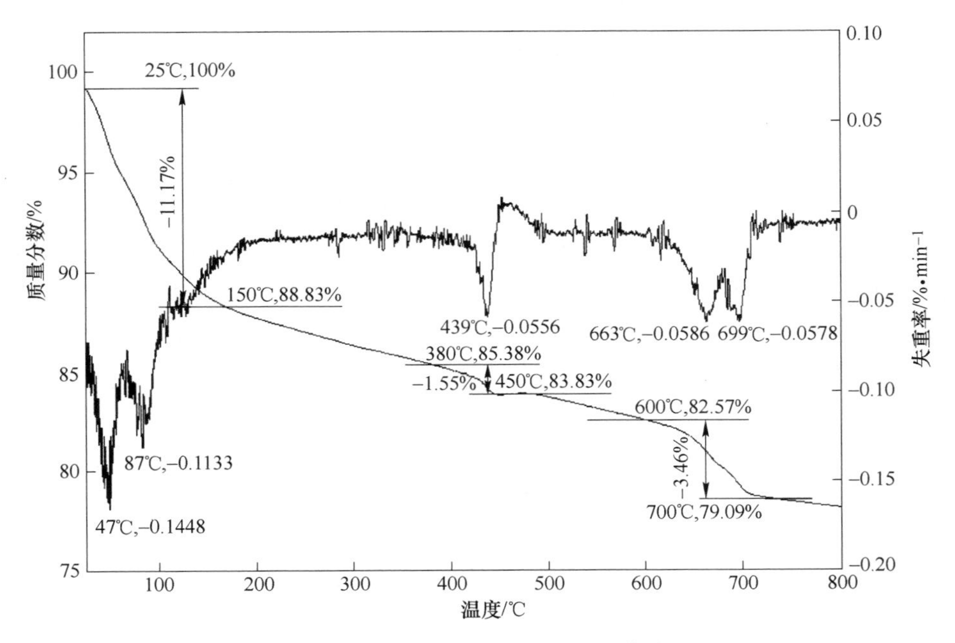

图 3-25 掺矿渣粉水泥石的 TG 曲线

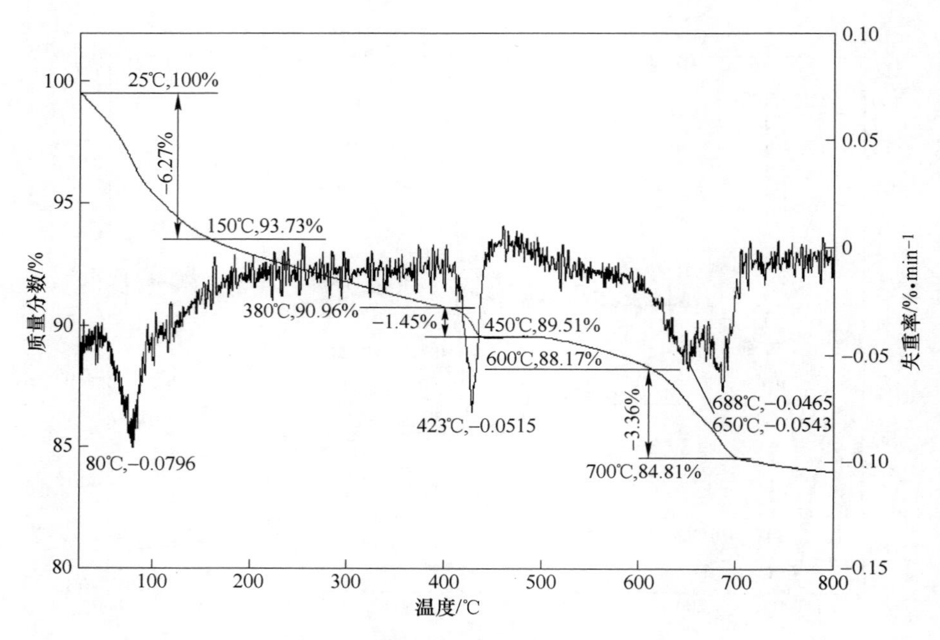

图 3-26　掺微硅粉水泥石的 TG 曲线

比较图 3-23～图 3-26，28 天时，TG-DTG 曲线的形状基本相同，表明水化产物是一致的。热损失存在三个阶段：第一阶段为室温至 200℃，质量损失主要发生在 44℃、47℃、80℃、83℃、86℃和 87℃，为含水矿物脱水所致；第二阶段为 380～450℃，质量损失主要发生在 423℃、424℃、431℃和 439℃，为 $Ca(OH)_2$ 分解所致；第三阶段为 600～700℃，质量损失主要发生在 650℃、651℃、659℃、663℃、688℃、689℃、692℃和 699℃，为 $CaCO_3$ 分解所致。结合 TG-DTG 曲线的数据，空白水泥石、掺入粉煤灰水泥石、掺入矿渣粉水泥石和掺入微硅粉水泥石分别失重到 82.54%、80.41%、79.09%和 84.87%，较高的质量损失说明水化程度较高，水化产物的含量较多，但水化结果是不变的。这与 XRD 的分析结果是一致的。

综上，通过对酚基改性醚类聚羧酸系减水剂 FTIR 和 GPC 表征，共聚物链段中含有羧基、酯基、酰胺基、磺酸基、苯环等基团。粉煤灰、矿渣粉、微硅粉和水泥的饱和吸附量分别为 1.30mg/g、1.00mg/g、3.13mg/g 和 1.83mg/g。粉煤灰和矿渣粉的加入提高了水泥净浆的初始流动度和混凝土的初始坍落度，降低了抗压强度。通过硬化水泥石 XRD 和 TG 分析，粉煤灰和矿渣粉可促进早期水化程度，改善了水泥与减水剂的相容性，微硅粉则相反，但三者的加入并不影响水化结果和水化产物种类。

4 功能型聚羧酸系减水剂的合成及性能

据中国混凝土网的不完全统计，随着我国城市化进程进入中期加速阶段，2014—2020 年，我国商品混凝土产量由 15.54 万立方米增长到 28.99 万立方米[202]，而作为混凝土外加剂的聚羧酸减水剂已经广泛应用到高层建筑物、桥梁、海洋钻井平台、海底隧道、铁路、公路等工程项目中。但是，聚羧酸系减水剂的功能还比较单一，可利用减水剂分子结构的可控性和可设计性，在减水剂分子中引入阳离子、两性离子、极性基团及大体积刚性分子等功能性基团，对其进行改性，丰富减水剂的功能性，不但符合混凝土外加剂的发展趋势，也符合国家可持续发展的战略要求。本章主要探讨了酯醚复配聚羧酸减水剂、固体抗泥型聚羧酸减水剂、醚类抗泥型聚羧酸减水剂、复配抗泥型聚羧酸减水剂等聚羧酸系减水剂的合成方法，主要试剂和仪器见表 2-1。

4.1 酯醚复配聚羧酸减水剂的制备及性能

工程实践证明，单一品种的减水剂很难满足高性能化和多功能化的施工要求。由于不同类型或品种的减水剂在组成上的差异，其应用性能各有长短。因此，减水剂的复配技术得到了空前的发展，并取得了很好的应用效果[203-204]。减水剂的复配（共混）技术（改性）即按比例加入一些填料、助剂或共混几种良好相容性的减水剂或混凝土外加剂，目的是改进原减水剂的性能或形成具有新性能的聚合物体系。常见的复配体系包括减水剂（萘系、三聚氰胺系、氨基磺酸系、酯型和醚型聚羧酸系等）、消泡剂、引气剂等。随着减水剂的大量使用，一些常见的技术问题也相继出现，例如异常凝结、抓底、泌水、分层离析等。说明水泥与减水剂的相容性是影响混凝土工作性能的重要因素。聚酯类和聚醚类聚羧酸系减水剂在制备工艺和性能方面表现出各自的优势。聚酯型减水剂的减水效率比较高，固含量低，有泌水，合成成本高。聚醚型减水剂固含量高，同时具备掺量低、减水率高、成本低等优点，但原材料马来酸酐不易聚合。鉴于两者的优缺点，本节合成了聚酯型（PS-1）和聚醚型（PS-2）两种减水剂，利用 FTIR 表征了两者的结构。通过相互复渗技术将两类减水剂母液复配，探讨了两组分掺量变化对其性能的影响，同时对复配母液与 3 种不同类型的水泥相容性进行了研究，利用 XRD 和 TG-DTG 对水泥石进行了微观分析并揭示了水泥水化作用。该结果为复配母液在工程中的应用提供了理论基础。

4.1.1　合成方法

将 0.17g APS 溶于 19mL 蒸馏水中，记为滴定液 1；1.69mL MAA 溶于 15mL 蒸馏水中，记为滴定液 2。在装有搅拌器的三口烧瓶中依次加入 40g 的 MPEGMAA2000、1.66g AMPS 和 30mL 蒸馏水。50℃水浴中搅拌使之全部溶解后同时滴加滴定液 1 和滴定液 2，滴加体积约为总体积的 2/3，滴加时间控制在 30min 之内。反应 3h 后，继续滴加剩余的约 1/3 总体积的滴定液 1 和滴定液 2，滴加时间控制在 15min 之内。滴加完毕后恒温反应 1h。冷却到室温，加入 40% 的 NaOH 溶液，调整 pH 值约为 6 或 7，即得黄色聚酯型羧酸系减水剂母液，固含量约为 40%，记为 PS-1。

将 0.66g APS 溶于 15mL 蒸馏水中，记为滴定液 3。在装有搅拌器的三口烧瓶中依次加入 40g 的 APEG2000、1.66g AMPS、1.96g MAH 和 30mL 蒸馏水。50℃水浴中搅拌使之全部溶解后滴加滴定液 3，滴加体积约为总体积的 2/3，滴加时间控制在 10min 之内。反应 5h 后，继续滴加剩余的约 1/3 总体积的滴定液 3，滴加时间控制在 5min 之内。滴加完毕后恒温反应 1h。冷却到室温后用加入 50%的 NaOH 溶液，调整 pH 值约为 6 或 7，即得褐色聚醚型羧酸系减水剂母液，固含量约为 50%，记为 PS-2。

将 PS-1 与 PS-2 分别稀释至固含量为 10%，并按质量比为 5：0、4：1、3：2、2：3、1：4、0：5 配制成复配母液。其代号分别为 A、B、C、D、E、F。

4.1.2　相容性测试

4.1.2.1　减水剂分散性能测试

为了比较不同比例复配型聚羧酸系减水剂与不同类型水泥的相容性，用 A、B、C、D、E 和 F 6 种复配母液测定水泥的初始净浆流动度，测试完后将净浆倒入干净的塑料烧杯中，放在恒温的标准箱内养护，以后每隔半小时测定一次流动度，测时将烧杯拿出，用刮刀搅拌后测其流动度，所得流动值减去初始流动值，即得到净浆流动损失值[205]，结果如图 4-1~图 4-3 所示。

由图 4-1~图 4-3 可知，对于 3 种类型的水泥而言，掺 PS-1 型减水剂的水泥净浆初始流动度均高于掺 PS-2 型减水剂。在 P·O42.5 中，随着 $m_{PS-1}:m_{PS-2}$ 比值的减小，净浆流动度损失值也减小，60min 内无损失，60min 后损失较快，当 $m_{PS-1}:m_{PS-2}=3:2$ 时，水泥初始净浆流动度为 238mm，60min 时为 240mm；在 P·C32.5 中，当 $m_{PS-1}:m_{PS-2}=3:2$ 时，水泥初始净浆流动度为 278mm，60min 时为 279mm，60min 内无损失，而其余复配比例母液净浆流动度损失较明显；在 P·Ⅱ52.5 中，当 $m_{PS-1}:m_{PS-2}=3:2$ 时，水泥初始净浆流动度为 255mm，60min

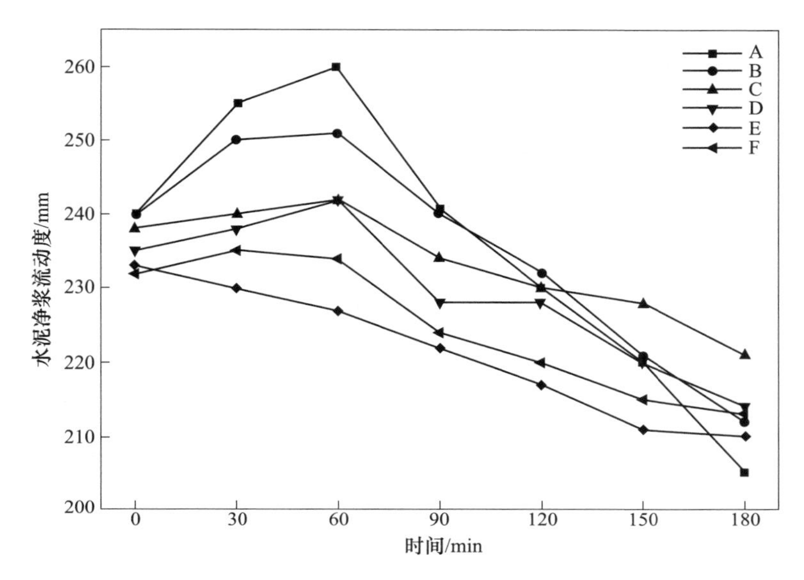

图 4-1 不同质量比复配型聚羧酸系减水剂母液对 P·O 42.5 水泥净浆流动度的影响

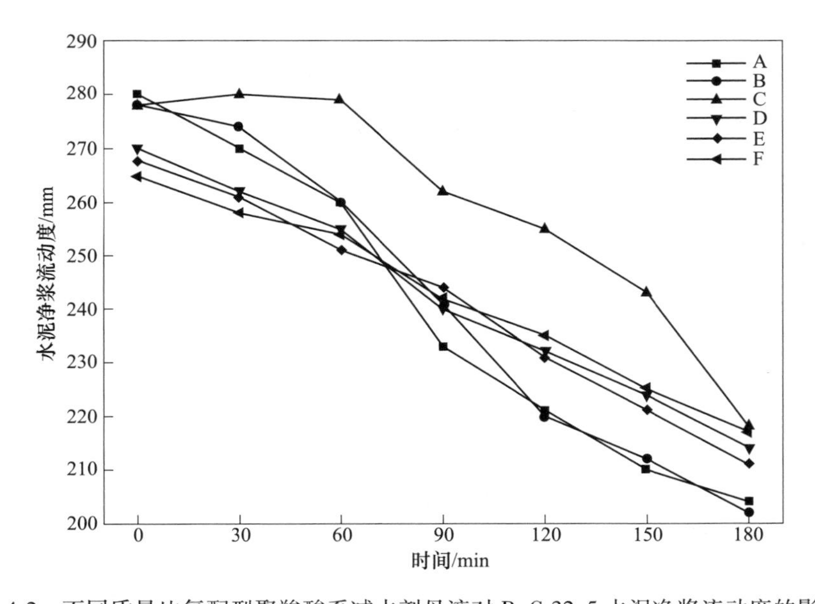

图 4-2 不同质量比复配型聚羧酸系减水剂母液对 P·C 32.5 水泥净浆流动度的影响

时为 257mm，60min 内无损失，PS-1 型减水剂损失较小，其余复配比例母液净浆流动度损失较明显。说明 m_{PS-1} ∶ m_{PS-2}为 3 ∶ 2 的复配母液对 3 种类型的水泥均有较好的相容性，最佳为 P·C32.5，次之为 P·Ⅱ52.5，最后为 P·O42.5。通过试验还发现，PS-1 型减水剂泌水现象严重，而 PS-2 型减水剂无泌水现象。虽然复配

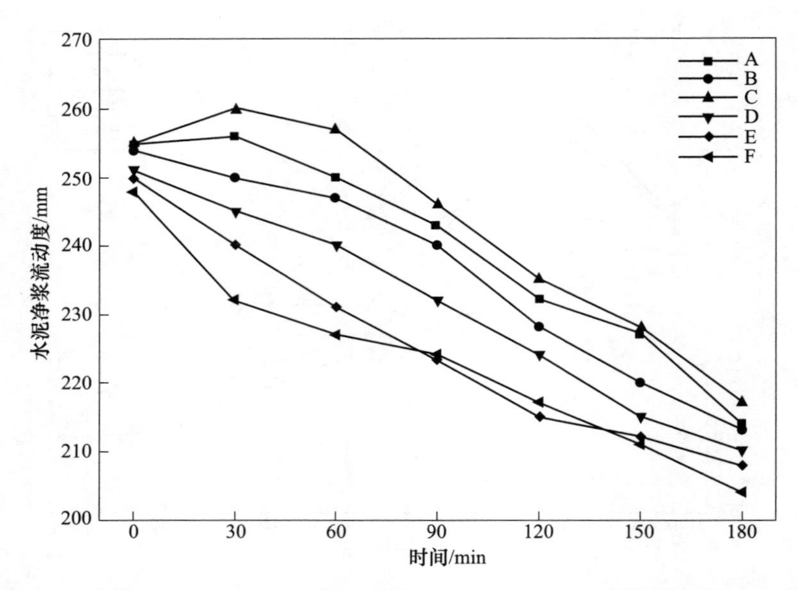

图 4-3　不同质量比复配型聚羧酸系减水剂母液对 P·Ⅱ52.5 水泥净浆流动度的影响

型减水剂水泥初始净浆流动度不如 PS-1，固含量不如 PS-2，但综合水泥净浆流动度及损失和固含量两个因素，复配型减水剂母液在性能方面比纯母液要好，说明酯醚两类减水剂有良好的叠加效果。因此，复配比例为 $m_{PCS-1}:m_{PCS-2}=3:2$。

4.1.2.2　FTIR 测试

对 PS-1 型和 PS-2 型减水剂进行红外表征，结果如图 4-4 所示。

由 PS-1 的红外曲线可知，波数 2880cm^{-1}为—CH_3 对称伸缩峰；1710cm^{-1}为羧基—COOH 中 C ═ O 的伸缩振动峰；1467cm^{-1}为—CH_2 箭式弯曲振动峰；1343m^{-1}为 C—N 键的伸缩振动峰；1278cm^{-1}为 S—C 键的面外摇摆振动峰；1103cm^{-1}为 O ═ S ═ O 的伸缩振动峰；943cm^{-1}和 834cm^{-1}为脂肪醚 C—O—C 伸缩峰，同时 834cm^{-1}和 681cm^{-1}也为 N—H 键的弯曲振动峰。故共聚物链段中含有羧基、氨基、磺酸基、醚键等基团。由 PS-2 的红外曲线可知，波数 3447cm^{-1}为 O—H 键的伸缩振动峰；2872cm^{-1}为烃基中 C—H 键的伸缩振动峰；1700cm^{-1}为羧基—COOH 中 C ═ O 的伸缩振动峰；1474cm^{-1}为 O—H 键的弯曲振动峰；1360cm^{-1}为 C—N 键的伸缩振动峰；1241cm^{-1}为 S—C 键的面外摇摆振动峰；1100cm^{-1}为醇的 C—O 键的伸缩振动峰，也为 O ═ S ═ O 双键的伸缩振动峰；950cm^{-1}与 880cm^{-1}为醚的 C—O 键的伸缩振动峰，同时 880cm^{-1}和 659cm^{-1}也为 N—H 键的弯曲振动峰。故共聚物链段中含有羧基、氨基、磺酸基、羟基、醚键等基团。PS-1 和 PS-2 两条红外曲线波数在 1650cm^{-1}左右 C ═ C 双键的特征峰很

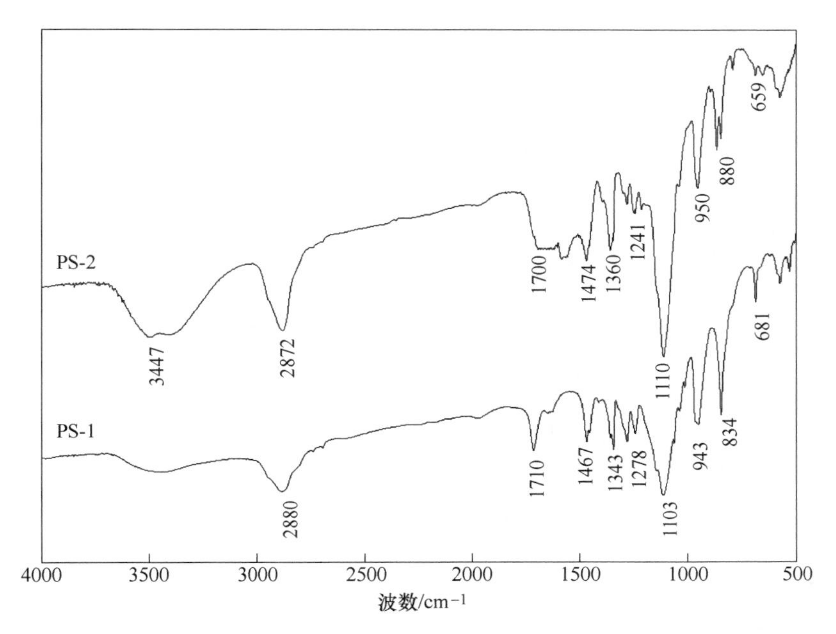

图 4-4 PS-1 及 PS-2 的红外光谱图

微弱，表明减水剂中几乎没有聚合单体残留。

4.1.2.3 XRD 测试

减水剂可以影响水泥的水化作用，从而影响减水剂与水泥的相容性。为了进一步了解水化过程中的物相变化，将 3 种类型的空白水泥石和加入复配母液 C 的水泥石进行 XRD 表征，结果如图 4-5～图 4-7 所示。其中，龄期为 1 天。Taylor 把水泥水化过程粗略地分为水化早期（水化过程开始 3h 前）、中期（水化 3～30h）和后期（水化开始 30h 后）[206]。由图 4-5～图 4-7 可以看出，龄期为 1 天时，3 种类型的空白水泥石与加入复配母液 C 的水泥石两条 XRD 曲线均有水泥的 5 种主要水化产物特征衍射峰存在。在 P·O42.5 中，空白曲线在衍射角为 20.7°和 29.4°的衍射峰强度比掺复配母液曲线对应的衍射峰强度要大，且增加了衍射角为 38.8°和 46.4°的两条衍射峰；在 P·C32.5 中，空白曲线在衍射角为 26.6°、29.4°和 36.6 的衍射峰强度比掺复配母液曲线对应的衍射峰强度要大，且增加了衍射角为 18.2°的衍射峰；P·Ⅱ52.5，空白曲线比掺复配母液曲线增加了衍射角为 18.1°和 50.9°的衍射峰。说明在 1 天内，该复配减水剂母液均可抑制 3 种水泥中 C_3A、C_3S 和 C_2S 的主要水化产物 $C_3S_2 \cdot 3H_2O$、C_2AH_6 和 $Ca(OH)_2$ 的生成，延缓了水泥水化[207]。

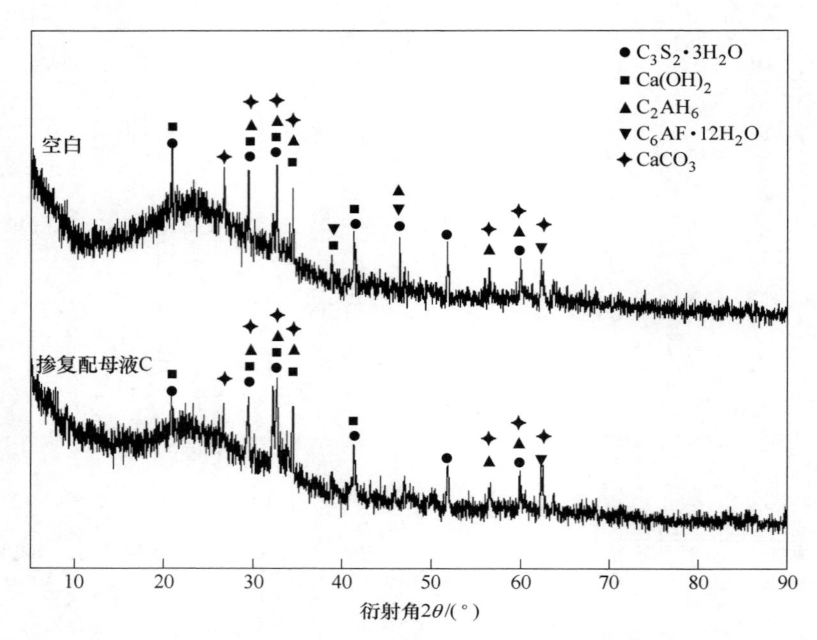

图 4-5　空白和掺复配母液 P·O42.5 水泥石的 XRD 图

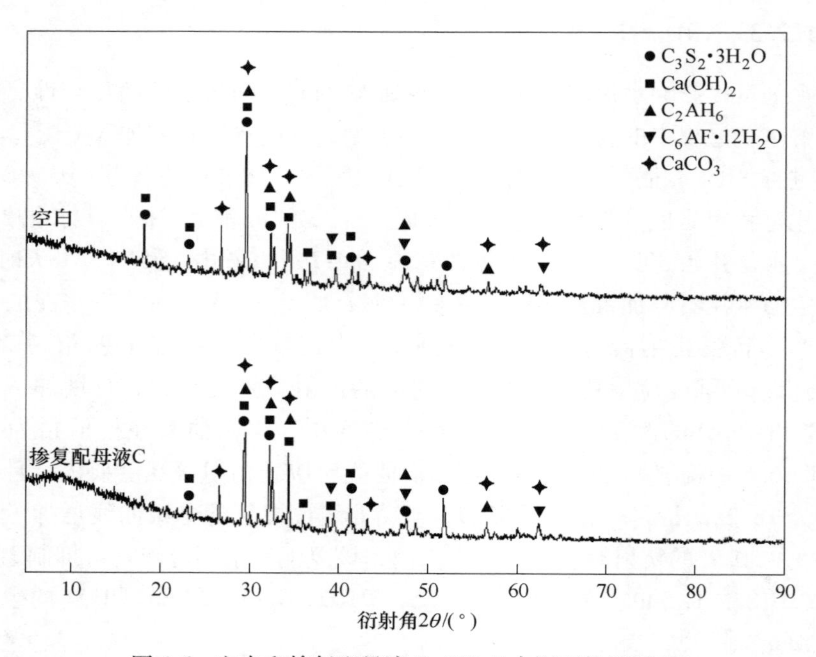

图 4-6　空白和掺复配母液 P·C32.5 水泥石的 XRD 图

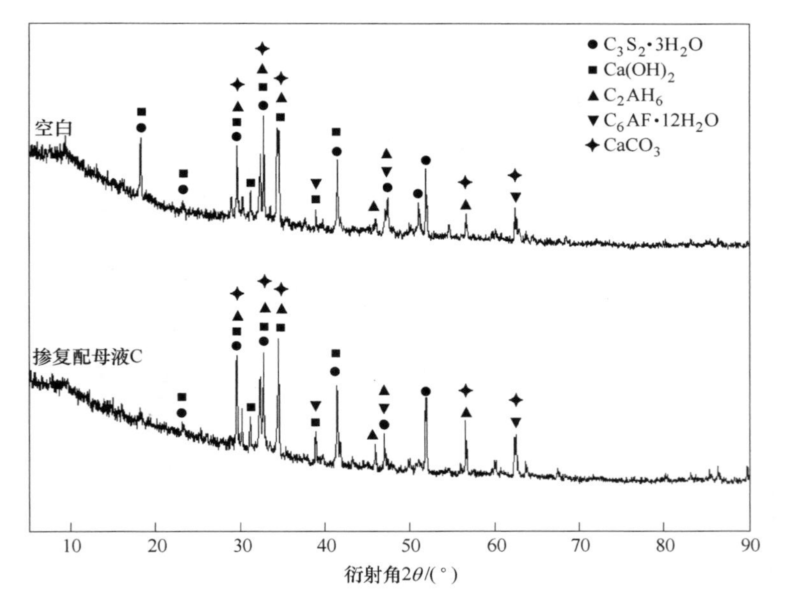

图 4-7 空白和掺复配母液 P·Ⅱ52.5 水泥石的 XRD 图

4.1.2.4 TG 测试

为了研究水化过程中水泥石的结构变化，将 3 种类型的空白水泥石和加入复配母液 C 的水泥石进行 TG-DTG 测试，结果如图 4-8~图 4-10 所示。其中，龄期为 1 天。

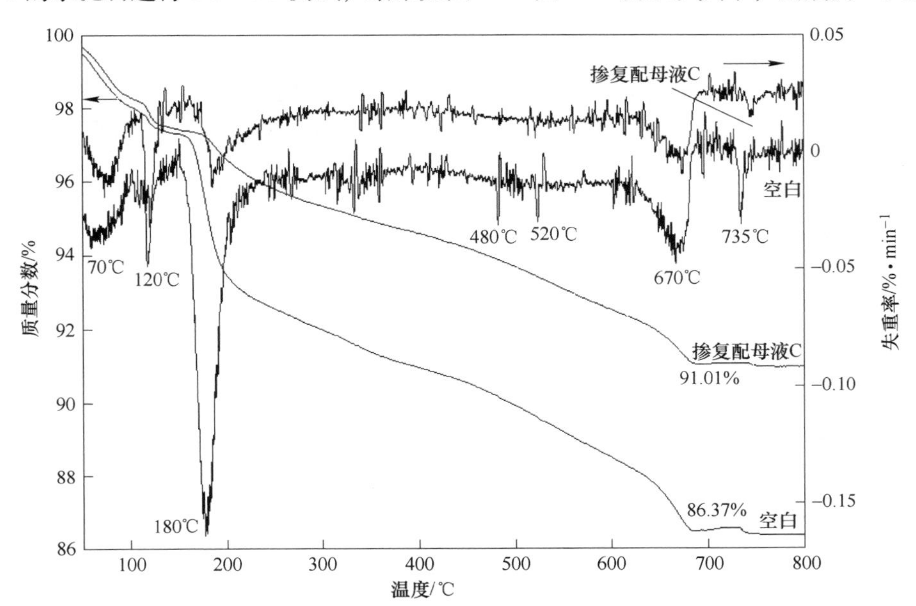

图 4-8 空白和掺复配母液 P·O42.5 水泥石的 TG 曲线

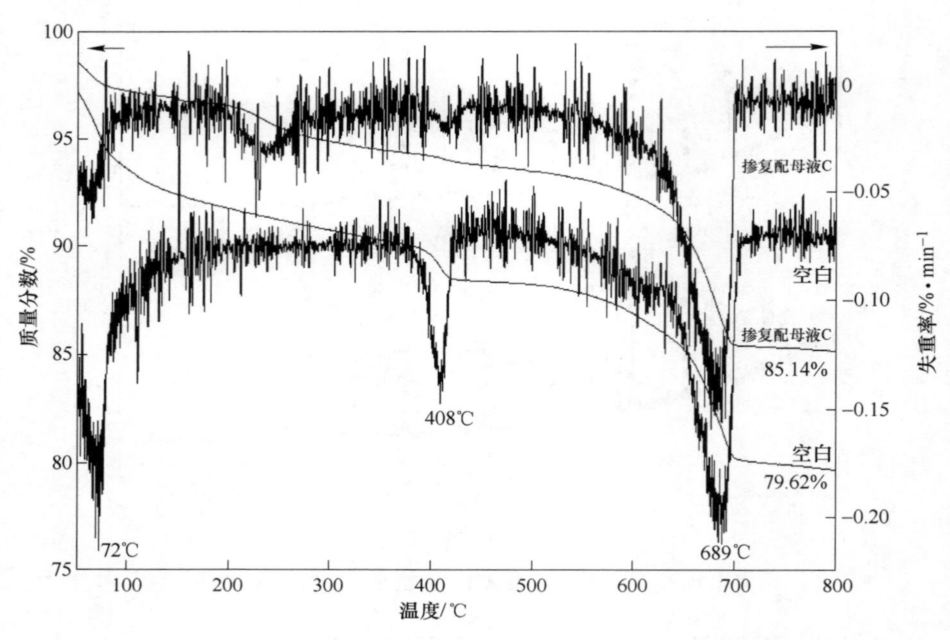

图 4-9　空白和掺复配母液 P·C32.5 水泥石的 TG 曲线

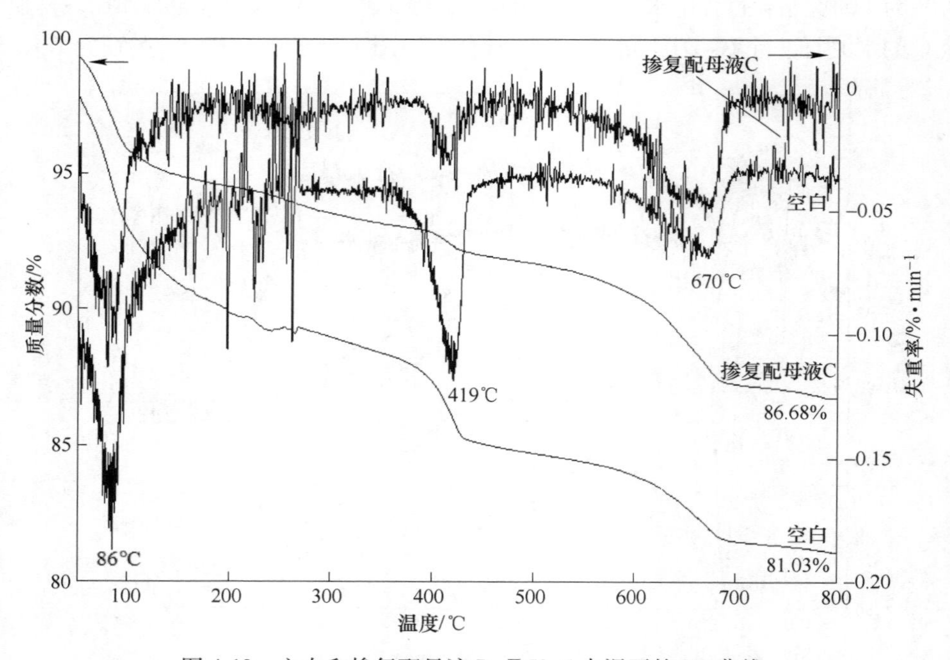

图 4-10　空白和掺复配母液 P·Ⅱ52.5 水泥石的 TG 曲线

由图 4-8~图 4-10 可知，当龄期为 1 天时，3 种类型的空白水泥石与加入复配减水剂母液的水泥石失重曲线大致相同。但是，从 TG 曲线可以看出，800℃时，P·O42.5 空白水泥石的质量保留率为 86.37%，加入复配减水剂母液水泥石的质量保留率为 91.01%；P·C32.5 空白水泥石的质量保留率为 79.62%，加入复配减水剂母液水泥石的质量保留率为 85.14%；P·Ⅱ52.5 空白水泥石的质量保留率为 81.03%，加入复配减水剂母液水泥石的质量保留率为 86.68%。说明 3 种类型的空白水泥石较加入复配减水剂母液的水泥石失重量大，水化程度较高，水化产物的含量较多，减水剂延缓了 1 天内的水泥水化。结合 DTG 曲线，温度区间为室温至 200℃时，该区间的峰为含水矿物脱水而形成，包括 C-S-H 凝胶、AFt 和 AFm 脱水等，P·O42.5 水泥石的吸热峰为 70℃、120℃和 180℃，P·C32.5 水泥石的吸热峰为 72℃，P·Ⅱ52.5 水泥石的吸热峰为 86℃；温度区间为 400~550℃时，该区间的峰为 $Ca(OH)_2$ 分解，P·O42.5 水泥石的吸热峰为 480℃和 520℃，P·C32.5 水泥石的吸热峰为 408℃，P·Ⅱ52.5 水泥石的吸热峰为 419℃；温度区间为 600~750℃时，该区间的峰为 $CaCO_3$ 分解，P·O42.5 水泥石的吸热峰为 670℃和 735℃，P·C32.5 水泥石的吸热峰为 689℃，P·Ⅱ52.5 水泥石的吸热峰为 670℃。根据上述温度值，掺复配母液的 DTG 曲线与对应空白的 DTG 曲线相比，3 个区间内的峰宽小且峰谷窄，表明水化产物生产量少，掺复配母液的 P·O42.5 和 P·C32.5 水泥石甚至在 400~550℃的温度区间内几乎没有吸收效应，表明 $Ca(OH)_2$ 含量很少。这与 XRD 的分析是一致的。

综上，通过对聚酯型和聚醚型减水剂 FTIR 表征，聚酯型减水剂共聚物链段中含有羧基、氨基、磺酸基、醚键等基团；聚醚型共聚物链段中含有羧基、氨基、磺酸基、羟基、醚键等基团。酯醚复配母液质量 m_{PS-1} ∶ m_{PS-2} 为 3 ∶ 2 时，对 3 种类型的水泥均有较好的相容性，最佳为 P·C32.5，次之为 P·Ⅱ52.5，最后为 P · O42.5；通过对龄期 1 天的硬化水泥石进行 XRD 和 TG 分析，该复配比母液可以延缓 1 天内的水泥水化，加速后期水泥水化进程。

4.2　固体抗泥型聚羧酸减水剂的制备及性能

随着混凝土需求量的逐年增加，砂石的开采量也突飞猛进。但是，优质的砂石资源是有限的，含泥量（黏土）偏高的劣质砂石加之粒形与级配差异大，使预拌混凝土的泵送困难，很难达到施工要求[208-209]。目前，解决该问题的方法有两种：（1）冲洗砂石，降低含泥量；（2）增加减水剂用量，加大混凝土和易性[210]。但这两种解决措施都会使运营成本增加，并不被市场认可。研究表明，利用聚羧酸系减水剂分子结构可控性和可设计性的特性，在不影响减水剂性能的前提下引入阳离子型单体参与共聚，该功能性基团的加入可增强减水剂的抗泥性。上述理论的提出可解决该难题。AMPS 和 HEMA 为抗泥阳离子型小分子单体，以其作为功能性侧链所制得的聚羧酸系减水剂可减弱对砂、石等集料泥含量的敏感性。同时，利用喷雾干燥法、沉淀法和本体聚合法等所制固体聚羧酸系减水剂具有储存方便、保质期长、运输成本低等优点，具有广阔的发展空间[211-214]。但是，国内外对固体聚羧酸系减水剂的制备、性能、作用机理等方面的研究还处于起步阶段。

鉴于沉淀法快速、简单、成本低、对减水剂性能的影响较小等优点，本节以 APEG、MAH、AMPS 和 HEMA 为聚合原料，采用溶剂沉淀法合成出固体酯类抗泥型聚羧酸系减水剂，并对该减水剂的分子结构和抗泥机理进行了研究。该成果为抗泥型聚羧酸系减水剂的发展和推广提供了新方向和理论依据。

4.2.1　合成方法

将 $(NH_4)_2S_2O_8$ 配制成一定质量分数的滴定液。在装有搅拌器、温度计、冷凝管、恒压滴液漏斗的四口烧瓶中依次加入 MPEGMAA、AMPS、MAH、HEMA、巯基乙醇和少量的水，将水浴锅升温到反应温度，搅拌溶解后通过蠕动泵滴加 $(NH_4)_2S_2O_8$ 溶液，滴加时间为 2h。滴加完毕后恒温一段时间，用 NaOH 溶液中和至 pH 值约为 7，将该产品转入四氢呋喃和乙酸乙酯（质量比 1∶2.8）的混合溶剂中，静置陈化 3h，沉淀物经过滤、洗涤、干燥即得固体酯类抗泥型聚羧酸系减水剂。反应总需水量按固含量为 50%计算。聚合反应方程式如下：

$$a\,\underset{\substack{|\\ CH_2O(C_2H_4O)_nH}}{CH}=CH_2 + b\,(\text{马来酸酐: }CH{=}CH\text{ 与 }C(=O)-O-C(=O)\text{ 成环}) + c\,CH_2=\overset{\substack{COOCH_2CH_2OH\\ |}}{C}-CH_3 + d\,\underset{\substack{|\\ CONH(CH_3)_2CH_2SO_3H}}{CH}=CH_2 \longrightarrow \tag{4-1}$$

$$-\!\left[\underset{\substack{|\\ CH_2O(C_2H_4O)_nH}}{CH}-CH_2\right]_a\!-\!\left[\overset{\substack{HOOC\\ |}}{CH}-\overset{\substack{COOH\\ |}}{CH}\right]_b\!-\!\left[CH_2-\overset{\substack{COOCH_2CH_2OH\\ |}}{\underset{\substack{|\\ CH_3}}{C}}\right]_c\!-\!\left[\underset{\substack{|\\ CONH(CH_3)_2CH_2SO_3H}}{CH}-CH_2\right]_d\!-$$

4.2.2　正交试验及分析

4.2.2.1　正交试验设计与结果

据自由基聚合机理和微观动力学原理，同时参考相关文献并结合前期试验成果，试验中 APEG 定为 20g(0.01mol)，选择 $n_{APEG}:n_{MAH}$(A)，$n_{APEG}:n_{AMPS}$(B)，$n_{APEG}:n_{HEMA}$(C)，$w_{(NH_4)_2S_2O_8}$(D)，聚合时间（E）和聚合温度（F）作为影响因素。设计出 $L_{25}(5^6)$ 正交试验。各变量及水平关系设计见表 4-1，正交试验结果见表 4-2。

表 4-1 聚合反应水平及因素表

水平	因素					
	A	B	C	D	E	F
1	1.0∶0.5	1.0∶0.6	1.0∶0.1	1.0	60	5
2	1.0∶1.0	1.0∶0.7	1.0∶0.2	1.5	65	6
3	1.0∶1.5	1.0∶0.8	1.0∶0.3	2.0	70	7
4	1.0∶2.0	1.0∶0.9	1.0∶0.4	2.5	75	8
5	1.0∶2.5	1.0∶1.0	1.0∶0.5	3.0	80	9

表 4-2 正交试验结果

编号	因素						水泥净浆流动度/mm
	A	B	C	D	E	F	
1	1.0∶0.5	1.0∶0.6	1.0∶0.1	1.0	60	5	275
2	1.0∶0.5	1.0∶0.7	1.0∶0.2	1.5	65	6	281
3	1.0∶0.5	1.0∶0.8	1.0∶0.3	2.0	70	7	283
4	1.0∶0.5	1.0∶0.9	1.0∶0.4	2.5	75	8	285
5	1.0∶0.5	1.0∶1.0	1.0∶0.5	3.0	80	9	280
6	1.0∶1.0	1.0∶0.6	1.0∶0.2	2.0	75	9	281
7	1.0∶1.0	1.0∶0.7	1.0∶0.3	2.5	80	5	279
8	1.0∶1.0	1.0∶0.8	1.0∶0.4	3.0	60	6	284
9	1.0∶1.0	1.0∶0.9	1.0∶0.5	1.0	65	7	281
10	1.0∶1.0	1.0∶1.0	1.0∶0.1	1.5	70	8	282
11	1.0∶1.5	1.0∶0.6	1.0∶0.3	3.0	65	8	286
12	1.0∶1.5	1.0∶0.7	1.0∶0.4	1.0	70	9	281
13	1.0∶1.5	1.0∶0.8	1.0∶0.5	1.5	75	5	279
14	1.0∶1.5	1.0∶0.9	1.0∶0.1	2.0	80	6	283
15	1.0∶1.5	1.0∶1.0	1.0∶0.2	2.5	60	7	286
16	1.0∶2.0	1.0∶0.6	1.0∶0.4	1.5	80	7	285

续表 4-2

编号	因素						水泥净浆流动度/mm
	A	B	C	D	E	F	
17	1.0 : 2.0	1.0 : 0.7	1.0 : 0.5	2.0	60	8	286
18	1.0 : 2.0	1.0 : 0.8	1.0 : 0.1	2.5	65	9	290
19	1.0 : 2.0	1.0 : 0.9	1.0 : 0.2	3.0	70	5	283
20	1.0 : 2.0	1.0 : 1.0	1.0 : 0.3	1.0	75	6	277
21	1.0 : 2.5	1.0 : 0.6	1.0 : 0.5	2.5	70	6	280
22	1.0 : 2.5	1.0 : 0.7	1.0 : 0.1	3.0	75	7	281
23	1.0 : 2.5	1.0 : 0.8	1.0 : 0.2	1.0	80	8	279
24	1.0 : 2.5	1.0 : 0.9	1.0 : 0.3	1.5	60	9	282
25	1.0 : 2.5	1.0 : 1.0	1.0 : 0.4	2.0	65	5	275
k_1	280.8	281.4	282.2	278.6	282.6	280	
k_2	281.4	281.6	282	281.8	284.4	281	
k_3	283	283	281.4	283.4	281.8	283.2	
k_4	284.2	282.8	283.8	284	280.6	283.6	
k_5	281.2	281.8	281.2	282.8	281.2	282.8	
R	3.4	1.6	2.6	5.4	3.8	3.6	

从表 4-2 的正交试验分析结果可以看出，最佳试验条件为 $A_4B_3C_4D_4E_2F_4$，即 $n_{APEG} : n_{MAH} : n_{AMPS} : n_{HEMA} = 1.0 : 1.0 : 0.8 : 0.4$，$w_{(NH_4)_2S_2O_8} = 2.5\%$，聚合温度 65℃，聚合时间 8h。在该条件下水泥初始净浆流动度为 292mm。

$(NH_4)_2S_2O_8$ 用量、聚合温度和聚合时间是顺次影响减水剂分散性能的 3 个因素。原因有 3 方面：

（1）自由基聚合的 3 个主要基元反应中（链引发、链增长、链终止），链引发是最慢的一步（决速步），控制着聚合速率，且引发剂用量是影响速率和相对分子质量的关键因素。

（2）根据自由基聚合速率方程 $\ln \frac{M_0}{M} = k_p \left(\frac{fk_d}{k_t}\right)^{\frac{1}{2}} I_0^{\frac{1}{2}} t$、$\ln \frac{M_0}{M} = 2k_p \left(\frac{f}{k_t k_d}\right)^{\frac{1}{2}} I_0^{\frac{1}{2}} (1 - e^{-\frac{k_d t}{2}})$ 和引发剂分解速率方程 $\ln \frac{I}{I_0} = -k_d t$，聚合时间和引发剂浓度对单体的反应

程度呈正相关，而引发剂的残留分率随聚合时间呈指数关系而衰减。

（3）根据引发剂分解速率常数与温度的关系式 $k_d = A_d e^{-\frac{E_d}{RT}}$ 和引发剂半衰期关系式 $t_{\frac{1}{2}} = \frac{\ln 2}{k_d}$，聚合温度与引发剂分解速率常数成正相关，引发剂分解速率常数与半衰期呈负相关。

综上，由于 $(NH_4)_2S_2O_8$ 分解活化能为 140.2kJ/mol，故需较高的分解温度和较长的分解时间使其变为 SO_4^{2-}·初级自由基。由于 HEMA 活性较高，试验中需加入巯基乙醇作为链转移剂防止凝胶现象的发生。

4.2.2.2 FTIR 分析

对自制减水剂进行 FTIR 表征，如图 4-11 所示。

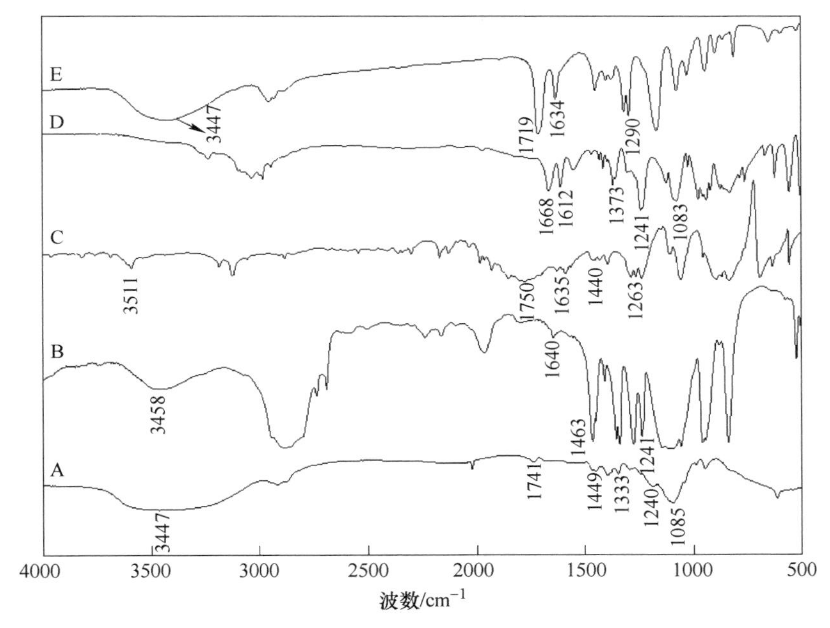

图 4-11 原料及减水剂的红外光谱图

A—APEG-MAH-AMPS-HEMA；B—APEG；C—MAH；D—AMPS；E—HEMA

主要官能团的特征峰红外吸收频率归属如下：O—H 键伸缩振动峰为 $3511cm^{-1}$、$3458cm^{-1}$、$3447cm^{-1}$；C ═ O 的伸缩振动峰为 $1750cm^{-1}$、$1741cm^{-1}$、$1719cm^{-1}$；C ═ C 双键的伸缩振动峰为 $1668cm^{-1}$、$1640cm^{-1}$、$1635cm^{-1}$、$1634cm^{-1}$、$1612cm^{-1}$；O—H 键弯曲振动峰为 $1463cm^{-1}$、$1449cm^{-1}$、$1440cm^{-1}$；C—N 键的伸缩振动峰为 $1373cm^{-1}$、$1333cm^{-1}$；C—O—C 的伸缩振动峰为 $1290cm^{-1}$、$1263cm^{-1}$、

1241cm^{-1}、1240cm^{-1}；S—C 键面外摇摆振动峰为 1241cm^{-1}；O ═ S ═ O 的伸缩振动峰为 1085cm^{-1}、1083cm^{-1}，故减水剂链段中含有酯基、羧基、酰胺基、磺酸基等官能团。因 A 曲线在波数 1500～1700cm^{-1}范围内 C ═ C 双键的特征峰很微弱，表明减水剂中几乎没有聚合单体残留。

4.2.2.3　抗泥机理分析

黏土按结构分为 4 类：高岭石族、蒙脱石族、伊利石族和绿泥石族，而砂石中的黏土是与其伴生的多矿物集合体。探究减水剂与黏土的相互作用机理及过程，对减水剂是否具有抗泥性能具有理论指导意义。以蒙脱土为掺料，自制减水剂为外加剂，将龄期为 3 天的掺有蒙脱土和减水剂的水泥石、掺有减水剂的蒙脱土、掺有减水剂的水泥石经蒸馏水洗涤、过滤、干燥后分别进行 FTIR、XRD、XPS 和 TG-DTG 分析，结果如图 4-12～图 4-18 所示。

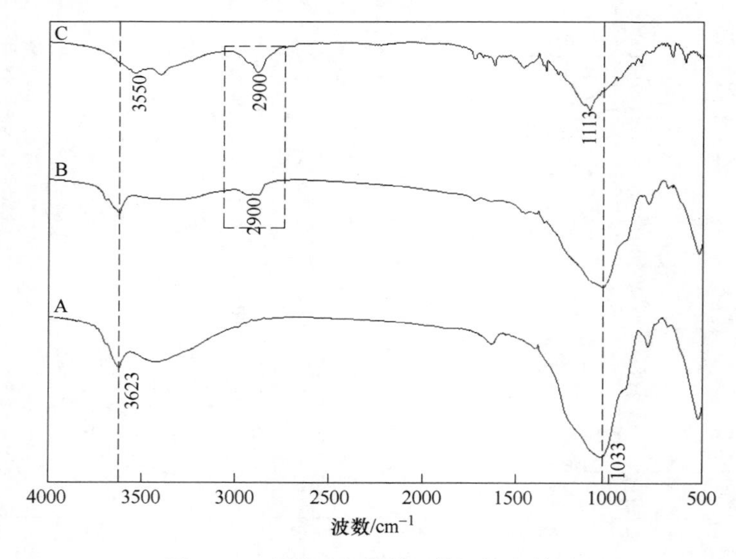

图 4-12　水泥石和蒙脱土的红外光谱图

A—蒙脱土；B—掺有减水剂的蒙脱土；C—掺有蒙脱土和减水剂的水泥石

由图 4-12 可知，3623cm^{-1}、3550cm^{-1}为 O—H 键伸缩振动峰，2990cm^{-1}为—CH_2反对称伸缩振动峰和—CH_3 对称伸缩振动峰，1113cm^{-1}、1033cm^{-1}为 Si—O 的伸缩振动峰。对比 3 条谱线，主要特征峰位几乎未变，表明减水剂的加入并不影响水泥和蒙脱土的结构；B 曲线和 C 曲线比 A 曲线多出了 2990cm^{-1}特征峰，表明减水剂已进入水泥和蒙脱土内部；C 曲线—OH 和 Si—O 的特征峰位较 A、B 两条曲线对应的峰位略有偏移，这是水泥水化作用的结果。

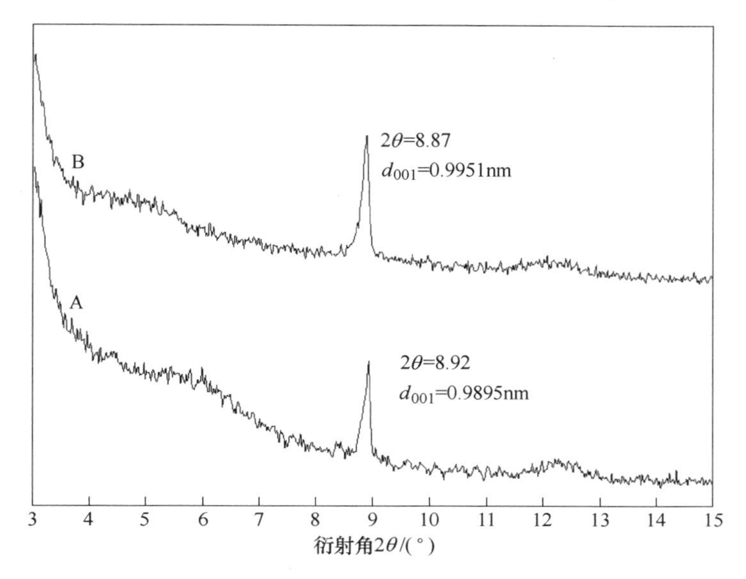

图 4-13 蒙脱土的 XRD 图

A—蒙脱土；B—掺有减水剂的蒙脱土

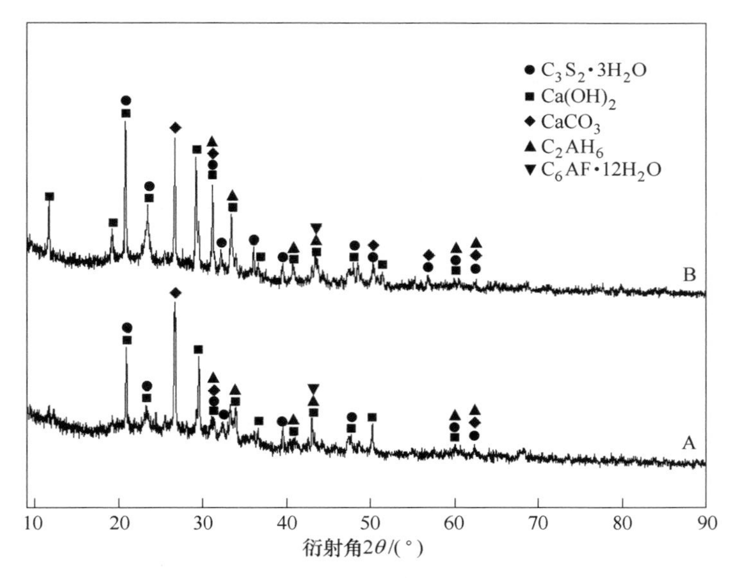

图 4-14 水泥石的 XRD 图

A—水泥石；B—掺有减水剂和蒙脱土的水泥石

由图 4-13 可知，减水剂处理蒙脱土前后 d_{001} 面衍射角 2θ 由 8.92°变为 8.87°，衍射角向低角度方向移动。根据布拉格方程 $2d\sin\theta = n\lambda$，算出蒙脱土层间距由 0.9898nm 变为 0.9951nm，增大了 0.0053nm。说明自制减水剂以插层吸附的形式与蒙脱土作用。由图 4-14 可知，两条曲线均有 5 种主要水化产物的特征峰存在，峰位及峰型几乎未变。但 B 曲线衍射峰强度高于 A 曲线、衍射峰个数多于 A 曲线，说明减水剂促进了水泥水化程度，与普通减水剂所起的作用是一样的，并没有受蒙脱土掺入的影响。

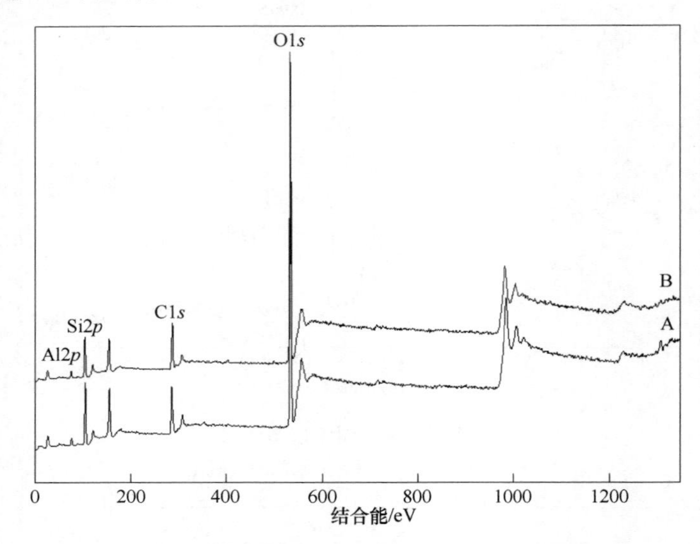

图 4-15　减水剂在蒙脱土上吸附前后的 XPS 总谱图

A—蒙脱土；B—掺有减水剂的蒙脱土

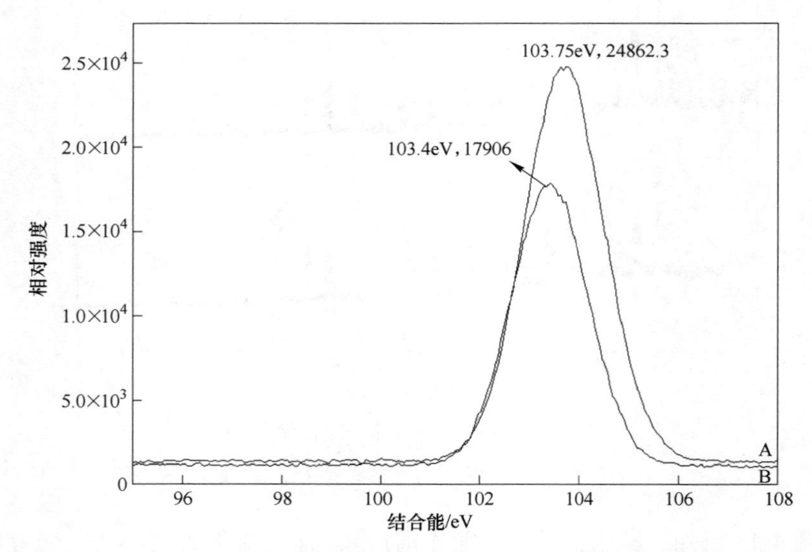

图 4-16　减水剂在蒙脱土上吸附前后 Si2*p* 的 XPS 精细谱图

A—蒙脱土；B—掺有减水剂的蒙脱土

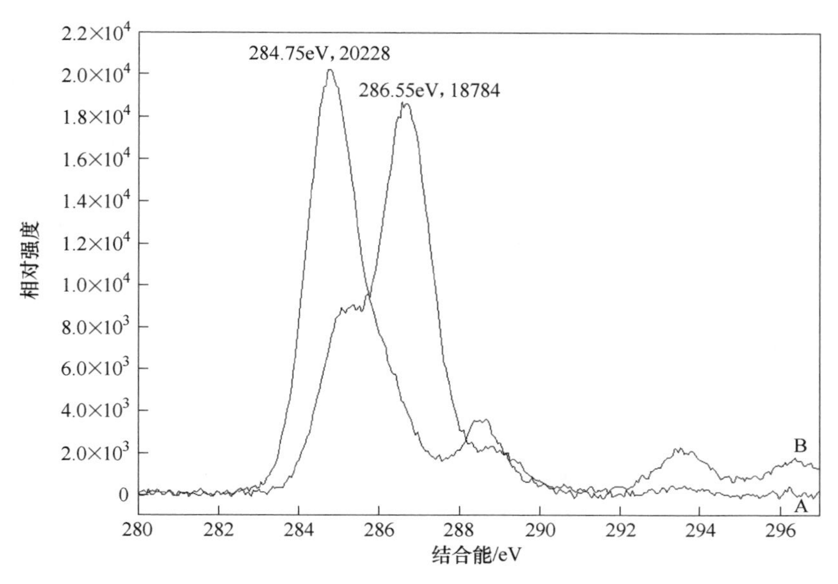

图 4-17 减水剂在蒙脱土上吸附前后 C1*s* 的 XPS 精细谱图

A—蒙脱土；B—掺有减水剂的蒙脱土

由图 4-15 可知，减水剂在蒙脱土吸附前后各元素主峰的电子结合能无明显变化。由图 4-16 可知，由于减水剂分子中无 Si 元素，蒙脱土吸附减水剂后 Si2*p* 的峰强度变小，根据公式 $I = I_0\exp\frac{-b}{\lambda}$、$\lambda = 2170E^{-2} + 0.72(aE)^{\frac{1}{2}}$ 和 $a^3 = \frac{10^{24}M}{\rho mN}$，可算出吸附膜厚度为 5.25nm，说明减水剂吸附在蒙脱土颗粒表面导致 Si2*p* 的峰强度衰减。此外，由图 4-17 可知蒙脱土吸附减水剂后 C1*s* 主峰向高结合能方向移动，且峰强度变小。说明减水剂和蒙脱土之间有电子的转移，这是因为减水剂通过离子交换及离子对对蒙脱土进行吸附，同时所含 C—H 键也可与蒙脱土层间非极性较强的质点发生范德华引力而吸附。综上所述，自制聚羧酸系减水剂对蒙脱土的吸附包括插层吸附和表面吸附，由于自制聚羧酸系减水剂在蒙脱土上吸附膜厚度大于普通聚羧酸系减水剂（一般为 2nm），该减水剂以表面吸附为主。

由图 4-18 中 TG 曲线可知，A 曲线失重至 89.1%，B 曲线失重至 80.6%，失重差是由于蒙脱土所吸附的减水剂分解所致。由 DTG 曲线可知，温度区间为室温到 100℃时，为蒙脱土脱水吸热峰；温度为 280℃和 470℃时，为减水剂分解吸热峰，由于 280℃处的吸热峰大而阔，表明该处的质量损失明显大于 470℃处的质量损失，说明蒙脱土以表面吸附为主，这与 XPS 的分析结果是一致的。

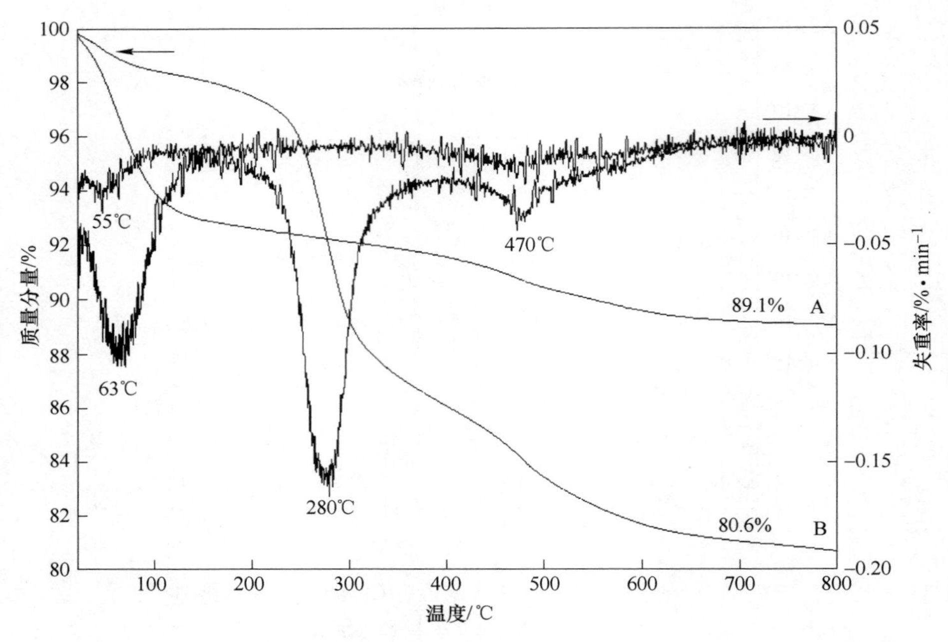

图 4-18 蒙脱土的 TG 曲线

A—蒙脱土；B—掺有减水剂的蒙脱土

4.2.2.4 抗泥性能

通过上述抗泥机理分析，说明自制减水剂 APEG-MAH-AMPS-HEMA 具有抗泥能力。由于蒙脱土本身较强的黏滞性减弱了减水剂对水泥颗粒的分散能力，从而降低了水泥浆体的流动性。因此，可通过水泥净浆流动度来判定减水剂的抗泥性能。表 4-3 列出了其他结构抗泥型减水剂的分散性能，也反映出对蒙脱土的适应性。由表 4-3 可知，如文献所报道的减水剂一样，自制固体减水剂也具有抗泥性能。此外，固体减水剂便于存储和长距离运输，改善了应用领域的局限性。

表 4-3 抗泥型减水剂的分散性能

减水剂种类	减水剂掺量/%	固含量/%	蒙脱土掺量/%	水泥初始净浆流动度/mm	参考文献
PC	1	100	1.5	295	本书
PCS	0.2	40	1	255	[215]
MAA/HEMA	0.25	28	1	240	[216]
Poly(MAT)	0.21	37.5	1	260	[217]

续表 4-3

减水剂种类	减水剂掺量 /%	固含量 /%	蒙脱土掺量 /%	水泥初始净浆流动度/mm	参考文献
ATS25	0.12	40.41	1	225	[218]
HPEG/MAA/ST	0.12	40.1	1	265	[219]
PC/KN	0.2	40	3	275	[220]

综上，经正交试验设计，得出最佳合成工艺条件：$n_{APEG}:n_{MAH}:n_{AMPS}:n_{HEMA}=1.0:1.0:0.8:0.4$，$w_{(NH_4)_2S_2O_8}=2.5\%$、聚合时间为8h、聚合温度为65℃，沉淀法得到固体聚羧酸系减水剂 APEG-MAH-AMPS-HEMA。通过 FTIR 表征，该减水剂链段含有酯基、羧基、酰胺基、磺酸基等官能团。在水灰比为0.29，减水剂折固掺量为1%，蒙脱土掺量为水泥质量的1.5%的条件下，水泥净浆流动度为292mm。FTIR、XRD、XPS 和 TG 的分析结果表明，APEG-MAH-AMPS-HEMA 减水剂具有抗泥性能，其加入促进了水泥水化程度，但不影响水泥和蒙脱土的结构。蒙脱土对该减水剂的吸附以表面吸附为主，吸附层厚度为5.25nm；以插层吸附为辅，蒙脱土层间距由 0.9898nm 变为 0.9951nm，增大了 0.0053nm。

4.3 醚类抗泥型聚羧酸减水剂的制备及性能

商品混凝土需求量的增加导致砂石骨料的用量也与日俱增，但是，含有不同程度黏土的砂石骨料粒形与级配差异大、减水剂对黏土的敏感性高、液态减水剂存储难和运输成本高等问题制约了混凝土外加剂的发展和应用[221-223]。研究表明，利用聚羧酸系减水剂分子结构可控和可设计性的特性，在不影响减水剂性能的前提下引入 AMPS、HEMA 等阳离子型单体参与共聚，将其作为功能性侧链可增强减水剂的抗泥性，减弱其对砂、石等集料泥含量的敏感性。此外，固体减水剂便于存储和长距离运输，改善了应用领域的局限性。本体聚合体系为均相反应，可直接制得粉体，产品纯净且相对分子质量较高，不存在介质分离的问题。MMA 活性较高，易于共聚。鉴于此，本节以 TPEG、AMPS、HEMA 和 MMA 为聚合单体，BPO 为引发剂，采用本体聚合法制备固体醚类抗泥型聚羧酸系减水剂，并对该减水剂的分子结构、作用机理和抗泥性能进行了分析。该成果具有经济和实用价值，为抗泥型聚羧酸系减水剂的发展和推广提供了新方向和理论依据。

4.3.1　合成方法

水浴锅升温至80℃，将APEG和AMPS加入带有搅拌器的双颈烧瓶中，搅拌溶解后移入HEMA和MMA。然后分3次加入BPO，每次间隔1h。添加完毕后恒温搅拌1h。趁热倒出，真空冷却至室温即可。APEG、AMPS、HEMA和MMA按摩尔比1∶1∶1∶2加入，BPO以单体总质量的0.5%加入。聚合反应方程式见式（4-2），减水剂产品外观如图4-19所示。

$$
a\,\underset{\displaystyle CH_2O(C_2H_2O)_nH}{\underset{|}{CH}}{=}C(CH_3)_2 + b\,CH_2{=}\underset{\displaystyle CH_3}{\underset{|}{C}}COOCH_3 + c\,CH_2{=}\overset{\displaystyle COOCH_2CH_2OH}{\overset{|}{C}}{-}CH_3 + d\,\underset{\displaystyle CONH(CH_3)_2CH_2SO_3H}{\underset{|}{CH}}{=}CH_2 \longrightarrow
$$

$$
{-}\!\left[\underset{\displaystyle CH_2O(C_2H_4O)_nH}{\underset{|}{CH}}{-}C(CH_3)_2\right]_a\!{-}\!\left[CH_2{-}\overset{\displaystyle COOCH_3}{\overset{|}{\underset{\displaystyle CH_3}{\underset{|}{C}}}}\right]_b\!{-}\!\left[CH_2{-}\overset{\displaystyle COOCH_2CH_2OH}{\overset{|}{\underset{\displaystyle CH_3}{\underset{|}{C}}}}\right]_c\!{-}\!\left[\underset{\displaystyle CONH(CH_3)_2CH_2SO_3H}{\underset{|}{CH}}{-}CH_2\right]_d\!{-}
\tag{4-2}
$$

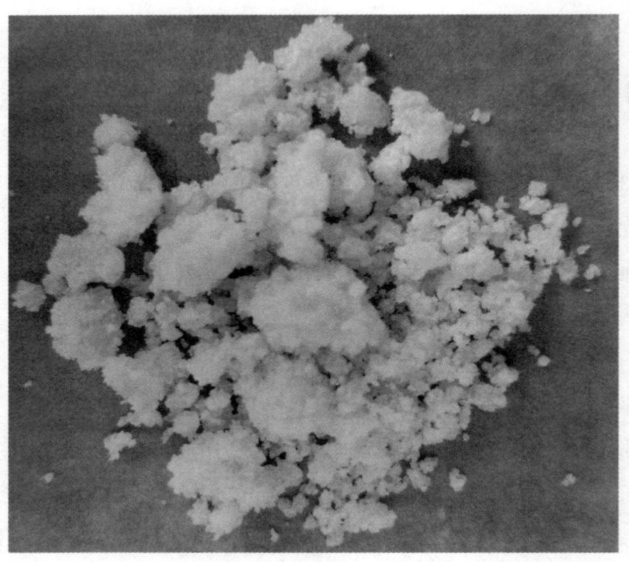

图4-19　TPEG-AMPS-HEMA-MMA的外观图

4.3.2　减水剂作用机理分析

对部分聚合单体和减水剂进行FTIR表征，结果如图4-20和表4-4所示。

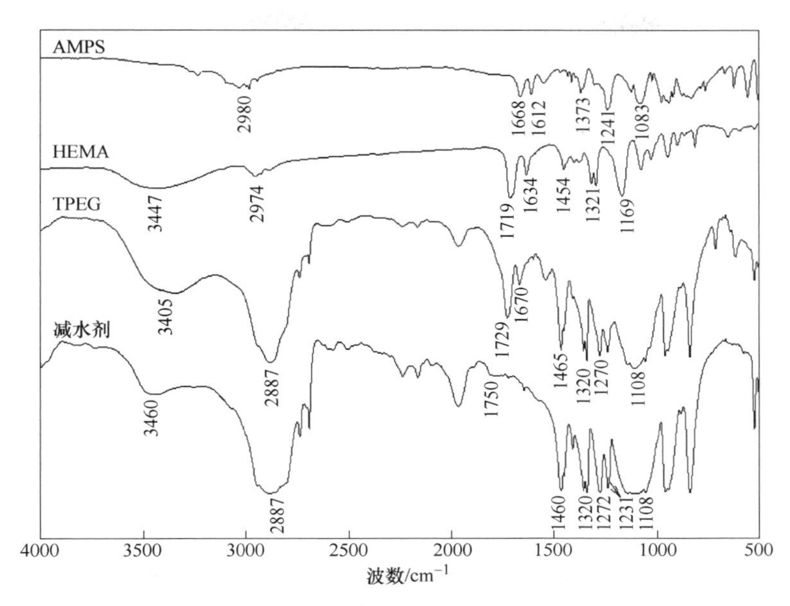

图 4-20 TPEG、AMPS、HEMA 及 TPEG-AMPS-HEMA-MMA 减水剂的红外光谱图

表 4-4 红外吸收频率归属表

名 称	波数/cm^{-1}	归属	振动形式
AMPS	2980	$—CH_2$、$—CH_3$	伸缩振动
	1668、1612	C═C	伸缩振动
	1373	C—N	伸缩振动
	1241	S—C	面外摇摆振动
	1083	O═S═O	伸缩振动
HEMA	3447	O—H	伸缩振动
	2974	$—CH_2$、$—CH_3$	伸缩振动
	1719	C═O	伸缩振动
	1634	C═C	伸缩振动
	1454	O—H	弯曲振动
	1321	O—H	面内变形振动
	1169	C—O—C	伸缩振动
TPEG	3405	O—H	伸缩振动
	2887	$—CH_2$、$—CH_3$	伸缩振动
	1729	C═O	伸缩振动
	1670	C═C	伸缩振动
	1465	O—H	弯曲振动

续表 4-4

名　称	波数/cm^{-1}	归属	振动形式
TPEG	1320	O—H	面内变形振动
	1270、1108	C—O—C	伸缩振动
TPEG-AMPS-HEMA-MMA	3460	O—H	伸缩振动
	2887	$—CH_2$、$—CH_3$	伸缩振动
	1750	C═O	伸缩振动
	1460	O—H	弯曲振动
	1320	O—H	面内变形振动
		C—N	伸缩振动
	1272、1108	C—O—C	伸缩振动
	1231	S—C	面外摇摆振动
	1108	O═S═O	伸缩振动

由图 4-20 和表 4-4 可知，TPEG-AMPS-HEMA-MMA 链段中已引入了酯基、氨基、磺酸基、羟基、醚键等目标基团。由于无 C ═ C 的特征峰，表明反应单体已全部聚合。

砂石中的黏土是与其伴生的多矿物集合体。探究减水剂与黏土的相互作用机理及过程，对减水剂是否具有抗泥性能具有理论指导意义。以蒙脱土为掺料，自制减水剂为外加剂，将龄期为 7 天的掺有蒙脱土和减水剂的水泥石、掺有减水剂的蒙脱土、掺有减水剂的水泥石和空白水泥石经蒸馏水洗涤、过滤、干燥后分别进行 FTIR、XRD、SEM、TG 和吸附量测试，结果如图 4-21～图 4-27 所示。

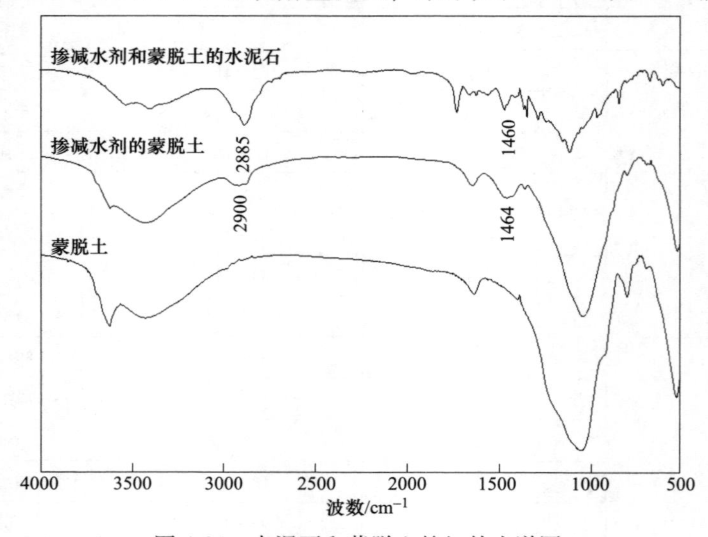

图 4-21　水泥石和蒙脱土的红外光谱图

由图4-21对比可知，3条谱线主要特征峰位并没有发生变化，掺减水剂的蒙脱土曲线及掺减水剂和蒙脱土的水泥石曲线比蒙脱土曲线各多了2900cm^{-1}和2855cm^{-1}的吸收峰，该峰为—CH_2反对称伸缩振动峰和—CH_3对称伸缩振动峰；还多了1464cm^{-1}和1460cm^{-1}的吸收峰，该峰为—OH的伸缩振动峰。说明减水剂的加入并不影响水泥和蒙脱土的结构，但已进入水泥和蒙脱土内部。

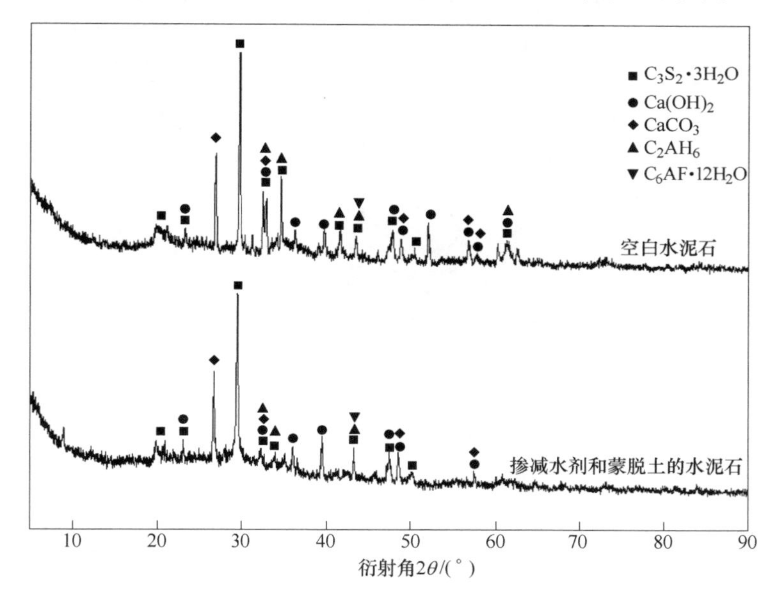

图4-22 水泥石的XRD图

图4-23 水泥石的SEM图

图 4-24　掺有减水剂和蒙脱土的水泥石的 SEM 图

由图 4-22 可知，两条曲线均有 5 种主要水化产物的特征峰存在，峰位及峰型几乎未变。不掺减水剂的水泥石衍射峰强度高于掺减水剂的水泥石（2θ 为 29.6°、32.1°和 33.9°处效果明显）、衍射峰个数多于掺减水剂的水泥石（2θ 为 41.5°、52.1°、56.8°和 61.4°处效果明显）。对比图 4-23 和图 4-24 扫描电镜的照片可知，水泥石的微观形貌可看到层状 $Ca(OH)_2$ 晶体，孔多而小，表面致密；

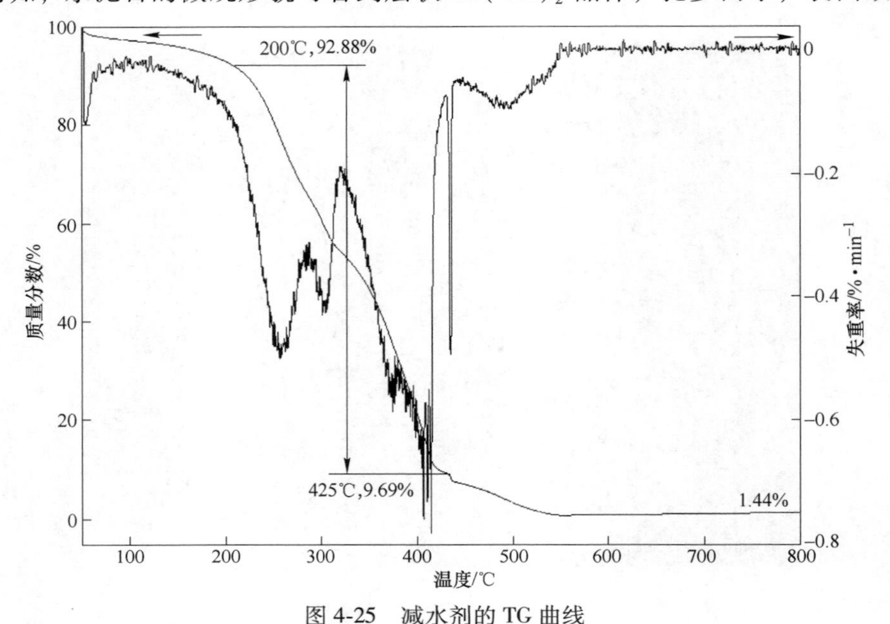

图 4-25　减水剂的 TG 曲线

掺有减水剂和蒙脱土水泥石的微观形貌可看到少量层状的 $Ca(OH)_2$ 晶体，孔大，表面疏松；表明水化进程较慢。说明减水剂的加入延缓了水泥水化。可能是由于蒙脱土有较高的分散性和吸附性，可吸附水泥颗粒和减水剂的缘故。XRD 和 SEM 表征结果均说明自制减水剂的减水效果与普通减水剂所起的作用是一样的，并没有受到蒙脱土掺入的影响。

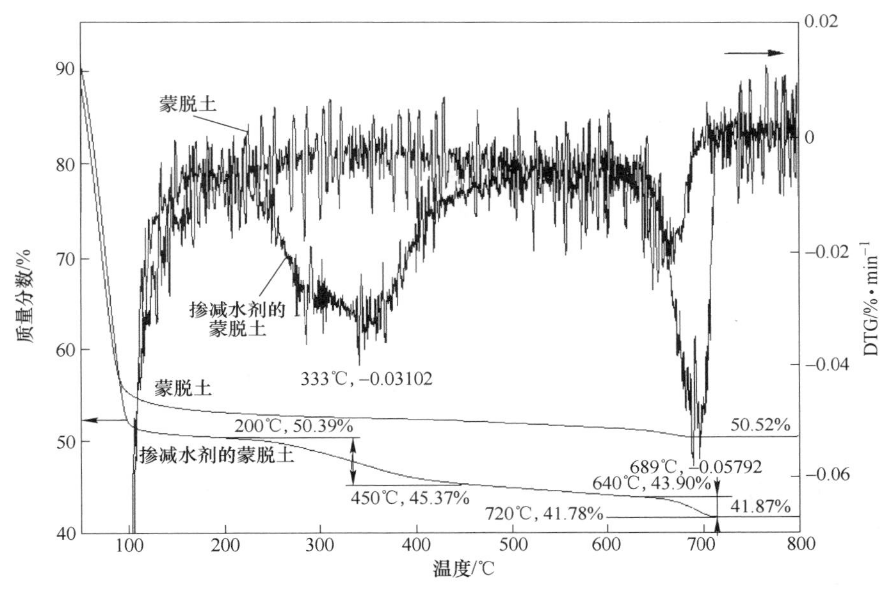

图 4-26 蒙脱土的 TG 曲线

由图 4-25 中 TG 曲线可知，温度在 200~420℃范围内，减水剂由 92.88%失重至 9.69%，质量损失了 83.19 个百分点，表明该温度范围为减水剂的热分解区间。由图 4-26 中掺减水剂的蒙脱土 TG 曲线可知，温度区间为 200~420℃时，质量由 50.39%失重至 45.37%，损失了 5.02 个百分点。由于该温度区间与减水剂的热分解区间相同，故温度 333℃为减水剂分解吸热峰。温度区间为 640~720℃时，质量由 43.90%失重至 41.78%，损失了 2.12 个百分点。而该区间的吸热峰比相应蒙脱土的 TG 曲线大而阔，表明该处掺减水剂的蒙脱土质量损失大于不掺减水剂的蒙脱土质量损失，故 689℃也为减水剂分解吸热峰。两条曲线的失重差（8.65 个百分点）是蒙脱土所吸附的减水剂分解所致。由于蒙脱土对减水剂的吸附分为表面吸附和层间吸附两种，温度区间 200~420℃处的质量损失大于温度区间 640~720℃处的质量损失，说明蒙脱土对该减水剂的吸附以表面吸附为主，层间吸附为辅。

根据 Langmuir 等温吸附方程，由图 4-27 拟合曲线可求出蒙脱土对减水剂的饱和吸附量为 2.41mg/g，是水泥对减水剂的饱和吸附量 1.21mg/g 的 1.99 倍。据文献报道，蒙脱土对普通减水剂的吸附量大约为水泥的 2.5 倍，说明该减水剂

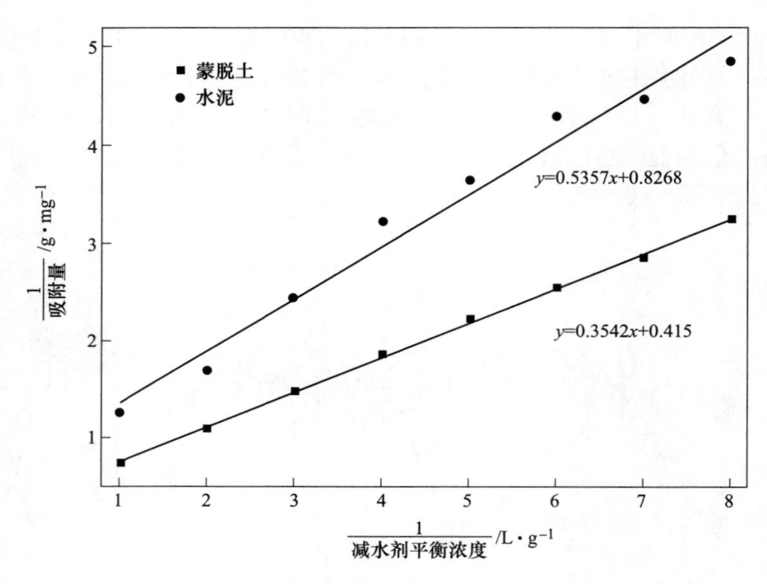

图 4-27　蒙脱土和水泥对减水剂的吸附曲线

具有抗泥性[224]。

通过以上分析，说明自制减水剂 TPEG-AMPS-HEMA-MMA 具有抗泥能力。由于蒙脱土本身较强的黏滞性减弱了减水剂对水泥颗粒的分散能力，从而降低了水泥浆体的流动性。因此，可通过测定水泥净浆流动度来判定减水剂的抗泥性能，见表 4-5。由表可知，如文献所报道的减水剂一样，自制固体减水剂也具有抗泥性能。

表 4-5　抗泥型减水剂的分散性能

减水剂种类	减水剂掺量 /%	固含量 /%	蒙脱土掺量 /%	水泥初始净浆流动度/mm	参考文献
TPEG-AMPS-HEMA-MMA	1	100	1	268	本书
PCS	0. 2	40	1	255	[215]
MAA/HEMA	0. 25	28	1	240	[216]
Poly(MAT)	0. 21	37. 5	1	260	[217]
ATS25	0. 12	40. 41	1	225	[218]
HPEG/MAA/ST	0. 12	40. 1	1	265	[219]

综上，经本体聚合得到固体醚类抗泥型聚羧酸系减水剂 TPEG-AMPS-HEMA-MMA，当减水剂折固掺量为 1%、蒙脱土掺量为 1%时，水泥净浆流动度为 268mm，砂浆减水率为 27. 4%。FTIR、XRD、SEM、TG 和吸附量测试的分析结果表明，TPEG-AMPS-HEMA-MMA 减水剂具有分散和抗泥性能，其加入延缓了 7 天水泥水化程度。蒙脱土对该减水剂的吸附以表面吸附为主，以插层吸附为辅，饱和吸附量为 2. 41mg/g。

4.4 复配抗泥型聚羧酸减水剂的制备及性能

我国商品混凝土需求量的逐年增加使砂石骨料的开采量也突飞猛进。但是，含有不同程度黏土的砂石骨料粒形与级配差异大，加之减水剂对黏土的高敏感性使预拌混凝土的泵送困难，很难达到施工要求[225]。目前，解决该问题的方法有两种：(1) 使用之前冲洗砂石，降低含泥量，但浪费人力物力；(2) 增加减水剂用量，加大混凝土和易性，但增加成本，应用性能存在波动[226-227]。故这两种解决方法并不被市场认可。研究表明，利用聚羧酸系减水剂分子结构可控和可设计性的特性，在不影响减水剂性能的前提下引入阳离子型单体参与共聚，该功能性基团的加入可增强减水剂的抗泥性、降低聚羧酸系减水剂对黏土的敏感性[228-229]。该研究工作具有实际意义和价值。

2-丙烯酰胺基-2-甲基丙磺酸（AMPS）和甲基丙烯酸羟乙酯（HEMA）为抗泥阳离子型小分子单体，以其作为功能性侧链所制得的聚羧酸系减水剂可减弱对砂、石等集料泥含量的敏感性。同时，聚酯型和聚醚型两类减水剂具有较好的相容性和叠加、协同、配伍效果，将两者按一定质量比例在特定的条件下合成复配型减水剂，既可解决聚醚类减水剂与水泥相容性差、减水率低、经时损耗大等问题，又可以解决聚酯类减水剂固含量低、制备成本高等问题[230-231]。鉴于此，本节以聚乙二醇单甲醚甲基丙烯酸酯（MPEGMAA）、烯丙基聚乙二醇（APEG）、马来酸酐（MAH）、AMPS 和 HEMA 为聚合原料，合成出酯醚复配抗泥型聚羧酸系减水剂并对该减水剂的分子结构和抗泥机理进行了研究。该成果为抗泥型聚羧酸系减水剂的发展和推广提供了新方向和理论依据。

4.4.1 合成方法

移取 30%的双氧水 143μL 于 10mL 水中，记为滴定液 1；称取 0.867g $FeSO_4$ 溶于 100mL 水中，移取 10mL 记为滴定液 2。在装有搅拌器、冷凝管的四口烧瓶依次加入 20g MPEGMAA、2.42g AMPS、1.21mL HEMA 和 10mL 水，将水浴锅升温至 56℃，搅拌溶解后通过蠕动泵同时滴加 1 和 2，滴加时间 1h，恒温 4h，用 NaOH 浓溶液中和至 pH 值约为 7，即得固含量为 45%左右的淡黄色抗泥型聚酯类聚羧酸系减水剂，记为 PC1。

将 0.579g $(NH_4)_2S_2O_8$ 溶于 20mL 水中配成滴定液。在装有搅拌器、冷凝管的三口烧瓶依次加入 20g APEG、1.66g AMPS、0.98g MAH、480μL HEMA 和 14mL 水，将水浴锅升温至 65℃，搅拌溶解后通过蠕动泵滴加 $(NH_4)_2S_2O_8$ 溶液，滴加时间 2h，恒温 6h，用 NaOH 浓溶液中和至 pH 值约为 7，即得固含量为 50%左右的黄色抗泥型聚醚类聚羧酸系减水剂，记为 PC2。

将 PC1 和 PC2 按固体质量比为 5∶0、4∶1、3∶2、2∶3、1∶4、0∶5 配成

质量分数为 40%的复配母液。聚合反应方程式如下：

$$a\mathrm{CH_2{=}C(CH_3)[COO(C_2H_4O)_nCH_3]} + b\mathrm{CH_2{=}C(COOCH_2CH_2OH){-}CH_3} + c\mathrm{CH{=}CH_2[CONH(CH_3)_2CH_2SO_3H]} \longrightarrow$$
$$\left[\mathrm{CH_2{-}C(CH_3)[COO(C_2H_4O)_nCH_3]}\right]_a\left[\mathrm{CH_2{-}C(COOCH_2CH_2OH)(CH_3)}\right]_b\left[\mathrm{CH{-}CH_2[CONH(CH_3)_2CH_2SO_3H]}\right]_c \tag{4-3}$$

$$a\mathrm{CH{=}CH_2[CH_2O(C_2H_4O)_nH]} + b\,\mathrm{(CH{=}CH)(CO)_2O} + c\mathrm{CH_2{=}C(COOCH_2CH_2OH){-}CH_3} + d\mathrm{CH{=}CH_2[CONH(CH_3)_2CH_2SO_3H]} \longrightarrow$$
$$\left[\mathrm{CH{-}CH_2[CH_2O(C_2H_4O)_nH]}\right]_a\left[\mathrm{CH(HOOC){-}CH(COOH)}\right]_b\left[\mathrm{CH_2{-}C(COOCH_2CH_2OH)(CH_3)}\right]_c\left[\mathrm{CH{-}CH_2[CONH(CH_3)_2CH_2SO_3H]}\right]_d \tag{4-4}$$

4.4.2　性能测试

为了获取减水剂复配方式的最佳组合，对不同质量比酯醚减水剂的分散效果进行了复配试验，结果如图 4-28 所示。

由图 4-28 可见，随着 $m_{PC1}:m_{PC2}$值的减小，醚类减水剂所占的质量增大，水泥初始净浆流动度减小，由 295mm 减小至 271mm。说明酯类减水剂的分散性能优于醚类减水剂。30min 和 60min 时，不同质量比酯醚复配减水剂水泥净浆流动度均下降，但酯类减水剂经时损失率较大（7.46%和 11.53%），醚类减水剂经时损失率较小（2.95%和 5.90%）。说明醚类减水剂的保坍性能优于酯类减水剂。当 $m_{PC1}:m_{PC2}=2:3$ 时，水泥初始净浆流动度为 281mm，30min、60min 水泥净浆流动度为 277mm 和 268mm，经时损失率为 2.85%和 6.05%。虽然该复配比的减水剂分散性能不如酯类减水剂，但保坍性能优于酯类减水剂，和醚类减水剂相差不多。综合考虑，最佳复配比例为 $m_{PC1}:m_{PC2}=2:3$，该复配比的减水剂在性能上具有良好的叠加效果。

4.4.3　减水剂作用机理分析

对自制减水剂 PC1 和 PC2 进行 FTIR 表征，如图 4-29 所示。

由图 4-29 可见，PC1 谱线中，O—H 键伸缩振动峰为 3447cm^{-1}；—CH_3 对称伸缩峰为 2896cm^{-1}；羧酸酯中 C ═ O 键伸缩振动峰为 1714cm^{-1}；—CH_2 弯曲振

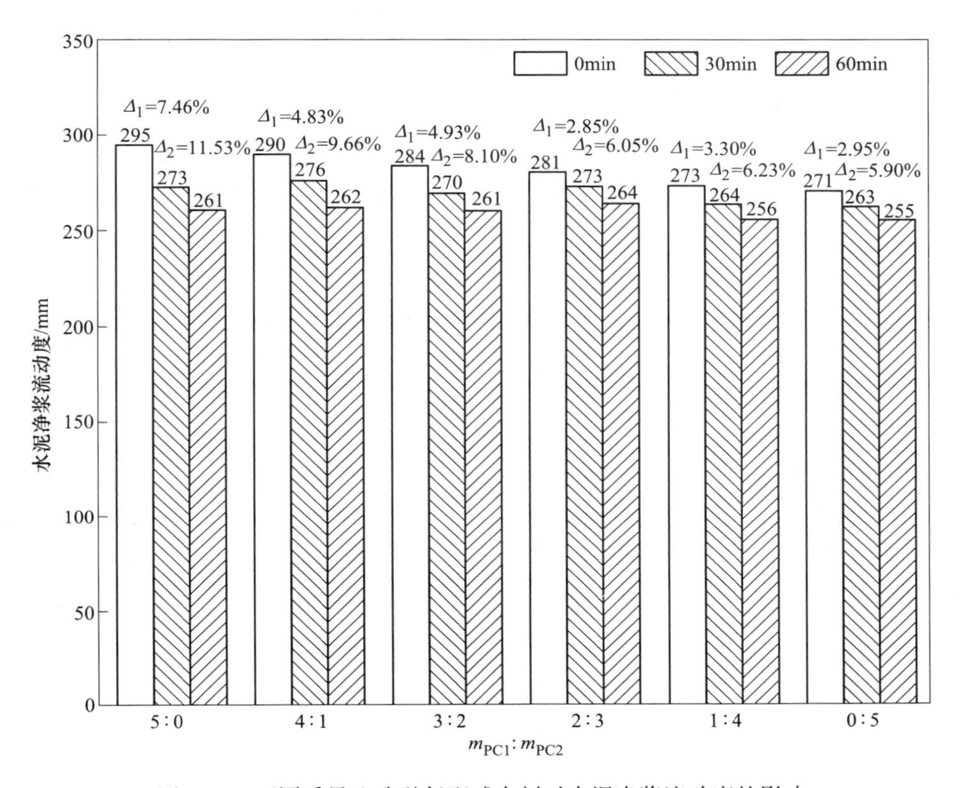

图 4-28 不同质量比酯醚复配减水剂对水泥净浆流动度的影响

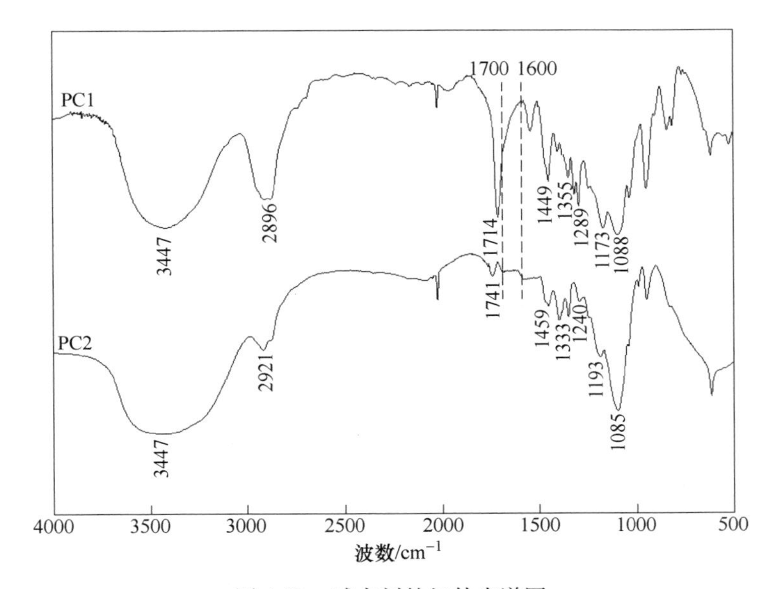

图 4-29 减水剂的红外光谱图

动峰：1449cm^{-1}；C—N 键伸缩振动峰为 1355cm^{-1}；羧酸酯中 C—O—C 伸缩振动峰和 S—C 键面外摇摆振动峰为 1289cm^{-1}；脂肪醚 C—O—C 伸缩峰为 1173cm^{-1}；O ═ S ═ O 的伸缩振动峰为 1088cm^{-1}，故减水剂链段中含有酯基、氨基、磺酸基、羟基、醚键等基团。PC2 谱线中，O—H 键伸缩振动峰为 3447cm^{-1}；$—CH_3$ 对称伸缩峰为 2921cm^{-1}；羧酸及其酯中 C ═ O 键伸缩振动峰为 1741cm^{-1}；$—CH_2$ 弯曲振动峰为 1459cm^{-1}；C—N 键伸缩振动峰为 1333cm^{-1}；羧酸及其酯中 C—O—C 伸缩振动峰和 S—C 键面外摇摆振动峰为 1240cm^{-1}；脂肪醚 C—O—C 伸缩峰为 1193cm^{-1}；O ═ S ═ O 的伸缩振动峰为 1085cm^{-1}，故减水剂链段中含有酯基、羧基、酰胺基、磺酸基等官能团。两条曲线在波数 1600～1700cm^{-1} 范围内 C ═ C 双键的特征峰很微弱，表明减水剂中几乎没有聚合单体残留。

黏土按结构分为四类：高岭石族、膨润石族、伊利石族和绿泥石族，是与砂石伴生的多矿物集合体。探究减水剂与黏土的相互作用机理及过程，对减水剂是否具有抗泥性能具有理论指导意义。以膨润土为掺料，复配减水剂为外加剂，将龄期为 7 天的掺有膨润土和减水剂的水泥石、掺有减水剂的膨润土、掺有减水剂的水泥石经蒸馏水洗涤、过滤、干燥后分别进行 FTIR、XRD、SEM、XPS 和 TG-DSC 分析，结果如图 4-30～图 4-38 所示。

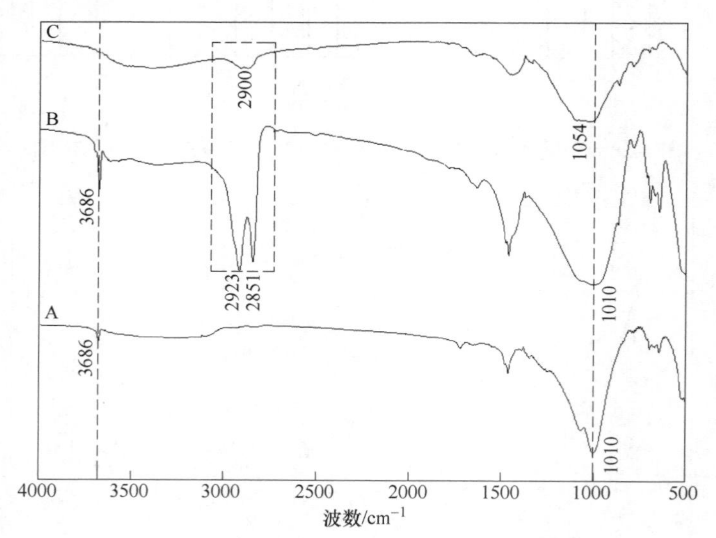

图 4-30　水泥石和膨润土的红外光谱图

A—膨润土；B—掺有减水剂的膨润土；C—掺有膨润土和减水剂的水泥石

由图 4-30 可知，3686cm^{-1} 为 O—H 键伸缩振动峰，2923cm^{-1}、2990cm^{-1}、2851cm^{-1} 为 $—CH_2$ 反对称伸缩振动峰和 $—CH_3$ 对称伸缩振动峰，1054cm^{-1}、1010cm^{-1} 为 Si—O 的伸缩振动峰。对比 3 条谱线，主要特征峰位几乎未变，表明减水剂的加入并不影响水泥和膨润土的结构；B 曲线和 C 曲线比 A 曲线多出了甲基和亚甲基的伸缩振动特征峰，表明减水剂已进入水泥和膨润土内部。

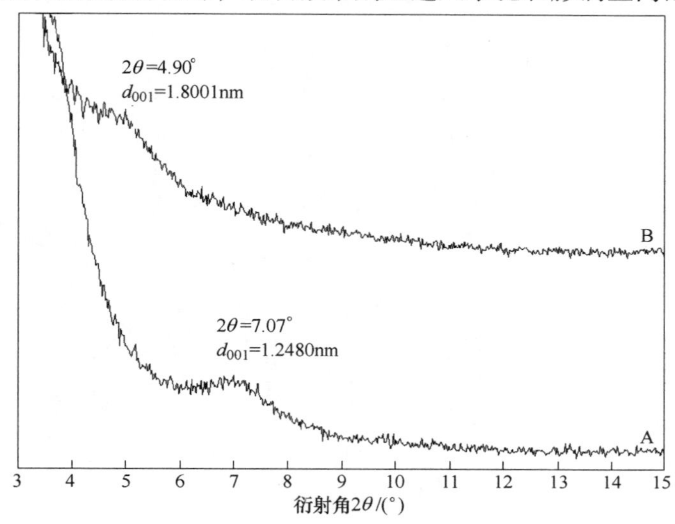

图 4-31 掺减水剂前后膨润土的 XRD 图

A—膨润土；B—掺有减水剂的膨润土

由图 4-31 可知，减水剂处理膨润土前后 d_{001} 面衍射角 2θ 由 7.07°变为 4.90°，衍射角向低角度方向移动。根据布拉格方程 $2d\sin\theta = n\lambda$，算出膨润土层间距由 1.2480nm 变为 1.8001nm，增大了 0.5521nm。说明自制减水剂以插层吸附的形式与膨润土作用。

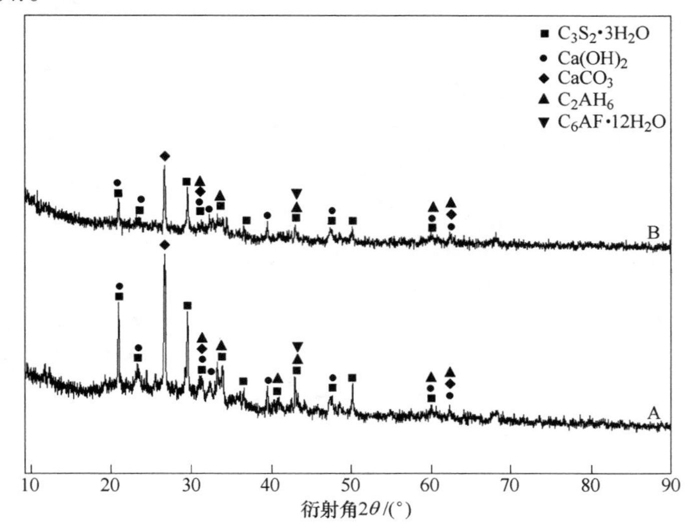

图 4-32 水泥石的 XRD 图

A—水泥石；B—掺有减水剂和膨润土的水泥石

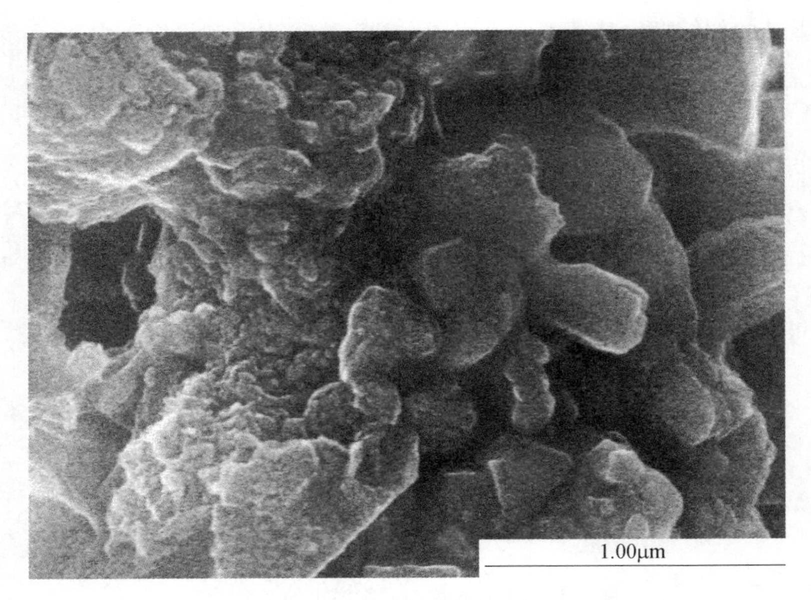

图 4-33　水泥石的 SEM 图

图 4-34　掺有减水剂和膨润土的水泥石的 SEM 图

由图 4-32 可知，两条曲线均有 5 种主要水化产物的特征峰存在，峰位及峰型几乎未变。但 A 曲线衍射峰强度高于 B 曲线、衍射峰个数多于 B 曲线，说明减水剂延缓了水泥水化。由图 4-33 和图 4-34 可知，水泥石的扫描电镜照片可看到大量

层状的 $Ca(OH)_2$ 晶体，掺有减水剂和膨润土水泥石的电镜照片可看到少量层状的 $Ca(OH)_2$ 晶体和较多的 C-S-H 凝胶，说明水化进程较慢。这与普通减水剂所起的作用是一样的，复配减水剂并没有因膨润土的掺入而改变对水泥的水化作用。

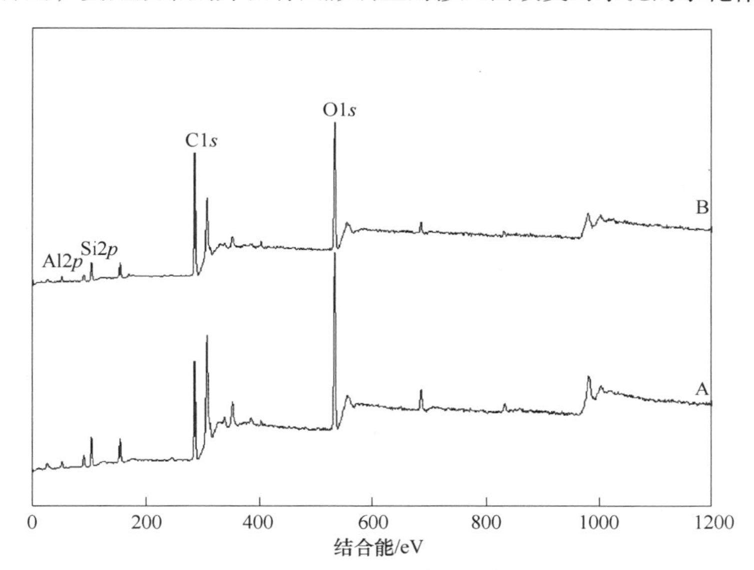

图 4-35 减水剂在膨润土上吸附前后的 XPS 总谱图

A—膨润土；B—掺有减水剂的膨润土

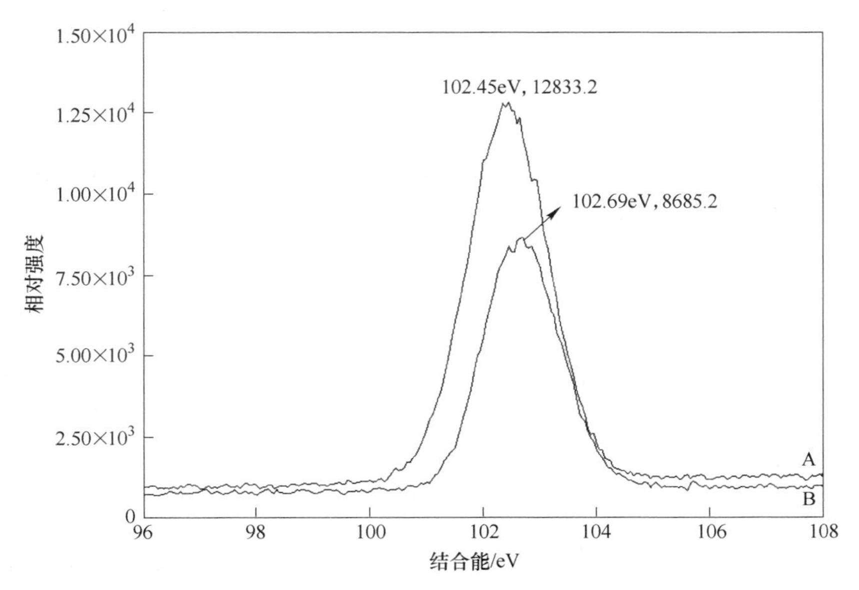

图 4-36 减水剂在膨润土上吸附前后 Si2*p* 的 XPS 精细谱图

A—膨润土；B—掺有减水剂的膨润土

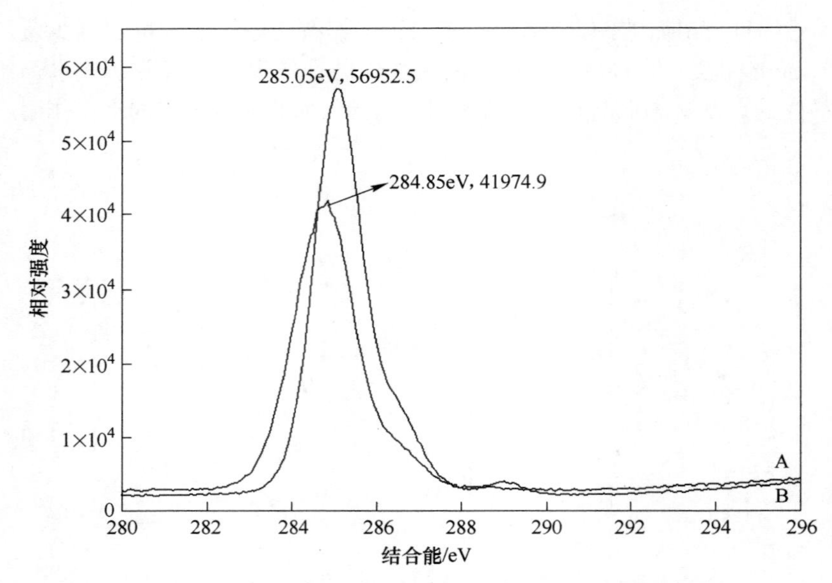

图 4-37　减水剂在膨润土上吸附前后 C1*s* 的 XPS 精细谱图

A—膨润土；B—掺有减水剂的膨润土

由图 4-35 可知，减水剂在膨润土吸附前后各元素主峰的电子结合能无明显变化。由图 4-36 和图 4-37 可知，由于减水剂分子中含有 C 元素，无 Si 元素，膨润土吸附减水剂后 Si2*p* 的峰强度减弱，C1*s* 的峰强度增大。根据公式 $I = I_0\exp\frac{-b}{\lambda}$、$\lambda = 2170E^{-2} + 0.72\ (aE)^{\frac{1}{2}}$ 和 $a^3 = \frac{10^{24}M}{\rho mN}$，可算出吸附膜厚度为 6.24nm，说明减水剂吸附在膨润土颗粒表面导致 Si2*p* 的峰强度衰减。综上所述，膨润土对复配减水剂的吸附包括插层吸附和表面吸附，由于复配减水剂在膨润土上吸附膜厚度大于普通聚羧酸系减水剂（一般为 2nm），该减水剂以表面吸附为主。

由图 4-38 中 TG 曲线可知，A 曲线失重至 93.10%，为膨润土脱除吸附水和结合水所致。B 曲线失重至 54.18%，A、B 曲线的失重差是由于膨润土所吸附的减水剂分解所致。由 DSC 曲线可知，温度区间为 150～400℃时，该处吸热峰为 233℃和 312℃，为膨润土表面吸附的减水剂分解吸热峰，质量损失了 29.78 个百分点；温度区间为 450～700℃时，该处吸热峰为 526℃和 659℃，为膨润土层间吸附的减水剂分解吸热峰，质量损失了 11.21 个百分点。由于温度区间 150～400℃的质量损失大于温度区间 450～700℃的质量损失，说明膨润土以表面吸附为主，这与 XPS 的分析结果是一致的。

综上，经自由基聚合得到聚酯型和聚醚型聚羧酸系减水剂，当复配质量比为 2∶3 时，水泥初始、30min 和 60min 的净浆流动度分别为 281mm、277mm 和

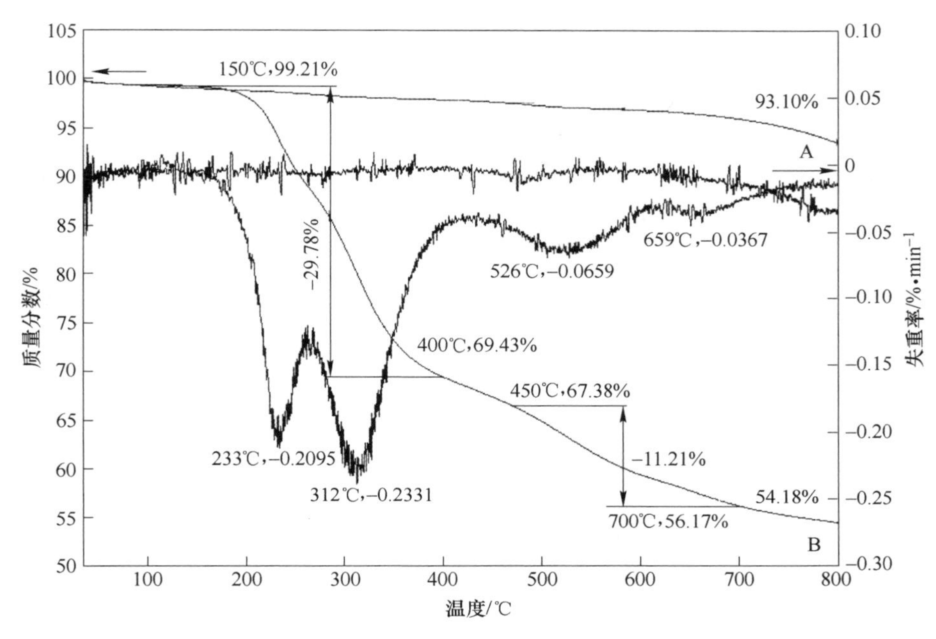

图 4-38 减水剂在膨润土上吸附前后 C1*s* 的 XPS 精细谱图

A—膨润土；B—掺有减水剂的膨润土

268mm，30min 和 60min 的经时损失率分别为 2.85%和 6.05%，在性能上具有良好的叠加效果。FTIR、XRD、SEM、XPS 和 TG-DSC 的分析结果表明，减水剂链段中含有酯基、羧基、酰胺基、磺酸基、羟基等官能团。减水剂的加入延缓 7 天水泥水化，并不影响水泥和膨润土的结构。膨润土对其吸附以表面吸附为主，吸附层厚度为 6.24nm；以插层吸附为辅，层间距由 1.2480nm 变为 1.8001nm，增大了 0.5521nm。

4.5 高阻抗混凝土用聚羧酸减水剂的制备及性能

通过提高混凝土的绝缘性和屏蔽性来抑制杂散电流已成为有效的措施和手段，因此，高阻抗混凝土的研制受到众多学者的广泛关注[232-233]。目前，在普通混凝土中掺入轻集料、矿物掺合料、聚合物等添加剂来改善混凝土内部结构，提高其交流阻抗性能是常见的研制高阻抗混凝土的方法[234-237]。原因在于：轻集料如黏土陶粒、页岩陶粒、乳胶粉等，与水泥石嵌锁状结构的界面加上轻集料内的养护作用，提高了混凝土的密实性和电阻率[238-240]。矿物掺合料如粉煤灰、矿渣、硅粉等，能够填充在混凝土空隙中，降低其孔隙率，改善混凝土内部孔结构，增强了混凝土电阻[241-242]。聚合物如聚乙烯醇、橡胶、胶乳等，能够在水泥石、骨料、集料等表面形成保护膜，抑制导电离子在混凝土内部迁移，降低了混凝土导电性[243-244]。但是粗细集料中的有害杂质如泥块、硫化物和硫酸盐、氯盐、轻质和软质颗粒等会影响混凝土抗杂散电流的能力。

嵌段共聚物减水剂可根据实际施工需要由不同的单体通过不同的聚合方法合成，具有很强的可设计性[245-248]。而嵌段聚羧酸系减水剂具有独特的链段序列分布，当在其侧链结构中引入环状基团时，基团的空间位阻或空间尺寸效应提高了减水剂分子链的刚性，在低掺量下有利于形成薄膜并显示出较好的分散效果。而纤维素类高分子分散剂，可提高水泥浆体黏度，降低添加剂在混凝土中的沉降速度，有利于提高添加剂在混凝土中的分散性。

因此，本文以甲基丙烯酸聚乙二醇甲醚酯（MPEGMAA）、丙烯酸琥珀酰亚胺酯（NAS）为单体，合成出二元 MPEGMAA-NAS 嵌段聚羧酸系减水剂，发现以该减水剂和羧甲基纤维素钠（CMC-Na）为外加剂可以影响掺硅粉水泥石的电导行为。通过化学表征分析了掺硅粉水泥石的电化学特性、微观形态、孔结构、物相等，探明了外加剂使掺硅粉水泥石电阻率增加的原因，并明确 MPEGMAA-NAS 可以促进水泥的水化进程。同时采用正交试验确定了外加剂和掺合料的最佳掺量。

4.5.1　合成方法

在装有增力电动磁力搅拌器、温度计、蠕动泵的三口烧瓶中加入 2.1g 琥珀酰胺亚胺和 0.82g 对甲基苯磺酸，用 2mL 蒸馏水搅拌溶解。升温至 60℃，滴加 14.4mL 丙烯酸，滴速为 0.14mL/min，滴加完毕后恒温 12h。以每升温 10℃恒温反应 12h 的模式至 100℃结束，反应液由无色逐渐转变为深红色。粗产品用 1∶1 乙醚/正己烷分液，经真空干燥后用于表征，固含量约为 88%，记为 NAS。在装有增力电动磁力搅拌器、温度计、蠕动泵的三口烧瓶中加入 4g MPEGMAA 和 4.6mL NAS 粗产品，用 5mL 蒸馏水于 50℃搅拌溶解。滴加质量分数为 9%的过硫酸铵 3.5mL，滴速为 0.18mL/min。恒温反应 3h 后继续滴加质量分数为 9%的过硫酸铵 1.5mL，滴速为 0.18mL/min。滴加完毕恒温反应 1h，用 45%的 NaOH 溶液中和至 pH 值为 6~7，即得嵌段聚酯型聚羧酸系减水剂 MPEGMAA-NAS 母液。聚合反应方程式如下：

$$m\,\underset{\underset{CO(C_2H_4O)_nCH_3}{|}}{\overset{\overset{CH_3}{|}}{C}}{=}CH_2 + n\,CH_2{=}\underset{\underset{CO(=O)-N(\text{succinimide})}{|}}{CH} \longrightarrow \left[\underset{\underset{CO(C_2H_4O)_nCH_3}{|}}{\overset{\overset{CH_3}{|}}{C}}{=}CH_2\right]_m\left[\underset{}{CH}-\underset{\underset{CO(=O)-N(\text{succinimide})}{|}}{CH_2}\right]_n \tag{4-5}$$

4.5.2　对掺硅粉水泥石电阻率的影响

对 MPEGMAA、NAS 及 MPEGMAA-NAS 进行红外光谱表征，结果如图 4-39 所示。对比 3 种红外光谱曲线可知，波数 1709cm^{-1}为—COOR 中 C ═ O 的伸缩振动峰；1630cm^{-1}为 C ═ C 双键的伸缩振动峰；1458cm^{-1}和 1439cm^{-1}为—CH_2 箭式弯曲振动峰；1387cm^{-1}和 1352cm^{-1}为 C—N 键的伸缩振动峰；1115cm^{-1}为 C—O—C 伸缩峰。故共聚物链段中含有酯基、氨基、醚键等官能团，且无 C ═ C 双键的特征峰，两种单体已参与聚合并形成嵌段共聚物。

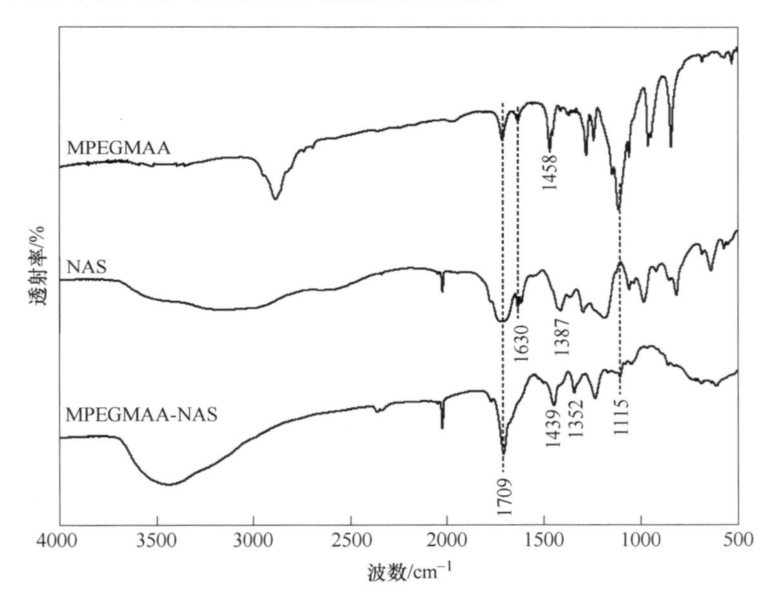

图 4-39　MPEGMAA、NAS 及 MPEGMAA-NAS 的红外光谱图

为了研究 MPEGMAA-NAS 结合 CMC-Na 对掺硅粉水泥石的电化学特性影响，实测了龄期为 7 天的空白水泥石、掺硅粉水泥石及掺 MPEGMAA-NAS、CMC-Na 和硅粉的水泥石阻抗谱及瞬态光电流密度-时间曲线，结果如图 4-40 和图 4-41 所示。由图中曲线可知，MPEGMAA-NAS 和 CMC-Na 可以影响掺硅粉水泥石的电导行为，光电流响应从强到弱顺序依次为空白水泥石 > 掺硅粉水泥石 > 掺 MPEGMAA-NAS、CMC-Na 和硅粉的水泥石，且规律与阻抗曲线相互印证，即光电流大的水泥石阻抗值小。

为了探究 MPEGMAA-NAS 结合 CMC-Na 影响掺硅粉水泥石电导行为的原因，将电化学阻抗测试中同龄期水泥石进行扫描电镜表征，如图 4-42～图 4-44 所示。由水泥石的 SEM 图可知，水泥石中立方多面体状物为 C_3AH_6，絮状及网状物为 CSH，球状物为 SiO_2。对比 3 组图片可知，掺硅粉水泥石与空白水泥石均能看到

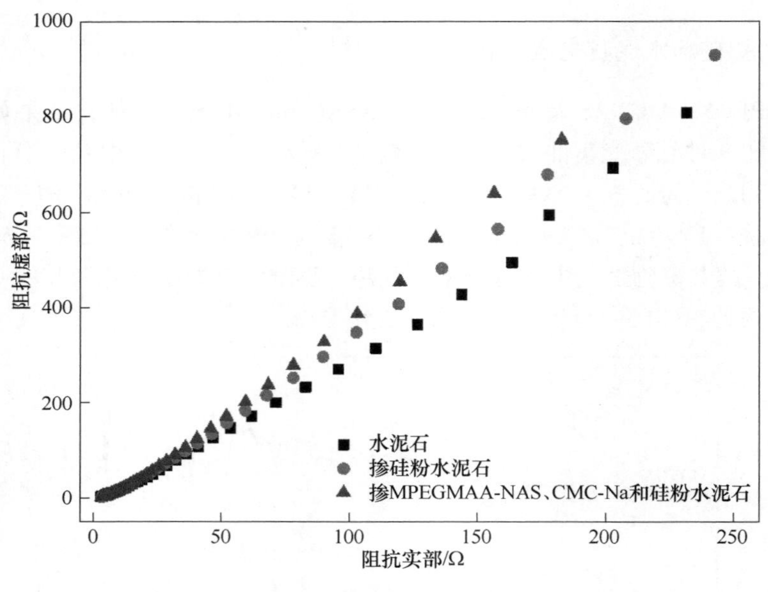

图 4-40　水泥石的阻抗曲线

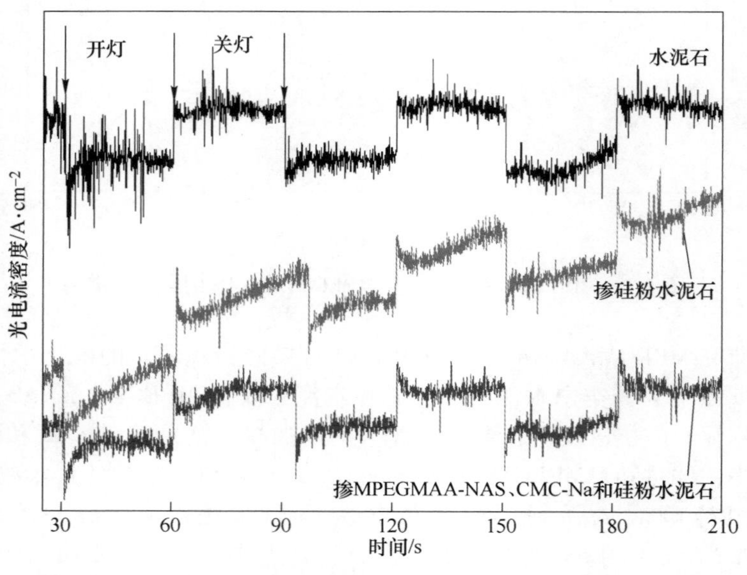

图 4-41　水泥石的瞬态光电流密度-时间曲线

明显的水化产物 C_3AH_6 与 CSH，而掺 MPEGMAA-NAS、CMC-Na 和硅粉的水泥石很难观察到明显的 CSH，但硅粉（主要成分 SiO_2）暴露明显，原因可能是水泥水化进程加快使 CSH 胶体颗粒细小到无法观察，或者分散的硅粉形成障碍层。

(a)

(b)

图 4-42 水泥石的扫描电镜图
（a）×2000；（b）×7500

此外，掺硅粉水泥石中出现了分布不均匀的硅粉，而掺 MPEGMAA-NAS、CMC-Na 和硅粉的水泥石硅粉均匀地分布在水泥石基体中，证明了减水剂和 CMC-Na 的掺入增强了硅粉在水泥浆中的分散作用，延缓了硅粉在水泥浆体中的沉降和团聚。

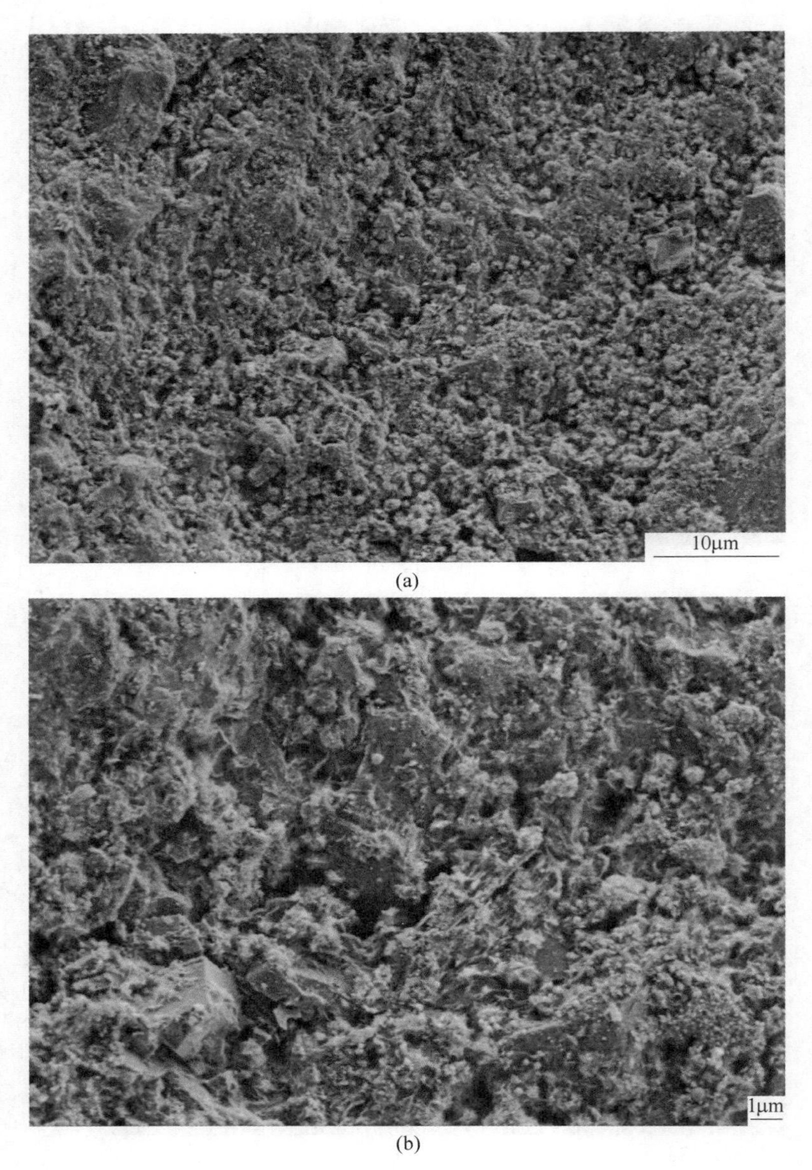

图 4-43　掺硅粉水泥石的扫描电镜图
（a）×2000；（b）×5000

由于水化作用使水泥石表面总是凹凸不平，通过实测比表面积和孔径分布可以推断孔的来源及成因。由图 4-45 可知，水泥石比表面积为 $8.0318m^2/g$，吸附、脱附等温线之间形成了迟滞回线，没有明显的饱和吸附平台，为Ⅵ型等温线，H3 回滞环；由图 4-46 和图 4-47 可知，掺硅粉的水泥石比表面积为 $1.3812m^2/g$，

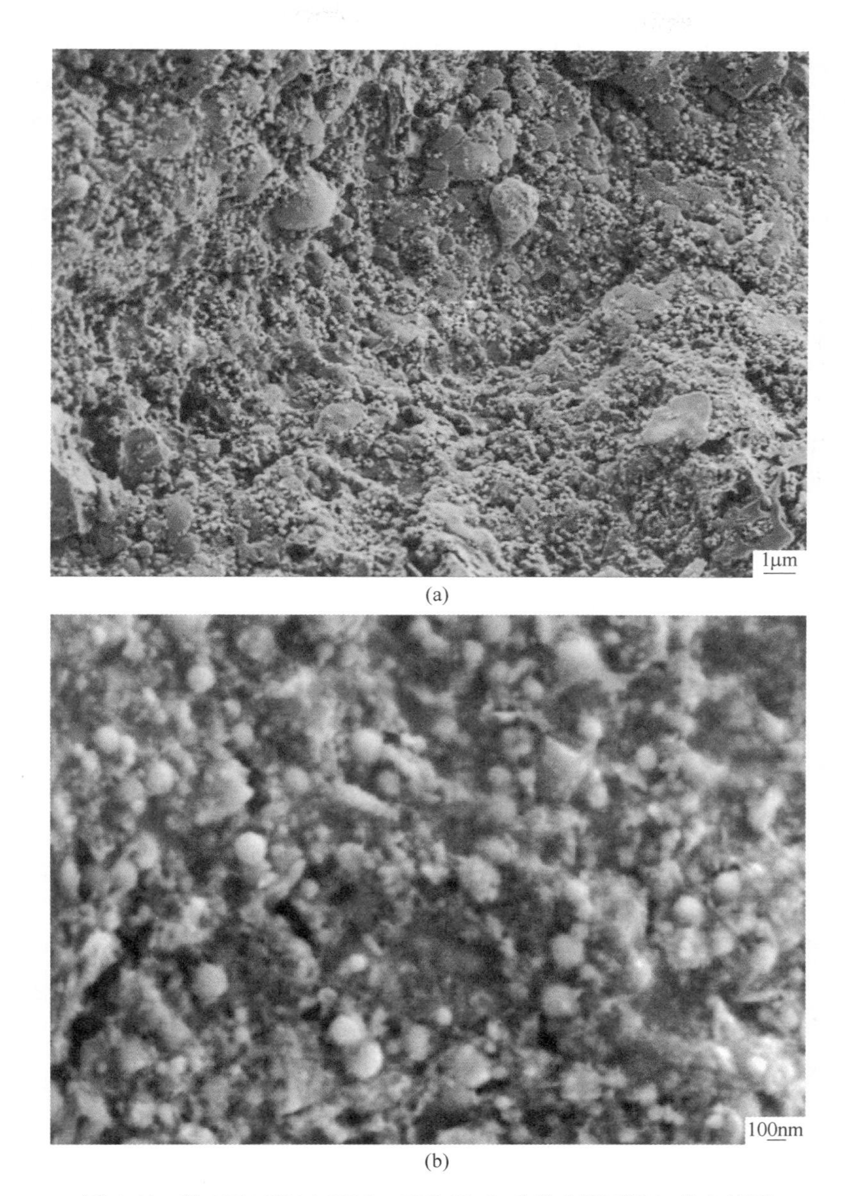

图 4-44 掺 MPEGMAA-NAS、CMC-Na 和硅粉水泥石的扫描电镜图
（a）×5000；（b）×30000

掺 MPEGMAA-NAS、CMC-Na 和硅粉的水泥石比表面积为 0.5050m^2/g，N_2 吸附-脱附曲线几乎重合，内凸向下，没有拐点，为Ⅲ型等温线，说明水泥掺入 MPEGMAA-NAS、CMC-Na 和硅粉后，形成的水泥石不具备微观孔道结构（介孔或微孔），孔道结构以大孔为主。吸附线类型发生转变的原因可能是 MPEGMAA-

NAS、CMC-Na 的掺入更利于硅粉在水泥颗粒间的分散，堵塞了介孔或微孔结构的孔道。进一步证明了减水剂和 CMC-Na 可以增强硅粉在水泥浆中的分散作用。

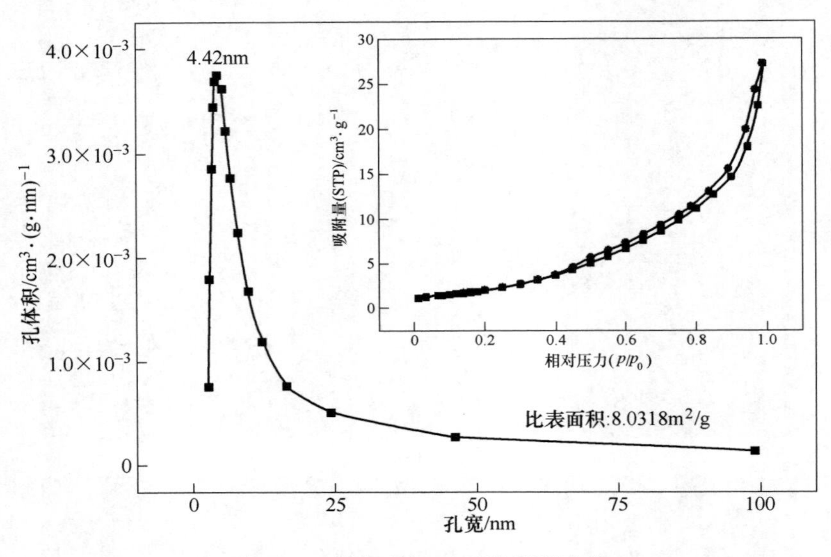

图 4-45 水泥石的 N_2 吸附-脱附曲线

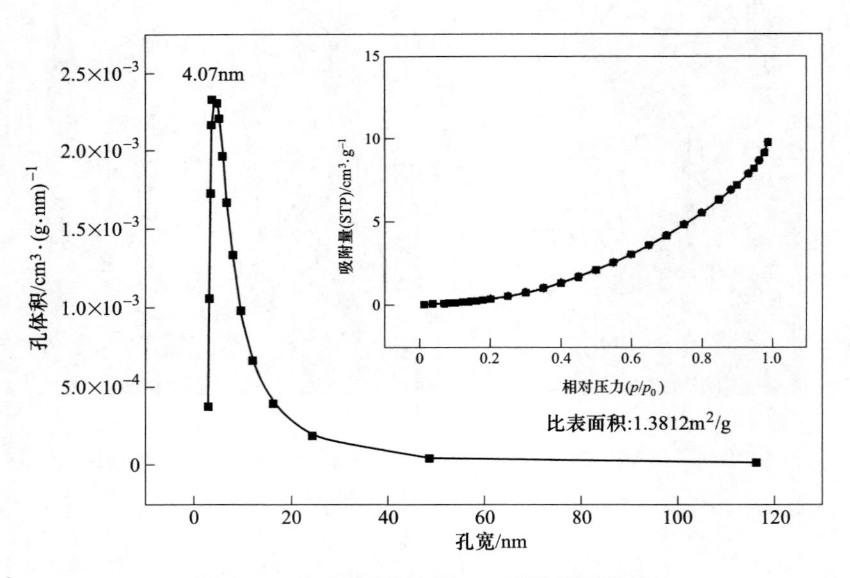

图 4-46 掺硅粉水泥石的 N_2 吸附-脱附曲线

为了明确水泥水化进程加快是由 MPEGMAA-NAS 引起还是由 CMC-Na 引起或者由两者共同引起，进行了 XRD 表征。由图 4-48 可知，3 条曲线均有水泥水化

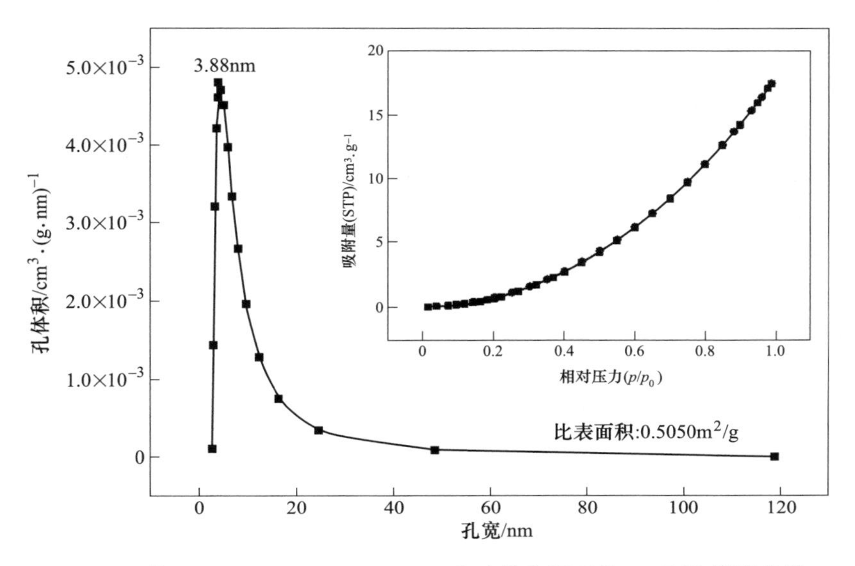

图 4-47 掺 MPEGMAA-NAS、CMC-Na 和硅粉水泥石的 N_2 吸附-脱附曲线

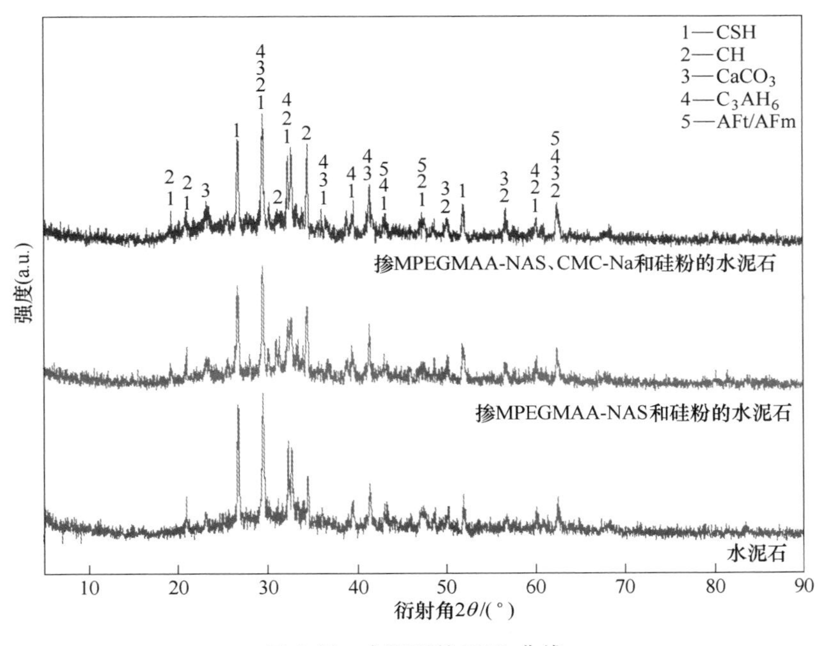

图 4-48 水泥石的 XRD 曲线

过程中的 5 种主要水化产物的特征衍射峰存在，表明 MPEGMAA-NAS、CMC-Na 和硅粉的加入并没有影响水泥后期水化。同时，对比空白水泥石曲线，掺 MPEGMAA-NAS、CMC-Na 和硅粉的水泥石及掺 MPEGMAA-NAS 和硅粉的水泥石

曲线均增加了衍射角为 19. 1°的衍射峰，且在 31. 3°和 36. 7°的衍射峰强度增大，且掺 MPEGMAA-NAS、CMC-Na 和硅粉的水泥石及掺 MPEGMAA-NAS 和硅粉的水泥石曲线特征峰的峰强和峰位相差无几，表明减水剂的加入加快了 C_3S、C_2S、C_3A、C_4AF 等的主要水化产物 CSH、CH、$CaCO_3$、C_3AH_6、AFt、AFm 的生成，加快了水泥水化进程，而 CMC-Na 并没有起到该作用。

通过研究水泥石的热稳定性，可以确定水化产物在加热中转变的温度范围、热效应及水化进程和速度。通过图 4-49 可以看出，水泥石质量保留率为 90. 2%，掺 MPEGMAA-NAS 和硅粉的水泥石质量保留率为 80. 8%，掺 MPEGMAA-NAS、CMC-Na 和硅粉的水泥石质量保留率为 76. 2%，说明加入 MPEGMAA-NAS、CMC-Na 和硅粉后水泥石的失重变大。失重变大的原因可由 DTG 曲线分析得出：吸热峰 184℃对应温度区间为室温至 200℃，该区间为 C-S-H、AFt 和 AFm 等含水水泥水化产物脱水形成；吸热峰 216℃、252℃对应温度区间为 200～420℃，为 MPEGMAA-NAS 和 CMC-Na 分解吸热峰；吸热峰 456℃对应温度区间为 400～550℃，为 $Ca(OH)_2$ 分解吸热峰；吸热峰 650℃、658℃、670℃，对应温度区间为 600～750℃，为 $CaCO_3$ 分解吸热峰。说明失重变大的原因有两方面：一方面是外加剂分解；另一方面是水化产物的种类增加，水化程度增大。因此，减水剂的加入促进了水泥水化进程。

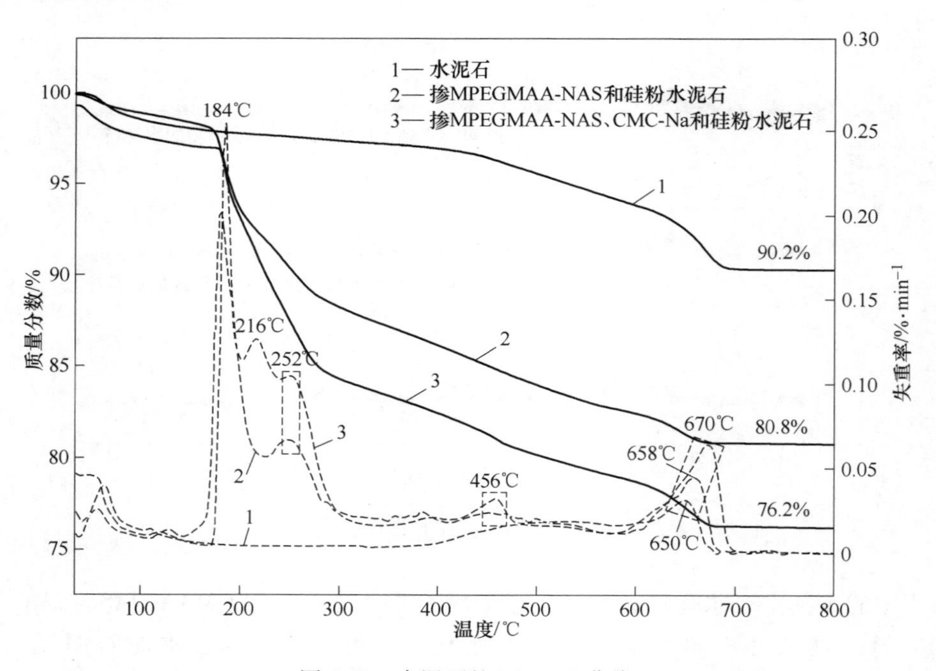

图 4-49　水泥石的 TG-DTG 曲线

4.5.3 正交试验及机理分析

MPEGMAA-NAS 和 CMC-Na 对水泥掺料中硅粉的分散性有改善作用。试验选择硅粉掺量 $w_{硅粉}$(A)、CMC-Na 折固掺量 $w_{CMC\text{-}Na}$（B）、MPEGMAA-NAS 折固掺量 $w_{MPEGMAA\text{-}NAS}$(C) 3 个因素对掺硅粉水泥浆浊度和电导率的影响，每个因素选择 4 个水平，设计出 $L_{16}(4^3)$ 正交试验，目的是经正交试验优选出最佳掺合料及外加剂掺量。各变量及水平关系设计见表 4-6，正交试验结果及极差分析见表 4-7 和表 4-8。

表 4-6 水平及因素表 （%）

水平	因素		
	A	B	C
1	4.5	2.3	0.2
2	9.0	4.6	0.4
3	13.5	6.9	0.6
4	18.0	9.2	0.8

表 4-7 正交试验设计及结果

编号	因素			电导率 /μS·cm^{-1}	浊度/NTU
	A	B	C		
1	4.5	2.3	0.2	602	2196
2	4.5	4.6	0.4	617	4531
3	4.5	6.9	0.6	622	6157
4	4.5	9.2	0.8	634	5885
5	9.0	2.3	0.4	642	3241
6	9.0	4.6	0.2	616	3741
7	9.0	6.9	0.8	619	3419
8	9.0	9.2	0.6	622	4219
9	13.5	2.3	0.6	600	2253
10	13.5	4.6	0.8	590	4684
11	13.5	6.9	0.2	604	6932
12	13.5	9.2	0.4	579	5662
13	18.0	2.3	0.8	541	3334
14	18.0	4.6	0.6	530	4624
15	18.0	6.9	0.4	595	6390
16	18.0	9.2	0.2	602	3059

表 4-8　各因素的极差分析

水平		因素		
电导率 /μS · cm^{-1}	k_1	619	596	606
	k_2	625	588	608
	k_3	593	610	594
	k_4	567	609	596
	R	58	22	14
浊度/NTU	k_1	4692	2756	3982
	k_2	3655	4395	4956
	k_3	4883	5725	4313
	k_4	4352	4706	4331
	R	1228	2969	974

从表 4-8 可以看出，3 因素对电导率的影响能力由大到小依次为硅粉掺量、CMC-Na 折固掺量和 MPEGMAA-NAS 折固掺量，即对电阻的影响能力由大到小依次为 MPEGMAA-NAS 折固掺量、CMC-Na 折固掺量和硅粉掺量，最佳试验条件均为 $A_2B_3C_2$；对浊度的影响能力由大到小依次为 CMC-Na 折固掺量、硅粉掺量和 MPEGMAA-NAS 折固掺量，最佳试验条件均为 $A_3B_3C_2$。说明外加剂 MPEGMAA-NAS 和 CMC-Na 是影响水泥石电导行为的主要因素，而 CMC-Na 是影响水泥浆体浑浊度的主要因素。可能的原因有两方面：（1）MPEGMAA-NAS 能有效吸附于水泥颗粒表面，减小团聚体尺寸，加之分子中含有五元环立体结构，增强了水泥基材料中颗粒间的分散性，高分散性的硅粉可以增大水泥浆的电阻。（2）CMC-Na 作为离子型表面活性剂，它的加入可以增大水泥基材料颗粒间的斥力，防止团聚；并且，作为增稠剂提高了水泥浆体黏度，延缓了硅粉在浆体中的沉降速率，有利于提高硅粉的分散性和浑浊度。故最佳掺量为硅粉掺量 9%、CMC-Na 折固掺量 6. 9%、MPEGMAA-NAS 折固掺量 0. 4%。

结合表征分析及正交试验结果，可以推测出 MPEGMAA-NAS 和 CMC-Na 使掺硅粉水泥石电阻率提高的原因（见图 4-50）：MPEGMAA-NAS 作为功能减水剂包裹在水泥粒子表面形成保护膜，破坏了水泥粒子团聚，增强了颗粒间的分散性，促进了水泥水化进程；同时，MPEGMAA-NAS 与 CMC-Na 阻止了水泥粒子之间、硅粉粒子之间及水泥粒子与硅粉粒子之间的缔合，延缓了硅粉在水泥浆体中的沉降和团聚速率，增强了硅粉在水泥浆中的分散作用。两者的协同作用提高了水泥石的电阻率。

综上，一方面 MPEGMAA-NAS 作为功能减水剂促进了水泥水化进程；另一方面 MPEGMAA-NAS 与 CMC-Na 延缓了硅粉在水泥浆体中的沉降和团聚，提高了

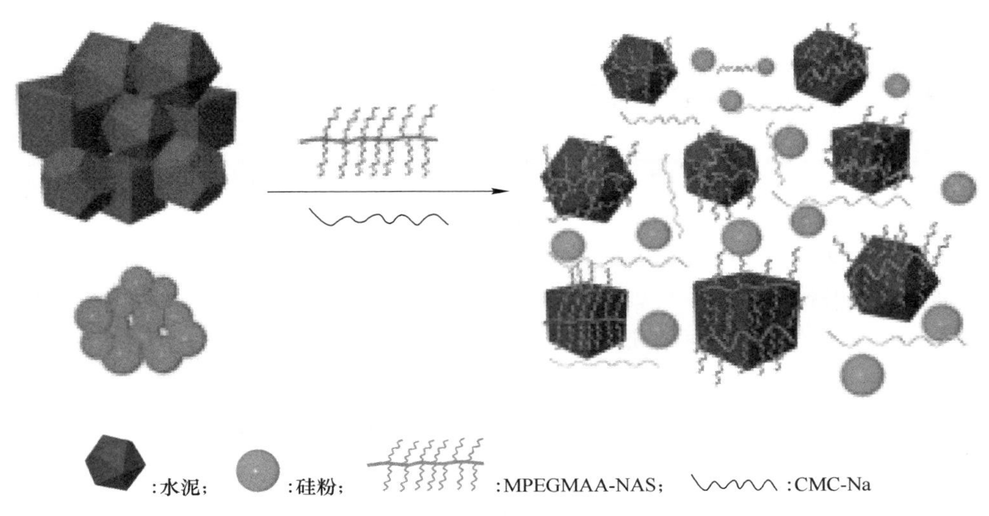

图 4-50 协同作用机理图

硅粉在水泥浆中的分散效果。两者的协同作用提高了水泥石的电阻率。同时经正交试验优选出最佳外加剂和硅粉掺量：MPEGMAA-NAS 折固掺量为 0.4%，CMC-Na 折固掺量为 6.9%，硅粉掺量为 9%。

5 聚羧酸系减水剂的合成及性能评价

本书主要介绍了聚羧酸系减水剂的合成及性能，主要涉及聚酯型聚羧酸系减水剂的合成及性能、聚醚型聚羧酸系减水剂的合成及性能、功能型聚羧酸系减水剂的合成及性能。现将主要研究结果总结如下。

5.1 聚酯型聚羧酸系减水剂的合成及性能

5.1.1 甲基丙烯酸聚乙二醇单甲醚酯的合成

综合考虑酯化率和双键损失率，通过甲基丙烯酸与聚乙二醇单甲醚-1200 酯化，在玻璃水泵产生微小负压的条件下，加入带水剂甲苯，使其与酯化反应产生的水形成共沸物将水移出反应体系，提高了酯化率。并经正交试验得出了合成甲基丙烯酸聚乙二醇单甲醚-1200 酯的最佳条件，具体结论如下：

（1）最佳合成工艺条件：带水剂甲苯用量为反应物总质量的 30%、酸醇摩尔比为 3∶1、阻聚剂吩噻嗪用量为甲基丙烯酸质量的 1.5%、催化剂对甲苯磺酸用量为聚乙二醇单甲醚-1200 质量的 2.5%、反应温度为 125℃、反应时间为 9h。该条件下酯化率达 96.72%、双键损失率为 3.10%。

（2）通过红外光谱表征可知，酯化分子中含有碳碳双键、甲基、酯基和醚基等基团，证明所得产物为甲基丙烯酸聚乙二醇单甲醚-1200 酯。

5.1.2 MPEGMAA-SAS-MAH-AMPS 四元共聚聚羧酸系减水剂的制备及性能

以甲基丙烯酸聚乙二醇单甲醚酯 600（MPEGMAA600）、烯丙基磺酸钠（SAS）、马来酸酐（MAH）和 2-丙烯酰胺-2-甲基丙磺酸（AMPS）为原料，过硫酸铵-硫代硫酸钠为引发剂，合成出 MPEGMAA-SAS-MAH-AMPS 聚羧酸系水泥减水剂。经正交试验选出最佳合成工艺条件，具体结论如下：

（1）最佳合成工艺条件：$n_{MPEGMAA} : n_{SAS} : n_{MAH} : n_{AMPS} = 1 : 0.3 : 1 : 0.4$，过硫酸铵-硫代硫酸钠引发体系质量占聚合单体总质量的 0.4%，聚合温度为 50℃，聚合时间为 4h。该条件下单体转化率为 93.67%，水泥净浆流动度为 255mm，混凝土坍落度为 50mm。

（2）通过红外光谱表征可知，减水剂链段中含有羧基、氨基、磺酸基、醚键等官能团。

5.1.3 MPEGMAA/G-570/DEM/AMPS 聚羧酸系减水剂的制备及性能

以甲基丙烯酸聚乙二醇单甲醚酯 600（MPEGMAA600）、γ-甲基丙烯酰氧基丙基三甲氧基硅烷（G-570）、马来酸二乙酯（DEM）和 2-丙烯酰胺-2-甲基丙磺酸（AMPS）为原料，过硫酸钾-硫酸亚铁为引发剂，合成出 G-570/MPEGMAA/DEM/AMPS 酯类聚羧酸系减水剂。经正交试验选出最佳合成工艺，具体结论如下：

（1）最佳合成工艺条件：MPEGMAA 与 DEM、AMPS 和 G-570 的摩尔比为 1.0∶1.0∶2.0∶0.4，过硫酸钾-硫酸亚铁总质量占聚合单体总质量的 0.4%，聚合温度为 45℃，聚合时间为 8h。该条件下单体转化率为 91.71%，水泥初始净浆流动度为 225mm。

（2）通过 FTIR 表征可知，MPEGMAA / G-570 /DEM/AMPS 共聚物链段中含有酯基、氨基、磺酸基、醚键、硅氧键等基团。通过对硬化水泥石 XRD 和 TG-DTG 分析，该减水剂可以延缓 24h 内水泥水化。

5.1.4 MPEGMAA-AMPS-HEMA 酯类聚羧酸系减水剂的制备及性能

以甲基丙烯酸聚乙二醇单甲醚酯 2000（MPEGMAA2000）、2-丙烯酰胺-2-甲基丙磺酸（AMPS）和甲基丙烯酸羟乙酯（HEMA）为原料，H_2O_2-$FeSO_4$ 为引发剂，合成出 MPEGMAA-AMPS-HEMA 酯类聚羧酸系水泥减水剂。在单因素分析的基础上，以转化率为响应值，用 Design-Expert 进行响应面优化，得到二次响应模型的最优点，具体结论如下：

（1）以转化率为响应值，各水平最终优化结果为：$n_{MPEGMAA} : n_{AMPS} : n_{HEMA} = 1.0 : 1.02 : 1.0$、$w_{H_2O_2+FeSO_4} = 0.62\%$、聚合时间为 4.8h、聚合温度为 56.4℃，转化率预测值为 86.79%，验证试验值为 86.93%。以水泥净浆流动度为响应值，各水平最终优化结果为：$n_{MPEGMAA} : n_{AMPS} : n_{HEMA} = 1.0 : 1.17 : 1.0$、$w_{H_2O_2+FeSO_4} = 0.57\%$、聚合时间为 4.9h、聚合温度为 55.9℃，水泥净浆流动度为 290.5mm，验证试验值为 291mm。

（2）通过 FTIR 表征，MPEGMAA-AMPS-HEMA 减水剂链段含有酯基、氨基、磺酸基、醚键等基团。

5.2 聚醚型聚羧酸系减水剂的合成及性能

5.2.1 APEG-MAH-ALS 聚羧酸系减水剂的制备及性能

以马来酸酐（MAH）、烯丙基聚氧乙烯醚（APEG）、烯丙基磺酸钠（ALS）为原料，过硫酸铵为引发剂，在水体系下进行的自由基聚合，探讨了各个条件对产品性能的影响，得出了最佳的合成工艺和条件，具体结论如下：

（1）以 APEG、MAH、ALS 为聚合单体，通过优化反应时间、反应温度、是否补加引发剂、MAH 用量、ALS 用量等工艺参数，得出合成 PETPC 的最佳工艺条件：反应温度为 35℃，反应时间为 2h，$n_{APEG} : n_{MAH} : n_{ALS} = 1 : 3.2 : 0.17$，后期补加引发剂，合成出的目标产物性能最佳。固含量可以达到 50%以上，其中固含量为 50%的产品性能最佳。该减水剂具有很好的分散性，对于 P·S 水泥，初始流动度为 290mm；对于 P·O 水泥，初始流动度为 235mm。且在 2h 以内均无流动度损失。对两种水泥的适应性都很好。

（2）对于 P·S 水泥和 P·O 水泥，水泥初始流动度和净浆流动度损失是随着聚合单体 APEG 相对分子质量的增加而减小，即 APEG1200 > APEG2000 > $n_{APEG1200} : n_{APEG2400} = 2 : 1$ > APEG2400，即水泥的净浆流动度在 1h 左右达到最大，2h 以后开始损失。且对于 P·S 水泥的适应性要优于对于 P·O 水泥的适应性。

5.2.2　APEG-RCS-AMPS 聚羧酸系减水剂的制备及性能

以马来酸壬基酚聚氧乙烯醚双酯（RCS）、烯丙基聚氧乙烯醚（APEG）、和 2-丙烯酰胺-2-甲基丙磺酸（AMPS）为原料，合成出酚基改性醚类聚羧酸系减水剂，系统地研究了单掺粉煤灰、矿渣粉和微硅粉对水泥与减水剂相容性的影响并采用 TOC 总有机碳测定法考察了三者对减水剂的吸附行为。减水剂通过傅里叶变换红外光谱仪对聚合物分子结构进行了表征；通过 X 射线衍射和热重对加与不加矿物料的硬化水泥石的微观结构进行了分析，具体结论如下：

（1）通过对酚基改性醚类聚羧酸系减水剂 FTIR 表征可知，共聚物链段中含有羧基、酯基、酰胺基、磺酸基、苯环等基团。

（2）粉煤灰、矿渣粉、微硅粉和水泥的饱和吸附量分别为 1.30mg/g、1.00mg/g、3.13mg/g 和 1.83mg/g。粉煤灰和矿渣粉的加入提高了水泥净浆的初始流动度和混凝土的初始坍落度，降低了抗压强度。通过硬化水泥石 XRD 和 TG-DTG 分析可知，粉煤灰和矿渣粉可促进早期水化程度，改善了水泥与减水剂的相容性，微硅粉则相反，但三者的加入并不影响水化结果和水化产物种类。

5.3　功能型聚羧酸系减水剂的合成及性能

5.3.1　酯醚复配聚羧酸系减水剂的制备及性能

通过相互复渗技术将自制的聚酯型（PCS-1）和聚醚型（PCS-2）两类减水剂母液复配，系统地研究了两组分掺量变化对其性能的影响。利用傅里叶变换红外光谱仪（FTIR）、X 射线衍射（XRD）和热重（TG-DTG）研究了加入复配母液的硬化水泥石微观结构，具体结论如下：

（1）通过对聚酯型和聚醚型减水剂 FTIR 表征可知，聚酯型减水剂共聚物链段中含有羧基、氨基、磺酸基、醚键等基团；聚醚型共聚物链段中含有羧基、氨基、磺酸基、羟基、醚键等基团。

（2）当酯醚复配母液质量 m_{PS-1} ∶ m_{PS-2} = 3 ∶ 2 时，对 3 种类型的水泥均有较好的相容性，P·C 32.5 最佳，P·Ⅱ52.5 次之，P·O 42.5 最差；通过对龄期 1 天的硬化水泥石进行 XRD 和 TG 分析可知，该复配比母液可以延缓 1 天内水泥水化，加速后期水泥水化进程。

5.3.2 固体抗泥型聚羧酸系减水剂的制备及性能

以烯丙基聚氧乙烯醚 2000（APEG2000）、马来酸酐（MAH）、2-丙烯酰胺-2-甲基丙磺酸（AMPS）和甲基丙烯酸羟乙酯（HEMA）为原料，$(NH_4)_2S_2O_8$ 为引发剂，利用沉淀法合成出 APEG-MAH-AMPS-HEMA 固体醚类抗泥型聚羧酸系水泥减水剂。经正交试验确定最佳工艺条件，具体结论如下：

（1）n_{APEG} ∶ n_{MAH} ∶ n_{AMPS} ∶ n_{HEMA} = 1.0 ∶ 1.0 ∶ 0.8 ∶ 0.4，$w_{(NH_4)_2S_2O_8}$ = 2.5%，聚合温度为 65℃，聚合时间为 8h。当蒙脱土掺量为 1.5%时，水泥初始净浆流动度为 292mm。

（2）通过 FTIR、XRD、XPS 和 TG-DTG 分析了减水剂分子结构和抗泥机理。结果表明：减水剂链段含有酯基、羧基、酰胺基、磺酸基等官能团；其加入并不影响水泥和蒙脱土的结构，也不影响水化过程；蒙脱土对其吸附以表面吸附为主，吸附层厚度为 5.25nm；以插层吸附为辅，层间距由 0.9898nm 变为 0.9951nm，增大了 0.0053nm。

5.3.3 醚类抗泥型聚羧酸系减水剂的制备及性能

以异戊烯醇聚氧乙烯醚 2000（TPEG2000）、2-丙烯酰胺-2-甲基丙磺酸（AMPS）、甲基丙烯酸羟乙酯（HEMA）、甲基丙烯酸甲酯（MMA）为原料，过氧化二苯甲酰（BPO）为引发剂，利用本体聚合法制备出 TPEG-AMPS-HEMA-MMA 固体醚类抗泥型聚羧酸系水泥减水剂。通过 FTIR、XRD、SEM、TG-DTG 和 TOC 测定仪分析了该减水剂的作用机理，具体结论如下：

（1）经本体聚合得到固体醚类抗泥型聚羧酸系减水剂 TPEG-AMPS-HEMA-MMA，当减水剂折固掺量为 1%、蒙脱土掺量为 1%时，水泥净浆流动度为 268mm，砂浆减水率为 27.4%。

（2）FTIR、XRD、SEM、TG-DTG 和吸附量测试的分析结果表明，TPEG-AMPS-HEMA-MMA 减水剂具有分散性能和抗泥性能，其加入延缓了 7 天龄期水泥水化程度。蒙脱土对该减水剂的吸附以表面吸附为主，以插层吸附为辅，饱和吸附量为 2. 41mg/g。

5. 3. 4　复配抗泥型聚羧酸系减水剂的制备及性能

将自制抗泥型聚酯类和聚醚类聚羧酸系减水剂复配，系统研究了不同复配比对减水剂分散性能的影响。通过 FTIR、XRD、SEM、XPS 和 TG-DSC 分析了减水剂分子结构和抗泥机理，具体结论如下：

（1）减水剂链段中含有酯基、羧基、酰胺基、磺酸基、羟基等官能团；当酯醚复配比例为 2∶3 时，水泥初始净浆流动度为 281mm，30min 和 60min 的经时损失率分别为 2. 85%和 6. 05%。

（2）该复配减水剂延缓了水泥 7 天龄期水化过程；膨润土对其吸附以表面吸附为主，吸附层厚度为 6. 24nm；以插层吸附为辅，层间距由 1. 2480nm 变为 1. 8001nm，增大了 0. 5521nm。

5. 3. 5　高阻抗混凝土用聚羧酸减水剂的制备及性能

以甲基丙烯酸聚乙二醇单甲醚酯（MPEGMAA）、丙烯酸琥珀酰亚胺酯（NAS）为单体，合成出 MPEGMAA-NAS 嵌段聚酯型聚羧酸系减水剂。以该减水剂、羧甲基纤维素钠（CMC-Na）为外加剂，明确了两者使掺硅粉水泥石电阻率增强的原因，具体结论如下：

（1）以 MPEGMAA 和 NAS 为聚合单体，合成出二元 MPEGMAA-NAS 嵌段聚羧酸系减水剂，通过 FTIR 表征可知，共聚物链段中含有酯基、氨基、醚键等官能团。

（2）MPEGMAA-NAS 的掺入破坏了水泥颗粒间的团聚、增强了颗粒间的分散性，加快了水泥水化；MPEGMAA-NAS 和 CMC-Na 的掺入增大了颗粒间的斥力、延缓了硅粉在水泥浆体中的沉降和团聚速率。两者的协同作用增强了硅粉在水泥浆中的分散作用。提高了掺硅粉水泥石的电阻率。最佳外加剂和硅粉掺量为：MPEGMAA-NAS 折固掺量为 0. 4%，CMC-Na 折固掺量为 6. 9%，硅粉掺量为 9%。

在碳达峰、碳中和目标愿景下，推广使用聚羧酸系减水剂可以节约大量水泥，有利于减少水泥生产过程中所需能源消耗，缓解二氧化碳温室效应，同时也促进了作为工业副产品如粉煤灰、矿渣粉、硅粉等掺料的应用。上述制备过程无“三废”排放，无环境污染，其工艺的建立为聚羧酸系减水剂的应用提供了保障，推动了绿色建筑材料向低碳、节能、环保、健康的方向发展。

参考文献

[1] 中国混凝土网.2021年中国各省市商品混凝土产量及市场分析[EB/OL].(2022-06-09). http://www.cnrmc.com/news/show.php?itemid=122821.
[2] 吴中伟.绿色高性能水泥的发展方向[J].水泥与水泥制品,1998(1):3-6.
[3] 冯乃谦.高性能混凝土[M].北京:中国建筑工业出版社.1996.
[4] 李修固,王立艳.聚羧酸减水剂的研究进展[J].建材技术与应用,2021(3):24-26,12.
[5] 李平辉,王罗强,刘跃进.萘系高效减水剂的合成与应用研究[J].应用化工,2009,38(5):757-762.
[6] 赵平,严云,胡志华,等.改性萘系减水剂对水泥基材料性能的影响[J].混凝土与水泥制品,2011(11):6-10.
[7] 刘尚莲.羟基改性萘系减水剂的合成与优化[J].山东化工,2014,43(9):16-19.
[8] 李永德,高志强.三聚氰胺系高效减水剂的合成工艺研究[J].化学建材,2000(5):42-44.
[9] 吴峰.三聚氰胺及聚羧酸减水剂合成改性与性能研究[D].绵阳:西南科技大学,2012.
[10] 孙秋颖,马帅烈.改性三聚氰胺高效减水剂的研制[J].江西建材,2017(22):2-3.
[11] 郑凯捷.改性磺化三聚氰胺高效减水剂的性能研究[J].广东建材,2012,28(9):13-14.
[12] 任先艳,吴峰,刘才林,等.三种改性三聚氰胺减水剂的合成与性能[J].混凝土,2013(2):68-71.
[13] 王虎群,胡铁刚,杨晓峰,等.新型三聚氰胺高效减水剂的合成工艺研究及应用[J].新型建筑材料,2012,39(12):74-76.
[14] 沈晓雷,朱彩霞,王芳,等.以氨基磺酸为磺化剂合成三聚氰胺系高效减水剂[J].中国胶粘剂,2014,23(7):43-46.
[15] 徐阳,吉鹏,赵登宇,等.磺化三聚氰胺-水杨酸-甲醛树脂高效减水剂的研制[J].中国胶粘剂,2015,24(12):10-14.
[16] 史昆波,牛学蒙,张敬东.氨基磺酸系高效减水剂的实验室研制[J].延边大学学报(自然科学版),2002,28(2):106-109.
[17] 颜世涛,张云飞,谢慧东,等.氨基磺酸盐高效减水剂的合成优化及应用[J].广东化工,2009,36(12):69-71.
[18] 赵群,王新平,逄鲁峰.改性氨基磺酸盐高效减水剂的合成研究[J].混凝土,2012(6):142-144.
[19] 刘冠男,乔敏,冉千平,等.氨基磺酸盐高效减水剂的合成工艺研究[J].广东化工,2016,43(14):41-42,62.
[20] 朱伯淞,乔敏,吴井志,等.影响氨基磺酸盐系减水剂性能的因素和结构优化研究[J].新型建筑材料,2019,46(9):5-8,18.
[21] 吴凤龙,宋瑾,楚慧元,等.复合型聚羧酸系减水剂的合成及性能研究现状[J].化工管理,2016(22):208-210.

[22] SHIN J, HONG J, SUH J. Effects of polycarboxylate-type superplasticizer on fluidityand hydration behavior of cement paste [J]. Korean J. Chem. Eng., 2008, 25 (6): 1553-1561.
[23] 张思雨，曹擎宇．聚羧酸减水剂分子量及构象对其性能的影响 [J]．建设科技，2018 (4): 100-101.
[24] 张昌辉，李林东，杜双．MAPEG-SAS-AM 三元共聚物高效减水剂的制备及性能研究 [J]. 混凝土，2012 (10): 84-89.
[25] YAMADA K, HANCHARA S, HONMA K. Effect of the chemical structure on the properties of polycarboxylate type superplasticizer [J]. Cem. Concr. Res., 2000, 30 (2): 197-207.
[26] HABBABA A, PLANK J. Interaction between polycarboxylate superplasticizers and amorphous ground granulated blast furnace slag [J]. J. Am. Ceram. Soc., 2012, 93: 2857-2863.
[27] 周斌，何唯平．一种水泥聚羧酸系减水剂的制备方法：中国，101050083A [P]. 2007-10-10.
[28] 马保国，谭洪波，马玲．引气可控性聚羧酸系减水剂的制备方法：中国，101293946A [P]. 2008-10-29.
[29] 傅雁，李国云，张太龙．一种聚羧酸盐减水剂的制备方法：中国，101215120A [P]. 2008-07-09.
[30] 郑柏存，傅乐峰，冯中军．聚羧酸水泥分散剂及其制备方法：中国，1847187A [P]. 2006-10-18.
[31] 郑柏存，沈军，傅乐峰，等．一种用于水泥颗粒分散的超塑化剂及其合成方法：中国，1754856A [P]. 2006-04-05.
[32] 李记恒，谢国权，李小莉，等．常温合成的聚羧酸减水剂及其合成方法：中国，111019059A [P]. 2022-08-19.
[33] 中国建筑材料科学研究总院．GB 8076—2008 混凝土外加剂 [S]. 北京：中国标准出版社，2008.
[34] 何廷树，詹美洲，宋学锋．从水泥减水剂作用机理看高效减水剂的合成与复合方法 [J]. 水泥，2002 (11): 24-28.
[35] 欧阳杰．新型聚羧酸系高效减水剂的研究 [D]. 南昌：南昌大学，2007.
[36] 孔祥明，卢子臣，张朝阳．水泥水化机理及聚合物外加剂对水泥水化影响的研究进展 [J]. 硅酸盐学报，2017，45 (2): 274-281.
[37] 马双平，周芬，朱华雄．减水剂表面活性及作用机理 [J]. 商品混凝土，2014 (6): 34-36.
[38] 张洪雁．聚羧酸系高效减水剂对水泥水化性能的影响 [J]. 河南建材，2009 (4): 97-98.
[39] 王淑波．水泥土添加剂的室内试验研究 [D]. 天津：天津大学，2007.
[40] 熊大玉，王小虹．混凝土外加剂 [M]. 北京：化学工业出版社，2002.
[41] 黄凤远．天然高分子基混凝土减水剂合成与应用 [D]. 大连：大连理工大学，2008.
[42] 赵帅，李国忠．掺加减水剂对氟石膏的改性研究 [J]. 有机氟工业，2008 (3): 13-15.
[43] 张畅．电阻率法研究聚羧酸减水剂对水泥水化的影响 [D]. 武汉：华中科技大学，2009.

[44] 刘翔宇．新拌水泥基材料吸收 CO_2 对其水化硬化作用机制研究［D］．北京：中国矿业大学，2019.

[45] 曹恩祥．聚羧酸减水剂对水泥净浆体系流变性能的作用机理研究［D］．北京：清华大学，2011.

[46] 张坤．聚羧酸减水剂对掺纤维水泥净浆流动性影响及作用机理研究［D］．海口：海南大学，2017.

[47] YOSHIOKA K，SAKAI E，DAIMON M，et al. Roal of sterichindrance in the performance of superplasticizers for concrete［J］. J. Am. Ceram. Soc.，1997，80（10）：2667-2671.

[48] UCHIKAWA H，HANEHARA S，SAWAKI D. The role of steric repulsive force in the dispersion of cement particles in fresh paste prepared with origanic admixture［J］. Cem. Concr. Res.，1997，27（1）：37-50.

[49] SHUI L，SUN Z，YANG H，et al. Experimental evidence for a possible dispersion mechanism of polycarboxylate-type superplasticisers［J］. Adv. Cem. Res.，2016，28（5）：287-297.

[50] 李继新，王海玥．马来酰亚胺系减水剂的制备与作用机理的研究［J］．应用化工，2015，44（8）：1437-1440，1444.

[51] 李春豹．改性聚丙烯酸类增稠剂对水泥净浆流变的影响［D］．武汉：武汉理工大学，2020.

[52] HE Y，ZHANG X，HOOTON R D. Effects of organosilane-modified polycarboxylate superplasticizer on the fluidity and hydration properties of cement paste［J］. Constr. Build. Mater.，2017，132：112-123.

[53] 王玲，赵霞，高瑞军，等．我国混凝土外加剂行业发展动态分析［J］．新型建筑材料，2021，48（3）：122-127，144.

[54] TANAKA Y，OHTA A，TAHARA H，et al. Fluidity control of cementitions compositions：US，5661206［P］. 1997-08-26.

[55] PIOTTE M，BOSSANYI F，PERREAULT F，et al. Characterization of poly（naphthalenesulfonate）salts by ion pairchromatography and ultrafiltration［J］. J. Chromatogr. A.，1995，704（2）：377-385.

[56] 张海彬．分子量对高效减水剂吸附分散性能的影响［D］．广州：华南理工大学，2010.

[57] 李顺，余其俊，韦江雄，等．分子量及其分布对聚羧酸减水剂吸附行为的影响［J］．硅酸盐学报，2011，39（1）：80-86.

[58] 雷爱中．合成聚羧酸物质对水泥的塑化效果研究［J］．化学建材，1999，15（4）：18-20.

[59] 王正祥，张志军．聚氧乙烯（或丙烯）类新型减水剂［J］．化学建材，1996，12（1）：28-29.

[60] LI H，YAO Y，WANG Z，et al. Influence of monomer ratios on molecular weight properties and dispersing effectiveness in polycarboxylate superplasticizers［J］. Materials，2020，13（4）：1022.

[61] MA B G，TAN H B，LI L，et al. Side-chain structure on the polycarboxylic acid type water-reducing agent［C］//International Conference on Durability of Concrete Structures. 2008.

[62] 纪洪广，陈建强，栗曰峰．不同侧链分子量对聚羧酸减水剂作用效果影响研究［J］．建井技术，2020，4（1）：40-43.

[63] 吴英哲，黄福仁，罗辉，等．不同分子量聚羧酸减水剂的结构分析及性能研究［J］．广州建筑，2019，47（2）：13-16.

[64] LIM Y D，HONG S S，KIM D S，et al. Slump loss control of cement paste by adding polycarboxylic type slump-releasing dispersant［J］. Cem. Concr. Res.，1999，29（2）：223-229.

[65] WINNEFELD F，BECKER S，PAKUSCH J，et al. Effects of the molecular architecture of comb-shaped superplasticizers on their performance in cementitious systems［J］. Cement Concrete Com.，2007，29（4）：251-262.

[66] POURCHET S，LIAUTAUD S，RINALDI D，et al. Effect of the repartition of the PEG side chains on the adsorption and dispersion behaviors of PCP in presence of sulfate［J］. Cement Concrete Res.，2012，42（2）：431-439.

[67] LIN Z，ZHANG X，CHEN Z，et al. Study on adsorption，rheology and hydration behaviours of Polycarboxylate（PCE）superplasticizer synthesized by different acid to ether ratio［J］. Journal of Physics：Conference Series，2021（2133）：012007.

[68] CHEN X，TANG X，ZHANG C，et al. Synthesis and property of EPEG-based polycarboxylate ether superplasticizers via RAFT polymerization［J］. Polym. Eng. Sci.，2022，62：2769-2778.

[69] 龚兴宇，何进，林惠娇，等．基于水相 RAFT 聚合的嵌段聚羧酸减水剂合成及其应用研究［J］．广东建材，2022（9）：50-53.

[70] 李崇智，李永德，冯乃谦．聚羧酸系高性能减水剂的研制及其性能［J］．水泥与水泥制品，2002（2）：3-6.

[71] 李崇智，冯乃谦，李永德．聚羧酸类高性能减水剂的研究进展［J］．化学建材，2001，6：38-41.

[72] 包志军，饶炬，陈建定．聚羧酸系高效减水剂的研制［J］．化学建材，2004（2）：49-52.

[73] 王国建，黄韩英．聚羧酸盐高效减水剂的合成与表征［J］．化学建材，2003（7）：47-51.

[74] ZHANG H，LIU C，REN X，et al. Synthesis of polycarboxylic ether superplasticizers based on the high conversion of EPEG in a transition metal oxide heterogeneous catalytic system［J］. Colloid. Surface. A.，2022（643）：128780.

[75] 王生辉，赵伟，李耀，等．基于高分子量聚醚大单体常温合成聚羧酸减水剂试验研究［J］．水泥工程，2022（4）：5-7，29.

[76] 王子明，赵美丽，张杨．异丁烯基聚乙二醇醚与丙烯酸共聚物结构形成过程［J］．化学反应工程与工艺，2019，35（3）：234-241.

[77] ZHU S，LIN Y，FANG Y，et al. The influence of the structural parameters of polycarboxylate superplasticizer on the dispersion and adsorption［J］. J. Phys.：Conf. Ser.，2021，2133：012011.

[78] 朱少宏．聚羧酸减水剂结构参数对分散性和吸附性的影响［J］．新型建筑材料，2022，49（2）：53-56.

[79] YANG H，LI M，PAN L，et al. Absorption behavior of polycarboxylate superplasticizer with different molecular structures on montmorillonite［J］. Environmental Research，2023，261（2）：114423.

[80] LEI L,ZHANG L. Synthesis and performance of a non-air entraining polycarboxylate superplasticizer［J］. Cement Concrete Res.，2022，159：106853.

[81] ZHANG M，WANG L，ZHANG X，et al. Effect of polycarboxylate superplasticizer modified by sodium hypophosphite on the properties of β-calcium sulfate hemihydrate［J］. J. Mater. Civ. Eng.，2023，35（1）：04022362.

[82] 董楠，王月芬，尹红，等．聚羧酸减水剂中间大单体结构设计［J］．新型建筑材料，2018，45（10）：139-141，149.

[83] 朱晓菲，李晓东．新型酯类单体及其聚羧酸减水剂的合成与性能研究［J］．功能材料，2022，53（2）：2182-2186.

[84] 顾斌，吴其胜，刘银．酯化大单体酸醇比对聚羧酸减水剂性能影响［J］．安徽理工大学学报（自然科学版），2019，39（6）：32-37.

[85] 刘少兵，林海阳，陈森章，等．酯类降黏型聚羧酸减水剂的合成与性能研究［J］．新型建筑材料，2022，49（4）：31-34.

[86] 于西泉，刘强，朱化雨，等．超支化聚酯接枝聚羧酸系减水剂的合成与应用［J］．当代化工研究，2021（6）：1-3.

[87] 张小芳．交联型酯类聚羧酸减水剂的制备及研究［J］．新型建筑材料，2016，43（7）：25-28.

[88] 李安，李顺，黎鹏平，等．聚羧酸减水剂分子结构对其在胶凝材料表面吸附性能的影响［J］．新型建筑材料，2021，48（6）：83-87.

[89] 曾小君，陈燕红，申静静，等．马来酸双聚乙二醇单甲醚酯大单体的合成及其在聚羧酸减水剂制备中的应用［J］．新型建筑材料，2013，40（1）：23-25，29.

[90] JIANG Z，YOU R，GUO X. Study on preparation of low sensitive and stable type polycarboxylate superplasticizer small monomers［J］. IOP Conf. Series：Materials Science and Engineering，2019，631：022030.

[91] FENG P，ZHANG G，ZHANG W，et al. Comparison of ester-based slow-release polycarboxylate superplasticizers with their polycarboxylate counterparts［J］. Colloid. Surface. A.：Physicochemical and Engineering Aspects，2022，633（2）：127878.

[92] LIU M，LEI J，DU X，et al. Synthesis and properties of methacrylate-based and allylether-based polycarboxylate superplasticizer in cementitious system［J］. J. Sustain. Cem. -Based，2013，2：218-226.

[93] LV S，GAO R，DUAN J，et al. Preparation and properties of new polycarboxylate-type superplasticizer［J］. Adv. Mater. Res.，2011，194-196：1122-1125.

[94] ZHU Q H，ZHANG L Z，MIN X M，et al. Comb-typed polycarboxylate superplasticizer equiped with hyperbranched polyamide teeth［J］. Colloids and Surfaces A：Physicochemical

and Engineering Aspects，2018，553：272-277.

［95］蒋卓君，尤仁良，官梦芹．不同类型醚类聚羧酸减水剂的性能对比研究［J］．新型建筑材料，2021，48（9）：9-12.

［96］余小光．交联共聚醚类聚羧酸高性能减水剂的合成及性能研究［J］．轻工标准与质量，2020（6）：107-109.

［97］张晓宇，甄卫军，关寿禄，等．聚醚型聚羧酸减水剂的合成和表征及对水泥的微观作用机制［J］．硅酸盐通报，2021，40（10）：3366-3375.

［98］何燕，张雄，洪万领，等．聚羧酸减水剂酸醚比对其引气性能的影响［J］．建筑材料学报，2019，22（2）：222-226.

［99］李申桐，杨勇，周栋梁，等．疏水改性聚醚合成聚羧酸减水剂及其降黏性能研究［J］．硅酸盐通报，2022，41（7）：2251-2257.

［100］夏亮亮，倪涛，刘昭洋，等．酸醚比对聚羧酸减水剂共聚物组成及性能影响［J］．新型建筑材料，2017，44（1）：94-96.

［101］张少敏．新型聚醚大单体低温制备聚羧酸减水剂及其性能研究［J］．硅酸盐通报，2020，39（9）：2844-2848.

［102］戚龙娟，王立艳，李修固，等．聚羧酸系高效减水剂合成工艺的优化研究［J］．化学研究与应用，2022，34（1）：219-224.

［103］谭亮，颜文海，钟康，等．高适应性聚羧酸减水剂的常温合成及性能研究［J］．新型建筑材料，2022，49（3）：136-139.

［104］TAN H，GU B，MA B，et al. Mechanism of intercalation of polycarboxylate superplasticizer into montmorillonite［J］. Appl. Clay Sci.，2016，129：40-46.

［105］JIANG Z，FANG Y，GUO Y，et al. Study on synthesis and properties of vinyl polyoxyethylene ether type polycarboxylate superplasticizer［J］. IOP Conf. Series：Earth and Environmental Science，2020，571：012135.

［106］MA B，LI C，LV Y，et al. Preparation for polyacrylic acid modified by ester group in side chain and its application as viscosity enhancing agent in polycarboxylate superplasticizer system［J］. Constr. Build. Mater.，2020，233：117272.

［107］LAI G. Research on synthesis and properties of amphoteric early strength polycarboxylate superplasticizer［J］. IOP Conf. Series：Materials Science and Engineering，2019，631：022056.

［108］GAO Y，ZHAO H，GUANG C，et al. Influence of pentaerythritol tetraacrylate crosslinker on polycarboxylate superplasticizer performance in cementitious system［J］. Materials，2022，15（4）：1524.

［109］WANG G，LIANG L. Study on synthesis of polycarboxylate superplasticizer at room temperature［J］. Applied Mechanics and Materials，2014，672-674：688-690.

［110］XIA L，ZHOU M，NI T，et al. Synthesis and characterization of a novel early-strength polycarboxylate superplasticizer and its performances in cementitious system［J］. J. Appl. Polym. Sci.，2020，137（30）：48906.

［111］YANG X. Research on the effect of different esters on the synthesis of polycarboxylate superplasticizer at low content [J]. IOP Conf. Series：Earth and Environmental Science，2020，571：012155.

[112] 廖国胜，刘佩，何正恋，等. 复合型聚羧酸减水剂合成热动力学研究 [J]. 功能材料，2014，45（5）：5083-5086，5091.

[113] 马保国，胡家兵，谭洪波. 两种醚类聚羧酸减水剂的合成和应用 [J]. 新型建筑材料，2012，39（5）：1-4.

[114] 余振新，沈焱，周涛，等. 酯醚复合聚羧酸减水剂性能及其改性试验研究 [J]. 新型建筑材料，2014，41（3）：35-37，55.

[115] 孙友，曾珣，敖凡，等. 聚醚单体 GPEG 合成保坍型聚羧酸减水剂及其性能研究 [J]. 新型建筑材料，2022，49（3）：127-130，135.

[116] 刘子泰，陈玉超，陈绍伟，等. 低敏感长效保坍型聚羧酸减水剂的合成及性能研究 [J]. 新型建筑材料，2022，49（6）：129-133，148.

[117] 胡志豪，杨广，郭炜翔，等. 抗泥保坍型聚羧酸减水剂的合成与性能研究 [J]. 新型建筑材料，2022，49（7）：128-132，137.

[118] 逄鲁峰，陈炳江，郎慧东，等. 一种新型降黏型聚羧酸系减水剂的制备与性能研究 [J]. 新型建筑材料，2021，48（6）：73-77.

[119] 温金保，刘兴荣，杜志芹，等. HLC-PCE 早强型聚羧酸系减水剂降黏效果评价及工程应用 [J]. 新型建筑材料，2021，48（4）：54-58.

[120] 白静静，王敏，史才军，等. 降粘性聚羧酸减水剂的设计合成及在低水胶比水泥-硅灰体系中的作用 [J]. 材料导报，2020，34（6）：6172-6179.

[121] 李崇智，曹莹莹，牛振山，等. 减缩型聚羧酸系减水剂 SRPC-7 的合成与性能研究 [J]. 混凝土与水泥制品，2021（2）：5-7，12.

[122] 孙振平，张建锋，王家丰. 本体聚合法制备保塑-减缩型聚羧酸系减水剂 [J]. 同济大学学报（自然科学版），2016，44（3）：389-394.

[123] 焦宝龙，仇影，蒋青青，等. 低收缩型混凝土用聚羧酸系减水剂的制备及性能 [J]. 高分子材料科学与工程，2021，37（7）：42-49.

[124] YAO F，LI M，PAN L，et al. Synthesis of sodium alginate-polycarboxylate superplasticizer and its tolerance mechanism on montmorillonite [J]. Cement Concrete Comp.，2022，133：104638.

[125] WANG R，HAN K，LI Y，et al. A novel anti-clay silane-modified polycarboxylate superplasticizer：Preparation，performance and mechanism [J]. Constr. Build. Mater.，2022，331：127311.

[126] ZHANG J，Ma Y，WANG J，et al. A novel shrinkage-reducing polycarboxylate superplasticizer for cement-based materials：Synthesis，performance and mechanisms [J]. Constr. Build. Mater.，2022，321：126342.

[127] 赵潜，孟祥杰，邹亮，等. 降黏型聚羧酸减水剂的制备技术研究进展 [J]. 混凝土与水泥制品，2023（1）：15-20.

[128] 周俊，杨睿，王稚阳，等. VPEG-保坍型聚羧酸减水剂的制备及其性能研究 [J]. 功能材料，2023，2（54）：189-196，216.

[129] 关文勋，程冠之，李旺，等. 干燥条件对缓释型粉体聚羧酸减水剂性能的影响［J］. 建筑材料学报，2023，26（3）：317-323.

[130] 黄福仁，张金龙，邵强，等. 功能组分对聚羧酸减水剂防腐性能的影响研究［J］. 新型建筑材料，2023，50（1）：46-51.

[131] 康净鑫，李芳，杨秀芳. 聚醚端基功能化制备减缩型聚羧酸减水剂及其性能研究［J］. 新型建筑材料，2023，50（3）：122-126，134.

[132] 杨珧，薄盛宏，邓磊，等. 聚羧酸减水剂对 β-半水磷石膏性能的影响［J］. 新型建筑材料，2023，50（1）：124-127，153.

[133] 褚睿智，严耀其，杨威，等. 聚羧酸减水剂对粉煤灰基浆料水化进程调控机制［J］. 洁净煤技术，2023，29（2）：190-197.

[134] 汪源，齐冬有，邹德麟，等. 抗泥型聚羧酸减水剂的制备及性能研究［J］. 新型建筑材料，2023，50（1）：41-45，78.

[135] 陈怀成，钱春香，赵飞，等. 聚羧酸系减水剂对水泥水化产物的影响［J］. 东南大学学报（自然科学版），2015，45（4）：745-749.

[136] 刘加平，董思勤，俞寅辉，等. 长侧链两性聚羧酸系减水剂对水泥早期水化的影响［J］. 功能材料，2014，45：95-98.

[137] 彭雄义，易聪华，张智，等. 聚羧酸系减水剂对水泥分散和水化产物的影响［J］. 建筑材料学报，2010，13（5）：578-583.

[138] 熊旭峰，张金龙，钟开红，等. 酰胺基团对聚羧酸减水剂早强性能的影响研究［J］. 新型建筑材料，2021，48（8）：95-99.

[139] 张业明，王倩，刘洋，等. 早强降黏型聚羧酸减水剂的制备与性能研究新型建筑材料，2021，48（8）：104-107，140.

[140] 黄伟，周佳敏，衷从浩，等. 早强型聚羧酸系减水剂对基准水泥早期水化的影响研究［J］. 硅酸盐通报，2022，41（4）：1211-1221.

[141] 魏贝贝，许峰，马健岩，等. 早强型聚羧酸减水剂的性能研究［J］. 硅酸盐通报，2017，36（7）：2453-2458.

[142] 陈建国，张世城，张思佳，等. 雪花形抗泥聚羧酸减水剂设计及性能试验［J］. 建筑材料学报，2019，22（1）：54-59.

[143] 何廷树，何蕊，史琛，等. 丙烯磺酸盐与季铵盐对聚羧酸减水剂抗泥性的增效研究［J］. 硅酸盐通报，2019，38（8）：2650-2656.

[144] 钱珊珊，姚燕，王子明，等. 降低高强混凝土黏度的减水剂制备与机理研究［J］. 材料导报，2021，35（2）：46-51.

[145] 刘衍东，柯凯，吕阳，等. 两性聚羧酸减水剂常温合成工艺与性能研究［J］. 新型建筑材料，2023，50（3）：112-117.

[146] 赖华珍. 磷酸盐型聚羧酸减水剂的合成及性能研究［J］. 西安建筑科技大学学报（自然科学版），2023，55（1）：154-158.

[147] 吴洲，黄小军，郭飞，等. 水泥中碱与聚羧酸减水剂相容性研究［J］. 江苏建材，2023（1）：1-4.

[148] AGARWAL S K. Development of water reducing agent from creosote oil［J］.

Constr. Build. Mater. , 2003, 17: 245-251.

[149] WANG B, PANG B. Mechanical property and toughening mechanism of water reducing agents modified graphene nanoplatelets reinforced cement composites [J]. Constr. Build. Mater. , 2019, 226: 699-711.

[150] 焦甜甜，王越，刘冠杰，等. 小单体结构改性在聚羧酸减水剂中的作用研究 [J]. 山西大学学报（自然科学版），2023，46（2）：432-438.

[151] 莫晓红，何德灵，卢玉婷，等. 一种丙烯酸酯功能单体在聚羧酸减水剂中的应用研究 [J]. 广东建材，2023（1）：16-19.

[152] 陈文山. 一种高适应性聚羧酸减水剂的制备及性能研究 [J]. 广东建材，2023（2）：12-14.

[153] 张国防，王聪，王肇嘉，等. 聚羧酸减水剂对水泥基饰面砂浆泛碱性能的影响 [J]. 建筑材料学报，2023，26（1）：1-6.

[154] 张朝辉，王文军，祝顺，等. 一种常温工艺高性能聚羧酸减水剂的合成与应用研究 [J]. 新型建筑材料，2023，50（2）：66-68.

[155] 陈玉超，潘杰，刘明涛，等. 超高减水型聚羧酸减水剂的合成及其在 UHPC 中的应用研究 [J]. 新型建筑材料，2023，50（3）：127-130.

[156] 陈景，杨长辉，高育欣，等. 微交联降粘型聚羧酸减水剂的合成及其在低水胶比体系中的作用 [J]. 材料导报，2022，36（9）：215-222.

[157] 蔡建文，韦鹏亮，蔡宏伟，等. 苯甲酸酐接枝改性聚羧酸减水剂长侧链端羟基及其性能 [J]. 新型建筑材料，2023，50（4）：80-83.

[158] 程平阶，王宁宁，王凯，等. 硫氰酸钠与聚羧酸减水剂复配对水泥水化的影响研究 [J]. 硅酸盐通报，2014，33（10）：2672-2679.

[159] 罗策，张小伟，李春新，等. 溶剂酯化法制备甲基丙烯酸聚乙二醇单甲醚-750 酯 [J]. 西北师范大学学报，2008，44（1）：64-68.

[160] 熊绍锋，李定或，喻幼卿. 聚羧酸-萘共聚型高效减水剂的性能研究 [J]. 化学与生物工程，2006，23（1）：24-26.

[161] 赵瑶兴，孙祥玉. 光谱解析与有机结构鉴定 [M]. 北京：中国科学技术人学出版社，1992.

[162] 谢晶曦，常俊标，丁绪明. 红外光谱在有机化学和药物化学中的应用 [M]. 修订版. 北京：科学出版社，2001.

[163] 王玲，赵霞，高瑞军，等. 我国混凝土外加剂产量统计分析及未来市场发展预测 [J]. 新型建筑材料，2016，43（7）：11-13.

[164] LU G, HAN F, SUN K. Synthesis and application of sodium-carboxymethylcellulose type superplasticizer in cement mortars [J]. J. Wuhan Univ. Technol. , 2019, 34 (4): 811-817.

[165] 谭亮，颜文海，杨洪，等. 氧化还原引发体系对聚羧酸减水剂性能的影响研究 [J]. 当代化工研究，2021（18）：28-29.

[166] 戴民，季宏妍. 缓释单体对羧基保护型聚羧酸减水剂性能的影响 [J]. 新型建筑材料，2020，47（11）：69-73.

[167] 燕春福，方茜亚，叶林杰，等. 聚羧酸减水剂合成方法最新研究进展 [J]. 中国建材科

技，2022，31（3）：92-96.

[168] 徐寿昌．有机化学［M］．北京：高等教育出版社，2001.

[169] 尹东东．有机化学［M］．北京：高等教育出版社，2011.

[170] 胡宏纹．有机化学［M］．北京：高等教育出版社，2005.

[171] 童炳丰．混凝土外加剂的实际应用现状及未来发展路径［J］．绿色环保建材，2020（10）：20-21.

[172] ZHAO M，ZHANG Y，YANG S，et al. Progress on polyether type polycarboxylic acid high efficiency water reducing agent［J］. Chinese Journal of Colloid and Polymer，2013，31（3）：138-141.

[173] 陈国新，祝烨然，沈艳平，等．保坍型聚羧酸系减水剂的常温合成及性能研究［J］．混凝土，2016（5）：68-69.

[174] 鲜芳燕．氰基及酯基改性聚羧酸减水剂的合成研究［D］．绵阳：西南科技大学，2012.

[175] 吴伟，刘昭洋，叶子，等．高适应性磷酸基改性聚羧酸减水剂合成与表征［J］．新型建筑材料，2016，43（8）：39-41.

[176] 顾越，冉千平，舒鑫，等．硅烷改性聚羧酸减水剂对水泥-硅灰浆体分散性能影响及机理［J］．功能材料，2015，12（46）：12087-12091.

[177] 张思佳，蒋亚清，孔祥芝，等．减水剂对 C_3A 早期水化过程的作用［J］．建筑材料学报，2014，17（5）：887-891.

[178] 房奎圳，张力冉，王栋民，等．微波有机合成及在混凝土减水剂制备中的应用研究进展［J］．化工进展，2018，37（4）：1575-1583.

[179] 何廷树，杨仁和，徐一伦，等．酯醚型聚羧酸减水剂的制备及性能［J］．硅酸盐学报，2018，46（2）：218-223.

[180] 宋瑾，吴凤龙，双喜，等．MPEGMAA-SAS-MAH-AMPS 四元共聚聚羧酸系减水剂的制备工艺研究［J］．新型建筑材料，2017，44（4）：52-55，59.

[181] DALAS F，POURCHET S，NONAT A，et al. Fluidizing efficiency of comb-like superplasticizers：The effect of the anionic function，the side chain length and the grafting degree［J］. Cem. Concr. Res.，2015，71，115-123.

[182] 吴凤龙，宋瑾，徐康宁，等．APEG-MAH-AMPS 醚类聚羧酸系水泥减水剂的合成［J］．山西大学学报（自然科学版），2016，39（4）：541-546.

[183] PLANK J，LI H，ILG M，et al. A microstructural analysis of isoprenol ether-based polycarboxylates and the impact of structural motifs on the dispersing effectiveness［J］. Cem. Concr. Res.，2016，84：20-29.

[184] 李彦青，王勤为，罗应，等．微波作用下酰胺型聚羧酸减水剂的合成及其性能研究［J］．应用化工，2017，46（7）：1300-1305.

[185] 罗应，李彦青，陆志龙，等．响应面法优化微波辐射马来酸酐高效减水剂的合成工艺［J］．新型建筑材料，2017，44（2）：15-19，27.

[186] 李莉，张赛，何强，等．响应面法在试验设计与优化中的应用［J］．实验室研究与探索，2015，34（8）：41-45.

[187] 林晓松，黄志斌，郭岩昕．响应面方法在建模及模型优化中的应用［J］．福建工程学

院学报，2016，14（1）：5-9.
［188］王智，孙策，蒋小花，等．马来酸酐在聚羧酸盐减水剂合成中的应用［J］．材料导报，2009，23（3）：55-58.
［189］ARTIOLI G，VALENTINI L，VOLTOLINI M，et al. Direct imaging of nucleation mechanisms by synchrotron diffraction micro-tomography：superplasticizer-induced change of C-S-H nucleation in cement［J］. Cryst. Growth Des.，2015，15（1）：20-23.
［190］郭翠芬，高礼雄，左彦峰，等．聚羧酸系减水剂研究最新进展［J］．混凝土世界，2017（8）：60-64.
［191］LEI L，PLANK J. Synthesis and Properties of a Vinyl Ether-Based Polycarboxylate Superplasticizer for Concrete Possessing Clay Tolerance［J］. Ind. Eng. Chem. Res.，2014，53（3）：1048-1055.
［192］LV S，JU H，QIU C，et al. Effects of connection mode between carboxyl groups and main chains on polycarboxylate superplasticizer properties［J］. J. Appl. Polym. Sci.，2013，128（6）：3925-3932.
［193］艾红梅，卢洪正，孔靖勋．水泥与聚羧酸系减水剂相容性的研究进展［J］．混凝土，2014（9）：79-81.
［194］王一登，卢忠远，李军．白炭黑改性聚羧酸减水剂及其对水泥胶砂性能的影响［J］．西南科技大学学报，2016，31（2）：19-23.
［195］李志坤，彭家惠，杨再富．矿物掺合料对聚羧酸减水剂与水泥相容性的影响［J］．材料导报，2017，31（12）：115-120.
［196］BAHURUDEEN A，MARCKSON A V，KISHORE A，et al. Development of sugarcane bagasse ash based portland pozzolana cement and evaluation of compatibility with superplasticizers［J］. Constr. Build. Mater.，2014（68）：465-475.
［197］ADJOUDJ M，EZZIANE K，KADRI E H，et al. Evaluation of rheological parameters of mortar containing various amounts of mineral addition with polycarboxylate superplasticizer［J］. Constr. Build. Mater.，2014（70）：549-559.
［198］赖华珍，赖广兴，方云辉，等．低敏感型聚羧酸减水剂的制备及性能评价［J］．新型建筑材料，2017，44（8）：34-36，57.
［199］高嵩，李秋义，吴本清，等．超细矿渣粉水化反应特征及活性评价［J］．混凝土，2016（1）：96-98，102.
［200］李原．硅粉粉煤灰早龄期混凝土动力学性能研究［J］．混凝土，2016（9）：56-59.
［201］赵响．萘系减水剂在水泥和泥土表面的吸附行为［J］．胶体与聚合物，2017，35（3）：102-104.
［202］中国混凝土网．2019年中国各省市商品混凝土产量及市场分析［EB/OL］．（2020-06-04）．http：//www. cnrmc. com/news/show. php？itemid＝120134.
［203］吴家瑶，何辉，陈志健，等．淀粉基减水剂与其它减水剂复配性能研究［J］．新型建筑材料，2016，43（5）：19-22.
［204］孙宁，曹禹，徐朝华，等．早强型聚羧酸系减水剂的制备及性能研究［J］．混凝土与水泥制品，2016（8）：14-19.

[205] 王志林．含泥量对应用复合型脂肪族减水剂水泥净浆流动性的影响研究 [J]．混凝土，2012 (3)：103-107，110.

[206] 张莹，史美伦．水泥基材料水化过程的交流阻抗研究 [J]．建筑材料学报，2000，3 (2)：887-891.

[207] 吴凤龙，宋瑾，鲁聿伦，等．聚羧酸酯醚复配减水剂母液的制备及与水泥相容性研究 [J]. 2018，45 (2)：42-46.

[208] 张世城，陈建国，蒋亚清，等．聚羧酸减水剂在粘土中的插层行为及影响研究进展 [J]．硅酸盐通报，2018，37 (3)：903-910.

[209] 海然，李丹丹，惠存，等．流动性高强再生混凝土工作性和力学性能试验研究 [J]．科学技术与工程，2018，18 (19)：256-260.

[210] 翁家瑞．聚羟酸减水剂掺量对水泥砂浆干燥收缩的影响 [J]．科学技术与工程，2015，15 (16)：219-221，231.

[211] 邵成志，莫祥银，燕浩杰，等．抗泥缓释型聚羧酸减水剂的制备及性能研究 [J]．新型建筑材料，2021，48 (12)：33-36.

[212] 王健康，宋爱英，李实军，等．沉淀法制备的固体聚羧酸减水剂性能研究 [J]．硅酸盐通报，2018，37 (6)：1856-1860，1867.

[213] 杨月青，唐新德，李敏，等．抗泥型两性聚羧酸减水剂的制备及性能研究 [J]．新型建筑材料，2018，45 (8)：28-30.

[214] 田兴，柯凯，姚恒，等．基于响应面的固体聚羧酸减水剂引发工艺参数研究 [J]．山东化工，2020，49 (14)：15-18，21.

[215] 张光华，危静，崔鸿跃．硅氧烷功能单体对聚羧酸减水剂抗泥性能的影响 [J]．陕西科技大学学报，2017，35 (6)：77-82，87.

[216] 朱红姣，张光华，何志琴，等．抗泥型聚羧酸减水剂的制备及性能 [J]．化工进展，2016，35 (9)：2920-2925.

[217] 孙申美，徐海军，邵强．β-环糊精侧链对聚羧酸减水剂抑制蒙脱土的影响 [J]．化工学报，2017，68 (5)：2204-2210.

[218] 牛向原．掺 AMPS 合成的聚羧酸减水剂对水泥—蒙脱土浆体分散性的影响 [D]．广州：华南理工大学，2017.

[219] 田森．抗泥型聚羧酸减水剂的合成与性能研究 [D]．哈尔滨：哈尔滨工业大学，2018.

[220] 王浩，关淑君，崔强．抗黏土型聚羧酸系减水剂合成及其性能研究 [J]．混凝土世界，2016 (10)：67-70.

[221] 乔敏，冉千平．浅谈减水剂的市场前景与发展趋势 [J]．新型建筑材料，2018，45 (3)：84-86.

[222] 马健岩，许峰，张杰，等．β-环糊精改性聚羧酸减水剂的制备与抗泥性能研究 [J]．新型建筑材料，2022，49 (5)：6-9.

[223] LI Y，GUO H，ZHANG Y，et al. Synthesis of copolymers with cyclodextrin as pendants and its end group effect as superplasticizer [J]. Carbohyd. Polym.，2014，102 (1)：278-287.

[224] 朱红姣．抗泥型聚羧酸盐减水剂的制备及性能研究 [D]．西安：陕西科技大学，2017.

[225] LV S，DUAN J，GAO R，et al. Effects of poly (ethylene glycol) branch chain linkage mode

on polycarboxylate superplasticizer performance [J]. Polym. Advan. Technol., 2012, 23 (12): 1596-1603.

[226] XU H, SUN S, WEI J, et al. β-Cyclodextrin as pendant groups of a polycarboxylate superplasticizer for enhancing clay tolerance [J]. Ind. Eng. Chem. Res., 2015, 54 (37): 9081-9088.

[227] 柯余良. 高和易性聚羧酸减水剂的开发及其对混凝土碳化性能的影响 [J]. 新型建筑材料, 2022, 49 (3): 123-126, 143.

[228] LEI L, PLANK J. A concept for a polycarboxylate superplasticizer possessing enhanced clay tolerance [J]. Cem. Concr. Res., 2012, 42 (10): 1299-1306.

[229] PLANK J, SAKAI E, MIAO C W, et al. Chemical admixtures-chemistry, applications and their impact on concrete microstructure and durability [J]. Cem. Concr. Res., 2015, 78: 81-99.

[230] PLANK J, SACHSENHAUSER B. Experimental determination of the effective anionic charge density of polycarboxylate superplasticizers in cement pore solution [J]. Cem. Concr. Res., 2009, 39 (1): 1-5.

[231] Ng S, PLANK J. Interaction mechanisms between Na montmorillonite clay and MPEG-based polycarboxylate superplasticizers [J]. Cem. Concr. Res., 2012, 42 (6): 847-854.

[232] 庄华夏, 蔡跃波, 陈迅捷, 等. 钢筋混凝土杂散电流腐蚀研究综述 [J]. 混凝土, 2019 (6): 31-36.

[233] 王新杰, 宁涛, 朱平华, 等. 水泥基复合材料导电性的影响因素研究进展 [J]. 混凝土, 2021 (10): 52-56.

[234] 冯鹏超, 张光华, 张雪, 等. 酯类小单体对聚羧酸减水剂缓释行为的影响 [J]. 华南师范大学学报 (自然科学版), 2022, 54 (2): 37-44.

[235] 杜应吉, 李元婷. 活性掺合料对地铁混凝土杂散电流的抑制作用 [J]. 混凝土, 2005 (6): 77-79.

[236] RYAN T, JACK T, KATHETINE K. High-early-strength, high-resistivity concrete for direct-current light rail [J]. Journal of Materials in Civil Engineering, 2016, 29 (4): 04016260.

[237] 陈华鑫, 高思齐, 关博文, 等. 适用于氯氧镁水泥混凝土减水剂的制备与表征 [J]. 应用化工, 2020, 49 (8): 2024-2028, 2049.

[238] 胡曙光, 王发洲, 丁庆军. 轻集料与水泥石的界面结构 [J]. 硅酸盐学报, 2005, 33 (6): 713-717.

[239] BAI Y, ZHOU Y, ZHANG J, et al. Homophase junction for promoting spatial charge separation in photocatalytic water splitting [J]. ACS Catalysis, 2019, 9 (4): 3242-3252.

[240] DONG B, CUI J, GAO Y, et al. Heterostructure of 1D Ta_3N_5 nanorod/$BaTaO_2N$ nanoparticle fabricated by a one-step ammonia thermal route for remarkably promoted solar hydrogen production [J]. Advanced Materials, 2019, 31 (15): 1808185.

[241] 周聪聪, 杨浩, 李允冠, 等. 大掺量矿物掺合料自密实混凝土工作性能研究 [J]. 新型建筑材料, 2020, 47 (5): 10-12.

[242] 周栋梁, 冉千平, 杨勇, 等. 聚羧酸减水剂分子结构对水泥分散速度的影响 [J]. 化学

研究与应用，2021，33（6）：1137-1143.

[243] 钱觉时，谢从波，邢海娟，等．聚羧酸减水剂对水泥基材料中碳纤维分散性的影响[J]. 功能材料，2013，44（16）：2389-2392，2396.

[244] 叶向前，邹晓翎，董琴．苯乙烯-丁二烯-苯乙烯嵌段共聚物-改性胶粉复合改性沥青路用性能流变学分析［J]. 科学技术与工程，2021，21（2）：758-763.

[245] ERZENGIN S G，KAYA K，ÖZKORUCUKLU S P，et al. The properties of cement systems superplasticized with methacrylic ester-based polycarboxylates [J]. Construction and Building Materials，2018，166：96-109.

[246] XIANG S，GAO Y，SHI C. Progresses in synthesis of polycarboxylate superplasticizer [J]. Advances in Civil Engineering，2020，2020：8810443.

[247] ÖZEN S，ALTUN M G，MARDANI-AGHABAGLOU A. Effect of the polycarboxylate based water reducing admixture structure on self-compacting concrete properties：Main chain length [J]. Construction and Building Materials，2020，255：119360.

[248] 赵彦生，吴凤龙，马德鹏，等．聚羧酸系减水剂中间大分子单体的合成［J]. 化学与生物工程，2010，27（1）：33-36.